海量

掌握技巧，拥有资源，创意在您手！

DVD多媒体光盘使用说明

海量资源目录

1. 34段视频教学（时长**60**分钟）
2. 本书案例的源文件（共**162**个）
3. TSCC视频解码程序
4. 14个小时的FlashCS5基础教学录像
5. 超值赠送海量丰富的各类flash特效源文件、音效素材、图片素材等资源

fla视频录像　附赠文件　解码程序　实践案例　赠送FlashCS5基础教学录像14个小时

光盘内容

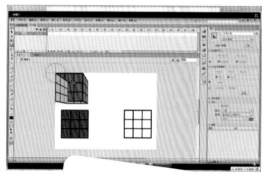

60分钟全程同步多媒体视频教学

50个Flash小图标　59个Flash网站　82个flash页面切换特效　100个矢量素材　102个Flash背景风景特效　120个实心源文件

173个Flash实物画法　300多个透明Flash素材　832个Flash音效　2000多个png图标　10000多张Flash素材图片　flash字体物体特效

"附赠文件"中的内容

82个Flash页面切换特效

102个Flash背景风景特效

1

3.3.7 可爱的兔子
fla视频录像：DVD\fla视频录像\第3章\可爱的兔子.AVI

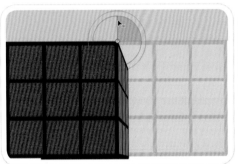

3.3.4 三维魔方
fla视频录像：DVD\fla视频录像\第3章\三维魔方.AVI

3.7.1 跳舞的机器人
fla视频录像：DVD\fla视频录像\第3章\跳舞的机器人.AVI

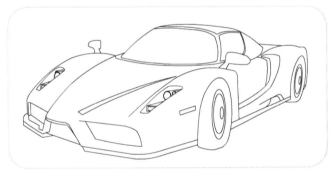

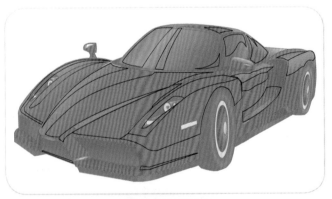

4.3 红色跑车
fla视频录像：DVD\fla视频录像\第4章\红色跑车.AVI

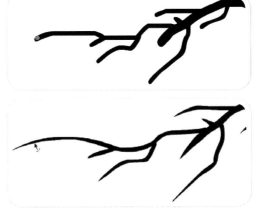

5.3.7 一剪寒梅
fla视频录像：DVD\fla视频录像\第5章\一剪寒梅.AVI

5.7 映日荷花
fla视频录像：DVD\fla视频录像\第5章\映日荷花.AVI

用户名： yan

密码： *****

用户名或密码错误，请重新输入！

Enter

用户名： bxh

密码： ***

登陆成功！

Enter

6.6 密码登录器
fla视频录像：DVD\fla视频录像\第6章
\密码登录器.AVI

7.2.2 电子相册
fla视频录像：DVD\fla视频录像\第7章\电子相册.AVI

7.4.4 新闻片头
fla视频录像：
DVD\fla视频录像\第7章\新闻片头.AVI

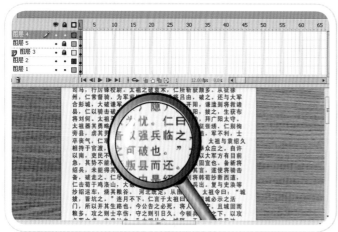

9.3.4 放大镜
fla视频录像：DVD\fla视频录像\第9章\放大镜.AVI

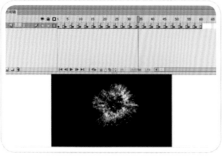

10.1.1 烟花
fla视频录像：DVD\fla视频录像\第10章\烟花.AVI

10.1.2 奔跑的狗
fla视频录像：DVD\fla视频录像\第10章\奔跑的狗.AVI

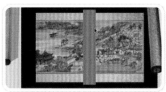

10.2.4 行驶的大货车
fla视频录像：DVD\fla视频录像\第10章\行驶的大货车.AVI

10.4.2 清明上河图
fla视频录像：DVD\fla视频录像\第10章\清明上河图.AVI

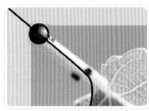

10.4.3 毛毛虫
fla视频录像：DVD\fla视频录像\第10章\毛毛虫.AVI

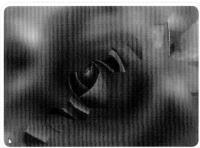

11.1.5 鼠标特效
fla视频录像：DVD\fla视频录像\第11章\鼠标特效.AVI

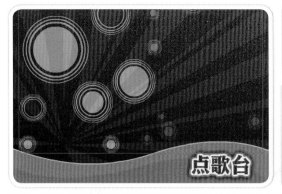

12.2.7 点歌台
fla视频录像：DVD\fla视频录像\第12章\点歌台.AVI

11.4.2 霓虹灯
fla视频录像：DVD\fla视频录像\第11章\霓虹灯.AVI

13.2.4 拼图游戏
fla视频录像：DVD\fla视频录像\第13章\拼图游戏.AVI

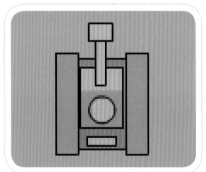

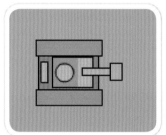

13.3.4 遥控坦克
fla视频录像：DVD\fla视频录像\第13章\遥控坦克.AVI

13.3.3 动态导航菜单
fla视频录像：DVD\fla视频录像\第13章\动态导航菜单.AVI

15.1.4 模拟下载
fla视频录像：DVD\fla视频录像\第15章\模拟下载.AVI

14.3.3 电子日历
fla视频录像：DVD\fla视频录像\第14章\电子日历.AVI

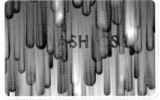

16.2 梦幻效果
案例文件：DVD\实践案例\第16章\梦幻效果\梦幻效果.FLA

16.1 飘雪
案例文件：DVD\实践案例\第16章\飘雪\飘雪.FLA

16.3 水波特效
案例文件：DVD\实践案例\第16章\水波特效\水波特效.FLA

17.1 小池
案例文件：DVD\实践案例\第17章\小池\小池.FLA

18.1 企业贺卡
案例文件：DVD\实践案例\第18章\企业贺卡\企业贺卡.FLA

17.2 看图写单词
案例文件：DVD\实践案例\第17章\看图写单词\看图写单词.FLA

18.2 新年烟花贺卡
案例文件：DVD\实践案例\第18章\新年烟花贺卡\新年烟花贺卡.FLA

19.1 会说话的卡卡兔子
案例文件：DVD\实践案例\第19章\会说话的卡卡兔子\会说话的卡卡兔子.FLA

19.2 快刀切水果
案例文件：DVD\实践案例\第19章\快刀切水果\快刀切水果.FLA

20.1 展开广告
案例文件：DVD\实践案例\第20章\展开广告\展开广告.FLA

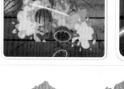
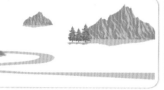

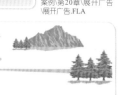

20.2 大山文化片头
案例文件：DVD\实践案例\第20章\大山文化片头\大山文化片头.FLA

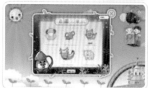

20.3 苗苗幼儿英语网站
案例文件：DVD\实践案例\第20章\苗苗幼儿英语网站\苗苗幼儿英语网站.FLA

Flash CS6 中文版

完全学习手册

严严 编著

人民邮电出版社

北京

图书在版编目（CIP）数据

Flash CS6中文版完全学习手册 / 严严编著. -- 北京 : 人民邮电出版社，2013.3（2016.1重印）
ISBN 978-7-115-30314-1

Ⅰ．①F… Ⅱ．①严… Ⅲ．①动画制作软件－技术手册 Ⅳ．①TP391.41-62

中国版本图书馆CIP数据核字（2012）第295467号

内 容 提 要

本书是"完全学习手册"系列中的一本。本书内容分为基础入门与基本操作、绘画编辑与对象处理、动画创建与内容编辑、脚本编程与互动应用、设计案例实战等 5 篇，共 20 章。具体内容包括 Flash CS6 基础入门、使用 Bridge 管理文件、图形的绘制与变换、图形填充与色彩编辑、图形对象的编辑、文本的创建与编辑、应用外部素材文件、时间轴的基本操作、时间轴的图层编辑、动画的创建与编辑、影片元件的编辑、ActionScript 脚本编辑、高级交互式动画制作、影片测试与发布等软件知识与技能，并通过动画特效影片、多媒体课件设计、精美贺卡设计、精彩游戏设计、商业广告设计等 5 个主题的大量案例训练，使读者了解并掌握 Flash 在实际动画设计、互交应用等领域中的应用，让读者可以融会贯通、举一反三，制作出更加精彩、优秀的动画影片。

本书结构清晰、语言简洁，适合于 Flash CS6 的初、中级读者阅读，包括广告片头设计、Flash 动画制作、Flash 游戏制作和大型网站片头动画设计人员等，同时也可作为各类计算机培训中心、中职中专、高职高专等院校及相关专业的辅导教材。

Flash CS6 中文版完全学习手册

◆ 编　著　严　严
　　责任编辑　郭发明

◆ 人民邮电出版社出版发行　　北京市丰台区成寿寺路 11 号
　　邮编　100164　电子邮件　315@ptpress.com.cn
　　网址　http://www.ptpress.com.cn
　　北京画中画印刷有限公司印刷

◆ 开本：787×1092　1/16
　　印张：27.5　　　　　　　　彩插：4
　　字数：936 千字　　　　　　2013 年 3 月第 1 版
　　印数：4001-5400册　　　　2016 年 1 月北京第 2 次印刷

ISBN 978-7-115-30314-1

定价：79.80 元（附 1DVD）

读者服务热线：**(010)81055410**　印装质量热线：**(010)81055316**
反盗版热线：**(010)81055315**
广告经营许可证：**京崇工商广字第 0021 号**

前　言

Flash CS6 是 Adobe 公司推出的一款优秀的动画制作软件，它以其独特的矢量图形绘制方式，对多种图形文件、视频文件、音频文件的广泛支持，成为网络动画制作的首选；其强大的互动程序编辑功能，为各种多媒体项目制作提供了完善的解决方案。

本书内容共分为 5 篇 20 章，带领读者循序渐进地认识和掌握 Flash CS6 的各项图形与动画编辑功能，并在每个阶段的软件编辑功能学习后，安排丰富的"动手练习"实例，使读者在学习过程中积累动画影片制作的各种技能，掌握软件的核心与高端技术，通过实学实战的方法，稳扎稳打地练就各种动画影片创作的本领。

第 1 篇　基础入门与基本操作

第 1～2 章，讲解了 Flash 动画知识、熟悉 Flash CS6 的工作界面、文档操作、基本设置、场景的基本操作及文件管理等内容。

第 2 篇　绘画编辑与对象处理

第 3～7 章，介绍了基本绘图工具、辅助绘图工具、填充与描边工具、图形对象的变换、为图形应用滤镜、使用"颜色"和"样本"面板、文本的编辑、使用外部素材等内容。

第 3 篇　动画创建与内容编辑

第 8～11 章，介绍了时间轴面板的操作、图层的编辑操作、设置帧属性、创建引导动画、制作逐帧动画、制作补间动画、创建元件、管理元件、编辑元件和编辑库项目等内容。

第 4 篇　脚本编程与互动应用

第 12～15 章，介绍了 ActionScript 的基础知识、动作面板的设置、在不同位置编写脚本、常用 ActionScript2、3 命令的脚本编辑、行为面板、代码片段的应用、各种组件的应用与设置，以及影片与场景的测试、影片的优化和影片的发布等内容。

第 5 篇　设计案例实战

第 16～20 章，安排了特效动画影片、多媒体课件、贺卡设计、互动游戏、商业广告动画等 Flash 典型价值应用实例，带领读者应用编辑技能进行创造性实践，掌握 Flash 在实际工作中的应用方法与各种编辑技能，积累经验，成为具有专业水平的动画设计师。

在本书的配套光盘中提供了本书所有实例的源文件、素材和输出文件，方便读者在学习中参考。

本书由严严编著，参与本书编写与整理的设计人员还有尹小港、覃明揆、高山泉、周婷婷、唐倩、黄莉、张颖、贺江、刘小容、黄萍、周敏、张婉、曾全、李静、黄琳、曾祥辉、穆香、诸臻、付杰、翁丹等。同时，也欢迎广大读者就本书提出宝贵意见与建议，我们将竭诚为您提供服务，并努力改进今后的工作，为读者奉献品质更高的图书。您的意见或问题可以发送邮件至 kingsight-reader@126.com，我们会尽快给予回复，也可以联系本书的策划编辑郭发明（邮箱：guofaming@ptpress.com.cn）。

编者

2013 年 1 月

目　录

基础入门与基本操作篇

第1章

Flash CS6 基础入门

F L A S H

1.1 了解Flash知识

Flash 是一种交互式动画设计工具，用它可以将音乐，声效，动画以及富有新意的界面融合在一起，以制作出高品质的动画、互动程序及各种网页动态等效果。Flash 作为一种创作工具，设计人员和开发人员可使用它来创建演示文稿、应用程序或其他允许用户交互的内容。Flash 制作的影片可以包含各种动画、视频内容、复杂演示文稿和应用程序以及介于它们之间的任何内容。

1.1.1 了解Flash的优点

Flash 特别适用于创建通过 Internet 传播的内容，因为它的文件通常非常小。它是通过广泛使用矢量图形做到这一点的，与位图图形相比，矢量图形需要的内存和存储空间要小很多。

位图是点阵图像或绘制图像，由称作像素的单个点组成。这些点可以进行不同的排列和染色以构成图样。当放大位图时，就可以看见构成整个图像的无数个小方块。而扩大位图尺寸的效果会增大单个像素，从而使线条和形状显得参差不齐，图形的清晰度降低，如图 1-1 所示。

图1-1 对位图中的叶尖放大

矢量图形是根据几何特性来绘制图形，矢量可以是一个点或一条线，但矢量图只能通过软件生成，文件占用内在空间较小，因为这种类型的图像文件包含独立的分离图像，可以自由无限制的重新组合，因此放大后矢量图形不会出现失真，如图 1-2 所示。

图1-2 放大矢量图

在实际的应用中，矢量图比位图更加容易进行编辑、造型等，所以矢量图常用于图形设计、文字设计、标志设计、版式设计、动画制作等领域。

Flash 被称为是"最为灵活的前台"是由于其独特的时间片段分割（TimeLine）和重组（MC 嵌套）技术，结合 Action Script 动作代码的对象和流程控制，使界面设计和动画设计更为灵活，同时它也是最为小巧的前台。Flash 具有跨平台的特性，所以无论你处于何种平台，只要你安装了 Flash Player 或其他专业播放器，就可以保证它们的最终显示效果一致，如图 1-3 所示。

图1-3 手机中的Flash游戏

1.1.2 了解Flash的应用领域

Flash 的应用对象十分广泛，在动画设计师手中，它是一款十分便捷的动画制作工具，在程序员的眼里，它又是一款功能强大的互动编辑软件……其应用领域主要包括以下几方面。

☆应用程序开发：由于其独特的跨平台特性、灵活的界面控制以及多媒体特性的使用，使得用 Flash 制作的应用程序具有很强的生命力，如图 1-4 所示。在与用户的交流方面具有其他任何方式都无可比拟的优势。同时还可以结合 XML 或者其他诸如 JavaScript 的客户端技术来实现更加强大的功能。

☆软件系统界面开发：Flash 对于界面元素的可编辑性和它最终能得到的效果，以及广泛的可兼容性无疑是具有很大的优势。对于一个软件系统的界面，Flash 强大的绘制功能完全可以胜任，如图 1-5 所示。

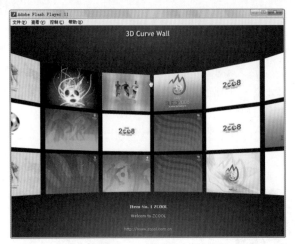

图1-4 Flash制作的3D电子相册

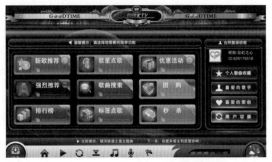

图1-5 Flash制作的KTV点歌界面

☆手机领域的开发：手机领域的开发包含手机界面设计和各种娱乐软件的设计，随着越来越多的手机支持 Flash，同时 Flash 的 AS3 版本也能应用于 Android 系统，从而使 Flash 在手机领域的应用空间十分巨大，如图 1-6 所示。

☆游戏开发：Flash 在游戏开发领域已经进行了多年的完善。通过 Flash 可以制作出各种精彩，有趣的小游戏，而 AS3 版本的动作代码，使 Flash 制作大型的游戏、网络游戏成为了可能，如图 1-7 所示。

☆ Web 应用服务：其实很难界定 Web 应用服务的范围究竟有多大，它似乎拥有无限的可能。随着网络的逐渐渗透，基于客户端 - 服务器的应用设计也开始逐渐受到欢迎和普及，一度被誉为最具前景的方式，如图 1-8 所示。

图1-6 手机中的Flash游戏

图1-7 Flash制作的游戏

图1-8 Flash制作的网络电子杂志

☆站点建设：使用 Flash 制作全站带来的好处十分明显，可以便捷的全面控制，无缝的导向跳转，更丰富的媒体内容，更体贴用户的流畅交互，跨平台与客户端的支持，以及与其他 Flash 应用方案无缝连接集成等，可以使网站更加精彩，如图 1-9 所示。

☆教学课件：Flash 制作的课件不仅容量较小，更可以充分利用动画、声音、交互、视频以及剪辑等基本元素，形象地表述教授内容、传递信息、满足多种多样的要求，图文声像并茂，更激发用户的学习兴趣，如图 1-10 所示。

图1-9　Flash制作的网站

　　☆多媒体娱乐：在这个方面无需再说什么，Flash 本身就以多媒体和可交互性而广为推崇。它所带来亲切氛围相信每一位用户都会喜欢，而在中国 Flash 的娱乐方式整整影响了一代人，很多人都是因为喜欢它，然后学习它，最后制作出各种精彩的动画等，如图 1-11 所示。

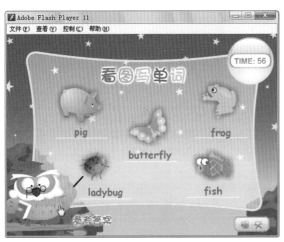

图1-10　Flash制作的课件

图1-11　Flash制作的动画

1.2 认识Flash CS6

　　Flash CS6 是 Flash 系列的最新版本，如图 1-12 所示，它包含了更加强大的工具集，并具有排版精确、版面保真和丰富的动画编辑功能，其新增的各种功能，都可以帮助用户更加清晰、准确地表达出自己的创作构思。

　　启动界面加载完成后，Flash CS6 将进入到开始界面，在这里可以选择快速地打开最近编辑的项目，还可以选择创建不同的新项目，如图 1-13 所示。

　　在"新建"列表中选择"ActionScript 3.0"文档，就可以进入到 Flash CS6 的编辑界面了，如图 1-14 所示。

图1-12　Flash CS6的启动界面

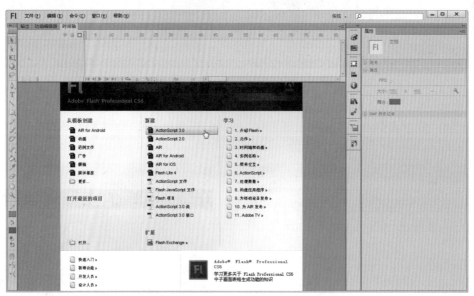

图1-13　Flash CS6的开始界面

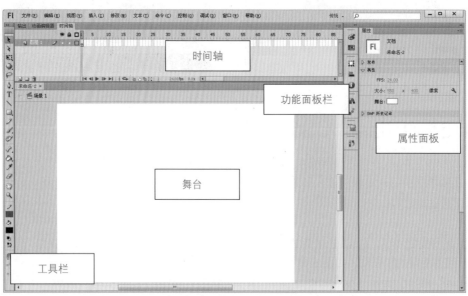

图1-14　Flash CS6的"传统"编辑界面

下面就从认识 Flash CS6 的各个功能界面，开始 Flash CS6 动画编辑的学习进程。

1.2.1 菜单栏

Flash CS6 的菜单栏位于 Flash 的最顶部，其中集合了 Flash 大多数功能操作，如新建、编辑和修改等。在菜单栏中共有 11 个常规菜单项，包括"文件"、"编辑"、"视图"、"插入"、"修改"、"文本"、"命令"、"控制"、"调试"、"窗口"和"帮助"，如图 1-15 所示。

图1-15　Flash CS6的菜单栏

通过这些命令用户可以快速完成界面的设置，文件的创建、保存，图形的编辑，动画的创建，影片的发布测试等功能。

在菜单栏的右端，有一个"快速定义界面"菜单栏和一个搜索栏，通过它们可以使不同要求的用户便捷地定义 Flash CS6 的工作界面，快速搜索到 Flash 的帮助说明等。本书将以"传统"风格的界面作为本书的讲解界面，如图 1-16 所示。

图1-16　右端菜单

1.2.2 主工具栏

包含动画制作过程中经常使用到的一些基础工具，如新建、打开、保存、打印、剪切、复制、粘贴、撤消、重做、贴紧至对象、平滑化、旋转、缩放以及对齐对象等，通过执行"窗口→工具栏→主工具栏"命令来开启它，如图 1-17 所示。

图1-17　主工具栏

1.2.3 工具栏

工具栏是 Flash 中进行图像编辑处理时重要的功能面板，用户可以通过选取各种工具进行需要的编辑操作。在"传统"界面下，工具栏停靠在程序窗口的左边，并呈单栏排列。单击工具栏顶端的 ◀◀ "收缩"按钮，可以将工具栏收缩为一个按钮图标；单击 ▶▶ "展开"按钮，又可将其展开为单栏；用户还可以通过拖动工具栏的边框，调整工具栏的栏数，图 1-18 所示为双栏排列的工具栏。

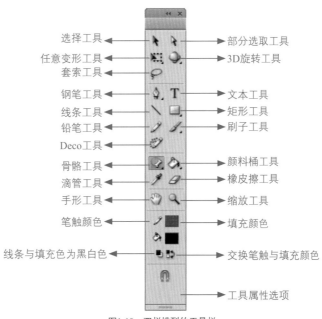

图1-18　双栏排列的工具栏

通过工具栏，可以完成选取和裁剪图像、添加文字、绘制图形、选择颜色等操作。将用户选择不同的工具时，工具栏下方的"工具属性选项"中将出现该工具相应的选项，如图1-19所示。

图1-19　不同工具的属性选项

将鼠标指针移动到工具按钮上停留片刻，将会出现该工具的名称和操作快捷键。在工具按钮左下方显示有三角符号的，表示该工具中有隐藏的工具。在这类工具按钮上按住鼠标左键不放或单击鼠标右键，即可弹出隐藏的工具。将鼠标指针移动到弹出的工具按钮上，即可选择相应的工具，如图1-20所示。

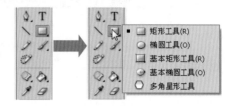

图1-20　展开隐藏的工具

1.2.4　绘图工作区

绘图工作区通常又称作"工作编辑区"，是Flash影片制作中进行图形绘制和编辑的地方。其中白色的矩形区域被称为"舞台"。"舞台"中包含的图形内容就是在完成Flash影片后播放时，所显示的内容，用户还可以自由设置"舞台"的大小和背景色等。按下工作区右上角的显示比例按钮，可以对工作区的视图比例进行快捷的调整，如图1-21所示。

图1-21　工作区与舞台

1.2.5　时间轴面板

时间轴面板用于显示影片长度、帧内容及影片结构等信息。通过该面板，用户可以进行动画的创建、设置图层属性、为影片添加声音等操作，它是Flash中进行动画编辑的基础，如图1-22所示。

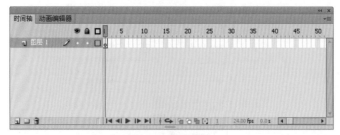

图1-22　时间轴面板

1.2.6　属性面板

在"传统"界面情况下，属性面板位于绘图工作区的最右侧。属性面板可以根据所选对象的不同，显示其相应的属性信息并进行编辑修改，属性面板中还包含多个不同的卷展栏，用户可以根据制作需要展开卷展栏，对其中的参数、信息等进行修改、调整，如图1-23所示。

图1-23 不同选择下的属性面板

1.2.7 功能面板

Flash CS6中界面的右侧还安排了很多工作面板，它们集中在功能面板栏中，用户可以单击不同的面板图标展开对应的功能面板，还可以单击功能面板栏右上角的"展开面板"按钮，直接展开所有常用的功能面板。同时这些功能面板还可以自由组合在一起，从而形成了一个面板组，如图1-24所示。

图1-24 功能面板栏和不同的功能面板

1.3 Flash CS6基本操作

通过对Flash CS6基本操作的学习，可以使用户快速了解到Flash CS6基本功能，并为以后一些复杂的制作打下良好的基础，并掌握一些能提高工作效率的捷径和技巧。

1.3.1 使用开始界面

在开启Flash CS6后，首先看到的是开始界面，如图1-25所示，在这里可以选择快速地打开最近编辑的项目，还可以创建不同的新项目，以及从模板创建新项目等。

☆从模板创建：该列表包含了多种类别Flash影片模板，这些模板可以帮助用户快速、便捷地开始Flash影片的制作。使用鼠标选择需要的模板类别，打开相应的"从模板新建"对话框，在该对话框的"模板"列表中可选择合适的模板进行编辑，如图1-26所示。

☆打开最近的项目：在该列表中，显示了在Flash CS6中最近打开过的影片文件（初次启动时，没有打开

图1-25 Flash CS6的开始界面

文件记录）。单击下面的影片文件名称，即可快速地打开之前的影片文件，继续进行需要的编辑，如图1-27所示。单击"打开…"按钮，可以开启"打开文件"对话框，选择需要的影片文件并打开。

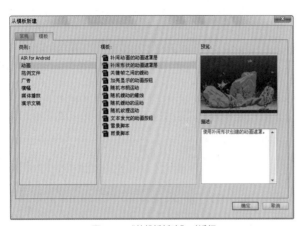

图1-26　"从模板新建"对话框

图1-27　打开最近的项目

☆新建：该列表中列出了 Flash CS6 能够创建的所有新项目，从而使用户可以快速地创建出需要的编辑项目。使用鼠标单击各种新项目名，即可进入相应的编辑窗口，快速地开始新的编辑工作，如图 1-28 所示。

☆学习：该列表中列出了多个 Flash CS6 的介绍、学习链接，可以快速访问到相应的学习界面，从而帮助用户尽快了解 Flash。

勾选开始界面左下角的"不再显示"选项，可以使每次开启 Flash CS6 后不显示开始界面，直接打开一个新的 Flash 文档。执行"编辑→首选参数"命令，可以在首选参数面板的"启动时"选单中选择"显示开始页"选项，恢复开始界面的显示。

图1-28　新建项目

1.3.2　新建文档

在 Flash CS6 中，有多种方法新建文档，主要包括使用"新建"命令创建文档和通过"开始界面"创建影片文件两种方式，下面介绍其操作方法。

使用"新建"命令，可以快速地创建 Flash 文档、Flash 幻灯片演示文稿和 Flash 表单应用程序等类型的文档，其操作步骤如下。

☆使用"新建"命令

01 执行"文件→新建"命令，打开"新建文档"对话框，如图1-29所示。

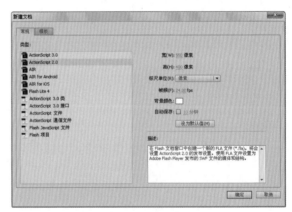

图1-29　"新建文档"对话框

02 在"新建文档"对话框中选择要创建的文件类型，单击"确定"按钮，如图1-30所示。

在 Flash CS6 中，除了使用"新建"命令创建文档外，还可以通过开始界面快捷地新建文件，其操作步骤如下。

图1-30 新建文档

☆从开始界面中新建文件

01 启动Flash CS6进入到开始界面后，在开始界面中选择要新建的文档类型，并单击该文档类型链接，如图1-31所示。

02 在Flash CS6中即可看到新建的该类型文档，如图1-32所示。

图1-31 选择文档类型

图1-32 创建的AS文档

1.3.3 打开文档

要打开文档可以直接双击后缀为 .fla 的 Flash 制作文件，也可以通过开始界面中的"打开"按钮来打开文档，此外执行"文件"菜单下的"打开"命令，也能打开 Flash 制作文件。

如果用户需要继续上一次的工作,还可以通过开始界面中"打开最近的项目"列表,或者"文件"菜单下的"打开最近的文件"命令,以快速选择打开最近几次保存的文档。

1.3.4 保存文档

在完成了制作文档的编辑后，还需要对其进行保存。要保存制作文档，只需要执行"文件→保存"命令即可。如果是第一次保存该文档，则会打开"另存为"对话框，在其中设置好保存路径和名称后，单击"保存"按钮即可，如图 1-33 所示。

如果文档已经保存过，还需要再次保存，在执行"文件→保存"命令后，文档会自动保存而不会弹出对话框。在完成文档的保存后，执行"文件→退出"命令或直接单击软件右上角的"退出"按钮，都可以退出并关闭 Flash CS6。

图1-33 保存文档

Flash 软件制作的文档具有向下兼容性，即高版本的软件可以打开低版本的 Flash 制作文档，如 Flash CS6 可以打开 CS3、CS5 等版本制作的文档，而这些低版本的 Flash 则不能打开 Flash CS6 编辑的制作文档。因此，为了使低版本的用户能打开 Flash CS6 的制作文档，当用户在保存时，可以选择不同的"保存类型"，以便 CS6 版本的制作文档能被低版本的 CS5 或 CS5.5 打开。

 Flash CS6基本设置

Flash CS6 的基本设置是在实际操作中常会用到的，可以帮助用户更便捷完成影片的调整，更准确地进行图形的绘制等。

1.4.1 设置文档属性

在开始 Flash 内容的制作前，通常用户会根据影片的制作要求对影片的文档属性进行调整，以使最后影片的大小、帧频等符合自己的预期。在新建好文档后，用户可以在"属性"面板中，展开"属性"卷展栏，在这里能便捷地对文档的属性进行设置，如图1-34 所示。

图1-34　属性卷展栏

为了帮助读者更好地了解文档属性设置的作用，下面就将完成一个常见的网页横幅广告的属性设置实例。

01 启动Flash CS6进入到开始界面后，在开始界面中单击"ActionScript 3.0"文档类型，创建一个新的文档。

02 展开"属性"面板中的"属性"卷展栏，然后将FPS的值修改为12，如图1-35所示。通常网页横幅广告的内容相当简单，动画不会过于复杂，因此不需要这么高的帧频，这样就可以节约资源，缩小文件，便于在网页中快速展示。

03 根据需要横幅广告的尺寸，将文档的"大小"修改为560×130，如图1-36所示。

04 为了方便影片中一些白色图形的绘制，需要将"舞台"的颜色修改为蓝色，如图1-37所示。

图1-35　修改帧频

图1-36　修改影片大小

图1-37　修改舞台颜色

05 执行"文件→保存"命令，保存文件，这样就得到了一个网页横幅广告的初始文档，如图1-38所示。

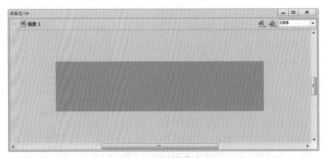
图1-38　此时的舞台

在 Flash 的制作过程中，要养成经常保存文件的习惯，这样可以避免因为停电、死机等意外造成的不必要损失。

单击"属性"卷展栏右侧的 🔧 "编辑文档属性"按钮可以打开"文档设置"对话框，通过该对话框可以对文档属性进行更详细的设置，如图 1-39 所示。

图1-39　文档设置

1.4.2　显示或隐藏标尺

在 Flash CS6 中的"标尺"主要用于对图形、元件等对象进行精确定位，以便得到准确的动画。默认情况下"标尺"是不可见的。用户可以执行"视图→标尺"命令，或者在绘图工作区中单击鼠标右键，在弹出的快捷菜单中选择"标尺"命令以显示标尺，如图 1-40 所示。

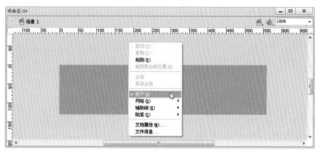

图1-40　显示标尺

当绘图工作区中标尺可见时，"标尺"命令前就会出现一个"√"表示此时标尺可见，如果用户需要隐藏标尺，只需再执行"标尺"命令，取消勾选即可。

1.4.3　显示或隐藏网格

与"标尺"功能相同，"网格"也是用于对图形、元件等对象进行精确定位的。同样用户可以通过舞台的右键菜单快速显示网格，如图 1-41 所示。

此外，用户还可以根据制作的需要修改网格的大小、颜色等，执行"视图→网格→编辑网格"命令，打开"网格"对话框，即可对网格进行编辑，如图 1-42 所示。

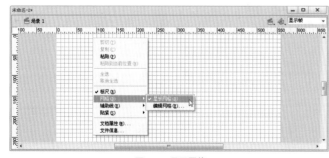

图1-41　显示网格

图1-42　编辑网格

1.4.4 设置辅助线

"辅助线"可以帮助用户在绘制角色或制作动画时进行对比定位。在"标尺"可见的情况下，用户可以将光标移至标尺上，然后按住鼠标并向绘图工作区拖动光标，这样就可以得到一根辅助线，重复进行上面的操作，就可以得到多根辅助线，如图 1-43 所示。

"视图→辅助线"菜单下的各项命令，还可以分别显示、隐藏、锁定、清除辅助线；其中"编辑辅助线"命令可以打开"辅助线"对话框，通过该对话框用户可以对辅助线的颜色等进行调整，如图 1-44 所示。

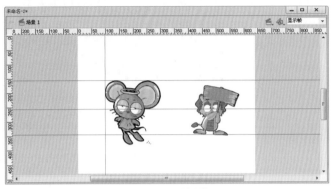

图1-43　设置辅助线

图1-44　编辑辅助线

1.5　场景的基本操作

场景通常是指各种场面，由人物活动和背景等构成。在一般 Flash 影片的制作过程中，通常表述的内容会出现在多个不同的场景；因此，为了便于制作，用户也可以在制作过程中，为影片添加多个场景，并进行修改。

1.5.1 添加场景

每一个新建的文档，都包含一个默认的场景，用户可以执行"插入→场景"命令快速插入一个新的场景进行编辑。当插入一个新场景的同时，绘图工作区会自动跳转到新场景，用户可以根据绘图工作区左上角的场景名，判断当前编辑的场景；此外，用户还可以单击绘图工作区右上角 "编辑场景"按钮来选择需要编辑的场景，如图 1-45 所示。

除了上面介绍的方法，用户还可以通过"场景"面板实现场景的添加操作。执行"窗口→其他面板→场景"命令打开"场景"面板，然后单击该面板左下角的 "添加场景"按钮，就能完成场景的添加，如图 1-46 所示。

图1-45　切换场景

1.5.2 复制场景

使用"场景"面板不仅可以添加场景,还能便捷的复制场景,用户只需在场景列表中选中要复制的场景,然后单击面板左下角的  "复制场景"按钮,就会得到一个相同的场景副本,如图 1-47 所示。

图1-46 添加场景   图1-47 复制场景

1.5.3 删除场景

在制作过程中如果用户想删除多余或错误的场景,可以选择该场景后,单击面板左下角的  "删除场景"按钮将其删除,如图 1-48 所示。

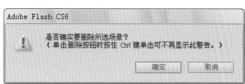

图1-48 删除场景

1.5.4 重命名场景

"场景"面板还可以对场景的名称进行修改,方便用户进行管理。使用鼠标在场景列表中双击要修改的场景名,进入场景名修改状态,就可以对其进行修改了,如图 1-49 所示。

图1-49 修改场景名称

1.5.5 调整场景顺序

在 Flash 影片的编辑过程中,用户可以通过"场景"面板调整场景的顺序,从而改变影片中场景的播放顺序。在场景列表中选择要改变顺序的场景,按住鼠标左键进行拖动,当场景拖动到需要的播放顺序位置时,松开鼠标左键即可,如图 1-50 所示。

图1-50 调整场景顺序

第2章

使用Bridge管理文件

Adobe Bridge 是 Adobe 系列特有的图像浏览软件，它是一个能够单独运行的独立应用程序，用户可以通过它来组织、浏览和寻找所需资源，用于创建供印刷、网站和移动设备使用的内容；同时 Adobe Bridge 也可以方便地访问本地 PSD、AI、INDD 和 Adobe PDF 文件以及其他 Adobe 和非 Adobe 的应用程序文件。用户可以将资源按照需要拖曳到版面中进行预览，甚至向其中添加元数据。Adobe Bridge 既可以独立使用，也可以在 Adobe Photoshop、Adobe Illustrator、Adobe InDesign 和 Adobe GoLive 等 Adobe 产品中使用。

F L A S H

2.1 浏览、打开文件

在 Flash 中执行"文件→在 Bridge 中浏览"菜单命令，可以在打开的 Adobe Bridge CS6 文件浏览器对文件进行浏览。Bridge 在原来的界面样式和功能基础上有了很大的更新。在使用前，执行"编辑→首选项"命令，在"首选项"面板中用户可以根据自己的喜好对 Bridge 的外观、颜色等进行修改，本书中就将默认的深灰色修改为浅灰色，如图 2-1 所示。

图2-1　浅灰色的Bridge文件浏览器

用户可以在 Adobe Bridge CS6 中进行以下操作。

☆预览文件、以星级查看、改变图片的缩略图大小、对图片进行排序和查看图片 metadata 信息等功能。

☆对文件进行复制、粘贴和旋转等编辑操作。

☆对文件进行批量重命名。

☆为文件设置标签颜色和标星级等分类处理。

☆如果将相机或读卡器连接到计算机，可以将照片复制到计算机上。

下面介绍在 Bridge 中浏览文件、查看文件信息、旋转图片、重命名文件的操作方法。

2.1.1　浏览文件

01　要浏览存储在磁盘中的文件，可在Bridge窗口左上角的"文件夹"选项区域中查找并选择文件所在的文件夹，然后在窗口中间的"内容"区域中将会显示该文件夹中所有文件的缩略图或图标，如图2-2所示。

02　在"内容"区域中单击需要浏览的文件，即可在窗口右上角的"预览"区域中对该图片进行预览，如图2-3所示。

03　拖动窗口下方的滑动条，可以调整缩略图的大小，如图2-4所示。

图2-2　选择图片所在的文件夹

图2-3　预览某一图片

图2-4　调整缩略图的大小

04　分别单击Bridge窗口右下角的 ▦ "以缩览图形式查看内容"、▤ "以详细信息形式查看内容"和 ▤ "以列表形式查看内容"按钮，可按不同方式预览窗口中的图片，如图2-5所示。

图2-5 按不同方式预览图片

$\displaystyle{05 \atop 06}$ 单击窗口右上角的"切换到紧凑模式"按钮 🔲,可以将窗口调整为紧缩模式显示,如图2-6所示。紧凑模式下, Bridge窗口始终显示在其他开启的应用程序的最前面。

切换到紧凑模式后,再次单击Bridge窗口右上角的 🔲 按钮,又可将窗口调整为扩展模式。

图2-6 窗口的紧缩模式

2.1.2 查看文件信息

在 Bridge 窗口的"内容"区域中单击其中一个图片,然后在"文件属性"区域中,即可查看该文件的文档类型、创建日期、文件修改日期、文件大小、尺寸、分辨率以及颜色模式等信息,如图 2-7 所示。

图2-7 查看文件属性

2.1.3 打开文件

在 Bridge 中可以通过双击文件，从而快速地开启相应的软件并打开该文件。同时，用户还可以鼠标右键单击需要打开的文件，在弹出的右键菜单中设定该文件的打开方式。

 ## 管理文件

在普通的浏览器中，一般只能对根据文件的格式对文件进行分类，而 Bridge 还为用户提供了一些独特的分类模式，使用户能更准确地对文件进行分类，并能快速地显示、隐藏这些文件。

2.2.1 文件的筛选

在 Bridge 窗口左下角，有一个"过滤器"列表，如图 2-8 所示。

在该列表中包括了"文件类型"、"关键字"、"创建日期"、"修改日期"等多种过滤器，用户可以展开需要的过滤器，然后在该过滤器中勾选过滤条件，使"预览"区域中只显示符合条件的文件，如图 2-9 所示。

图2-8　"过滤器"列表

图2-9　过滤文件

2.2.2 为文件评级

用户可以根据文件的使用频率或自己的喜好等因素，对文件进行评级，然后通过设置显示的级数，就能快速筛选出自己需要的文件了。

01　在"内容"区域中选择需要评级的文件，然后执行"标签→＊＊＊"命令对文件进行评级，这时可以看见文件预览图或图标的下方出现了相应的星数，如图2-10所示。

图2-10　评级文件

02　根据不同的需要，使用步骤1的方法依次对"内容"区域中的文件进行评级。

03 完成评级后，"过滤器"列表中就会出现"评级"过滤器，在过滤器中勾选"***"三星，过滤掉所有不是三星的文件，如图2-11所示。

图2-11　过滤文件

2.2.3　为文件添加标签

除了为文件评级外，Bridge 还可以对文件添加不同颜色的标签，以区分该文件目前的完成状态等，同样用户还可以通过"标签"过滤器隐藏不需要的文件，如图 2-12 所示。

图2-12　为文件添加标签

2.3　修改文件

除了上述功能，Bridge 还能直接对文件进行简单的修改，从而使用户不需要启动其他的软件，快速完成对文件的修改。

2.3.1　旋转图片

在拍摄照片时，由于取景的需要，有时会将相机竖直摆放进行拍摄，这样最后得到的照片在观看时就会是错误的效果。这时用户可以直接单击 Bridge 窗口右上角的"逆时针旋转 90 度"按钮 或"顺时针旋转 90 度"按钮 ，即可对照片进行相应的旋转以得到正确的效果，如图 2-13 所示。

图2-13　旋转图片

2.3.2　重命名文件

使用 Bridge 中的"批重命名"功能，可以在同一个文件夹中同时对多个文件进行重命名，还可以将文件移动或复制到其他的文件夹进行重命名。

01　在Bridge中选择需要重命名的文件所在的文件夹，或者按住"Ctrl"键同时选择需要重命名的多个文件，如图2-14所示。

02　执行"工具→批重命名"命令，弹出如图2-所示的"批重命名"对话框，如图2-15所示。

图2-14　选择重命名的多个文件

图2-15　"批重命名"对话框

03　在"目标文件夹"选项栏中选取对文件进行重命名后文件所在的位置。

　　☆在同一文件夹中重命名：在同一文件夹中对文件进行重命名操作。

　　☆移动到其他文件夹：将文件移动到其他文件夹中进行重命名操作。

　　☆复制到其他文件夹：将文件复制到其他文件夹中进行重命名操作。

04　在"新文件名"选项栏中选择新文件名的命名规则，单击＋按钮，向文件名中添加一个文件。单击一按钮，可以删除该文本。

05　设置好新的文件名后，可在"预览"选项栏中查看命名后的新文件名称，如图2-16所示。

图2-16　重命名设置

06　单击"重命名"按钮，即可将文件重命名，如图2-17所示。

07　在Bridge中的文件名称上单击鼠标左键两次，在出现文本编辑框后，为图片输入新的文件名，然后按下"Enter"键，也可重命名图片，如图2-18所示。

图2-17　重命名后的效果

图2-18　重命名图片

绘画编辑与对象处理篇

第3章

图形的绘制与变换

本章先详细介绍了 Flash CS6 中各种工具的使用方法和使用技巧，然后结合多个实践案例使读者掌握 Flash CS6 中绘制图形的方法和各种技巧等。

F L A S H

3.1 基本绘图工具

本章先详细介绍了 Flash 中各种工具的使用方法和使用技巧，及各种动画的基本知识，然后结合案例使读者掌握 Flash 中绘制图形的方法和创建动画的技巧。

3.1.1 线条工具

"线条工具" ╲：用于绘制直线条的工具。用户可以通过"属性"面板对线条的属性进行设置，如颜色、粗细、样式、端点、接合等，如图 3-1 所示。通过"属性"面板中的"端点"和"结合"选项，还可以完成线条端点样式及两条线段连接方式的设置，如图 3-2 ～图 3-3 所示。

图3-1　设置线条样式

图3-2　同一条直线的3种端点状态

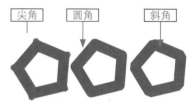

图3-3　同一多边形的3种线段结合状态

3.1.2 文本工具

"文本工具" T 用于在舞台中创建各种文本，并能通过"属性"面板方便地对其字体、间距、位置、颜色、呈现方式、对齐方式、链接等属性进行修改，如图 3-4 所示。

对于文本使用的详细介绍读者可以查看本书第 6 章的相应说明。

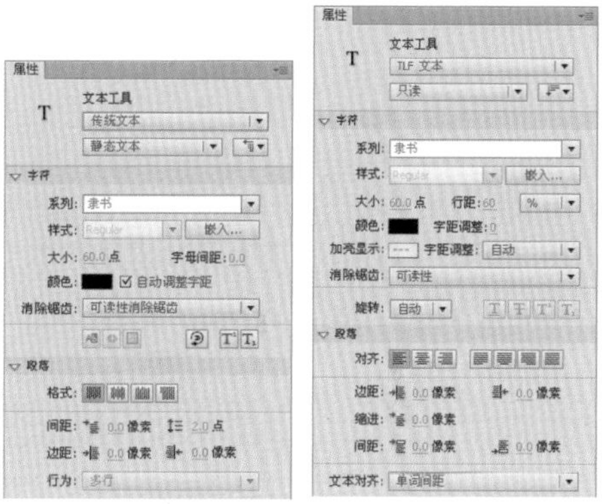

3.1.3 钢笔工具

"钢笔工具" ♦：以绘制路径的方式创建线条。使用"钢笔工具"可以直接绘制带有锚点的路径线条，然后还可以使用"钢笔工具"中的各种"锚点工具"对线条的锚点及其控制点进行调整，即可很方便地进行线条的造型，如图 3-5 所示。

图3-4　"文本属性"面板

3.1.4 几何图形工具

"矩形工具"、"椭圆工具"、"多角星形工具"及其相关的工具都是用于绘制各种基础的几何图形，并可以便捷地对几何图形的参数进行设置。

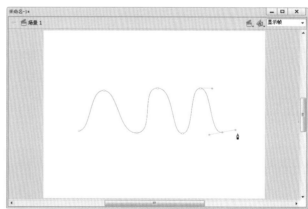

图3-5　绘制路径

"矩形工具" ▭：用于绘制长方形或正方形并完成填色的工具。按住鼠标左键并拖动的同时按下"Shift"键，可以画出正方形。在"属性"面板中可以直接设置矩形的线条、色彩、样式及粗细等属性，还可以为将要绘制的矩形设置圆角的半径弧度值，如图 3-6 所示。

图3-6　绘制圆角矩形

　　按住"矩形工具"就会弹出一个工具菜单组,选择"基本矩形工具" 也能绘制出一个矩形。但与"矩形工具"不同的是，使用"基本矩形工具"绘制出的矩形还可以通过"属性"面板或鼠标对矩形的每个角进行再次调整，如图 3-7 所示。

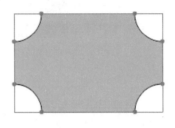

图3-7　编辑圆角矩形

　　在绘制矩形时，用户还可以按下 "将边角半径控件锁定为一个控件"按钮，使矩形的每个角都有单独的控件，从而使每个角的形态可以不一样，如图 3-8 所示。

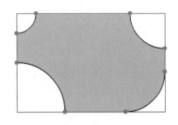

图3-8　编辑圆角矩形

　　"椭圆工具" ：绘制圆形或椭圆形并完成填色的工具。按住鼠标左键并拖动的同时按下"Shift"键，可以画出正圆。在绘制前，用户可以在"属性"面板中直接设置其线条颜色、粗细、样式、起始角度等属性，如图 3-9 所示。

图3-9　绘制椭圆

通过设置"椭圆选项"卷展栏中的"开始角度"和"结束角度"可以各种半圆的图形,如图3-10所示。

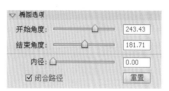

图3-10 绘制半圆

用户还可以通过调整"内径"的数值,绘制得到一个圆环,配合起始角度的设置,就能得到各种弧形了,如图3-11所示。

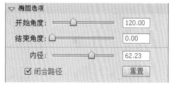

图3-11 圆环与弧形

与"基本矩形工具"相似,"基本椭圆工具"也可以在椭圆绘制完成后,通过调整"属性"面板中的各种参数,或通过鼠标拖曳锚点,直接修改得到新的图形,如图3-12所示。

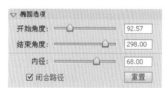

图3-12 修改基本椭圆

"多角星形工具" ⬡ :可以绘制出多边形或星形并完成填色。单击"属性"面板中的"选项"按钮,可以在弹出的"工具设置"对话框中,对多边形的边数、样式等进行设置,然后在绘图工作区绘制出各种多边形,如图3-13所示。

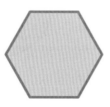

图3-13 绘制图形

3.1.5 铅笔工具

"铅笔工具" ✏ :用于绘制线条的工具。按住鼠标左键并拖动的同时按下"Shift"键,可以画出水平或垂直的线条。选择"铅笔工具"后,可以在工具属性选项中选择三种不同的线条绘画模式,如图3-14所示。

☆伸直模式:可以在绘制过程中将线条自动伸直,使其尽量直线化。

☆平滑模式:可以在绘制过程中将线条自动平滑,使其尽可能成为有弧度的曲线。

☆墨水模式:则是在绘制过程中保持线条的原始状态。

图3-14 对比三种模式

3.1.6　刷子工具

"刷子工具" ：以颜色填充方式绘制各种图形的绘制工具。选择"刷子工具"后，可以在工具属性选项中选择不同的刷子大小、样式及绘图模式，如图3-15所示。

☆标准绘画：正常绘图模式，是默认的直接绘图方式，对任何区域都有效。

☆颜料填充：只对填色区域有效，对图形中的线条不产生影响。

☆后面绘画：只图形后面的空白区域有效，不影响原有的图形。

☆颜料选择：只对已经被选中的颜色块中填充图形有效，不影响选取范围以外的图形。

图3-15　选择绘图模式

☆内部绘画：只对鼠标按下时所在的颜色块有效，对其他的色彩不产生影响，如图 3-16 所示。

图3-16　标准绘画、颜料填充、后面绘画、颜料选择、内部绘画

3.1.7　对象绘制

在选择以上各种基本绘制工具时，还可以在工具属性选项栏中按下  "对象绘制"按钮，开始对象绘制。使用对象绘制可以使绘制的图形处于一个独立的容器中，与"组合"相类似，不同的是"组合"不能通过变形工具进行调整，而绘制对象还可以使用各种变形工具进行再次调整。

执行"修改→合并对象→联合"命令，也可以将选中的多个对象绘制图形合并为一个对象绘制图形，如图 3-17 所示。

图3-17　联合的效果

执行"修改→合并对象→交集"命令，可以将选中的对象绘制图形合并，且只显示它们重合的部分，如图 3-18 所示。

图3-18　交集的效果

执行"修改→合并对象→打孔"命令，可以将选中的对象绘制图形合并，且不显示它们重合的部分，如图 3-19 所示。

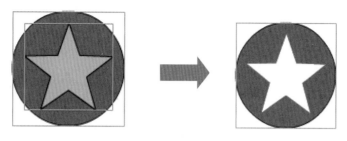

图3-19　打孔的效果

　　"裁减"命令与"交集"命令的效果相似，不同的是执行"裁减"命令的结果将不显示边线框。

　　如果已经使用"封套工具"将对象绘制图形变形，可以通过"修改→合并对象→删除封套"命令，将对象绘制图形还原，如图 3-20 所示。

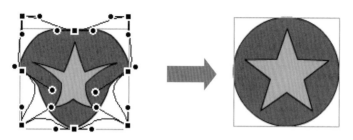

图3-20　删除封套

　　与传统绘制相比，对象绘制中各图形更容易选择调整和管理，但如果大量使用对象绘制，会使得到的制作文件相对较大，输出的影片也容易出现延迟现象等。

3.2　辅助绘图工具

　　在进行图形编辑时，常常只需要对图形中的一部分进行编辑，这时候使用下列选取工具就可以帮助你轻松地实现对图形的选取。

3.2.1　选择工具

　　"选择工具" ▶：Flash 中最常用的工具，用于对图形进行选取、移动及造型处理等。

　　☆选取和移动：在工作区中单击绘制的图形，被点选的线条或填充颜色方块以白色的点阵显示，即表明该图形已经被选取。如果是组合或元件，将以蓝色边框显示被选取状态。位图则是以灰色边框表示被选取状态。在选中一个图形后按住"Shift"键，可以再选取多个图形内容。在选取的图形范围上按住鼠标并拖动，即可将所选图形移动。

　　☆造型编辑：将光标移动到线条或图形的边缘，在光标改变形状为 ◥ 后，按住鼠标左键并拖动，即可很方便地对线条或图形边缘进行形状修改，如图 3-21 所示。

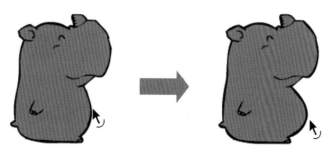

图3-21　使用"选择工具"

3.2.2 部分选取工具

"部分选取工具" ▶ : 通过对路径上的控制点进行选取、拖曳、调整路径方向及删除节点等操作，完成对矢量图形的造型和编辑工作，如图 3-22 所示。

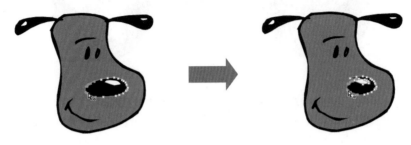

图3-22 使用"部分选取工具"

3.2.3 套索工具

"套索工具" 🄿 : 使用该工具，可以在图形中圈选中不规则的区域。在图形上按住鼠标左键并拖画出需要的图形范围，即可将鼠标按下与释放时所圈定的范围确认为选区。选中套索工具后，按下工具属性选项中的"多边形模式"钮 🄿 ，可以在图形上鼠标前后按下的位置间建立直线连线，形成多边形的选区，如图 3-23 所示。

图3-23 使用"套索工具"

在图形的绘制、编辑过程中，需要进行细微的局部刻画或者查看编辑效果时，就需要使用查看工具，通过调整工作窗口中图形的显示位置及显示比例来完成辅助操作了。

3.2.4 手形工具

"手形工具" 🖑 : 用于调整绘图工作区中图形显示位置的工具。使用该工具时，光标将改变为 🖑 形状，在工作窗口中按住鼠标左键并拖动，即可移动窗口中的显示位置了，如图 3-24 所示。

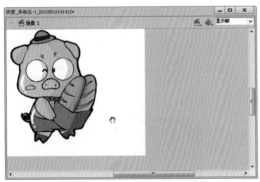

图3-24 使用"手形工具"

3.2.5 缩放工具

"缩放工具" 🔍 : 用于调整绘图工作区中显示比例大小的工具。按下查看面板中的 🔍 "缩放工具" 按钮后，可以在属性选项区域中选择 🔍 "放大" 按钮或 🔍 "缩小" 按钮，对视图进行缩放显示比例的查看，如图 3-25 所示。

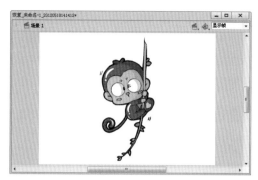

图3-25 使用"缩放工具"

3.2.6 任意变形工具

"任意变形工具" ![icon]：用于对图形进行旋转、缩放、扭曲及封套造型的编辑，在选取该工具后，在工具面板的属性选项区域中选择需要的变形方式。

☆旋转

将光标移动到所选图形边角上的黑色小方块上，在光标变成↻形状后，按住并拖动鼠标，即可对选取的图形进行旋转。移动光标到所选图形的中心，在光标变成▸形状后，对白色的图形中心点进行位置移动，可以改变图形在旋转时的轴心位置，如图 3-26 所示。

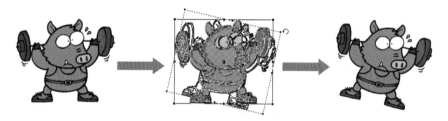

图3-26 旋转图形

☆倾斜

移动光标到所选图形边缘的黑色小方块上，在光标变成为 ‖ 或 ⇐ 形状时按住并拖动鼠标，可以对图形进行水平或垂直方向上倾斜变形，如图 3-27 所示。

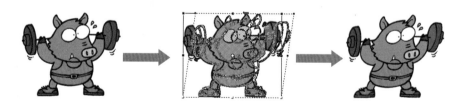

图3-27 倾斜图形

☆缩放 ![icon]

按下选项面板中的"缩放"按钮，可以对选取的图形作水平、垂直方向上或等比的大小缩放，如图 3-28 所示。

图3-28 缩放图形

对于旋转、倾斜、缩放操作，用户还可以通过"变形"面板中的各项数值对旋转、倾斜、缩放的结果进行准确的调整。

☆扭曲🔲

按下选项面板中的"扭曲"按钮，移动光标到所选图形边角的黑色方块上，当光标改变为 ▷ 形状时拖动鼠标，可以对绘制的图形进行扭曲变形，如图 3-29 所示。

图3-29   扭曲图形

☆封套🔲

按下选项面板中的"封套"按钮，可以在所选图形的边框上设置封套节点，用鼠标拖动这些封套节点及其控制点，可以很方便地对图形进行造型，如图 3-30 所示。

图3-30   封套图形

3.3 填充与描边工具

上面介绍了多种图形绘制、编辑工具，然而任何漂亮的图形都不单是线条绘制的，更是缤纷多彩的颜色构成的，下面就来学习并掌握 Flash 的填色工具。

3.3.1 笔触与填充颜色

单击工具面板颜色区域中的颜色块，可以弹出一个"样本"对话框，通过该对话框用户可以快速修改绘制中的笔触颜色和填充颜色等，如图 3-31 所示。

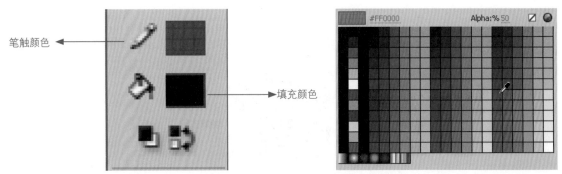

图3-31   颜色区域和样本对话框

☆笔触颜色就是指构成图形线条的颜色,在使用"线条工具"、"铅笔工具"、"墨水瓶工具"和各种几何图形绘制工具时,都可以在这里预设生成线条的颜色,也可以在绘制完成后,选中要修改颜色的线条后,在这里进行修改。

☆填充颜色是指构成图形各个色彩块的颜色,该功能可以与"颜料桶工具"和各种几何图形绘制工具配合使用,与笔触颜色相同,用户可以在这里预设或修改图形的颜色。

☆黑白按钮可以快速将笔触颜色修改为黑色,填充颜色修改为白色。

☆颜色交换按钮用于快速交换笔触颜色和填充颜色。

在绘制图形时,用户还可以通过"属性"面板中的颜色块或"颜色"面板对图形的颜色进行预设或修改。

3.3.2　颜料桶工具

"颜料桶工具" ![图标]:绘图过程中常用的填色工具,可以对封闭的轮廓范围内进行填色或改变图形块的填充色彩。使用颜料桶工具对图形进行填色时,针对一些没有封闭的图形轮廓,可以在选项区域中选择多种不同的填充模式,如图3-32所示。

☆不封闭空隙:填充封闭的区域。

☆封闭小空隙:填充开口较小的区域。

☆封闭中等空隙:填充开口一般的区域。

☆封闭大空隙:填充开口较大的区域。

图3-32　各种填充模式的填充效果

3.3.3　墨水瓶工具

"墨水瓶工具" ![图标]:按住"颜料桶工具",在弹出的工具菜单组中可以选择"墨水瓶工具",该工具用于为图形添加边线或修改边线的颜色、样式等。使用该工具时,用户可以在"属性"面板中设置线条的颜色、高度及样式,然后将鼠标对准图形块,按下鼠标左键,即可完成边线的添加或修改,如图3-33所示。

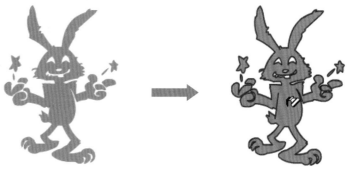

图3-33　用墨水瓶填充边缘

3.3.4　滴管工具

"滴管工具" ![图标]:用于在一个图形上吸取其填充色的工具。选择"滴管工具",在需要吸取颜色的位置按下鼠标左键,即可将该位置的颜色作为新的图形填充色,如图3-34所示。

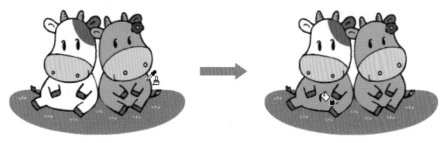

图3-34　吸取填充色

3.3.5 橡皮擦工具

"橡皮擦工具" ✐ ：用于清除图形中多余的部分或错误的部分，是绘图编辑中常用的工具。与"刷子工具"一样，在属性选项区域中可以为"橡皮擦工具"选择五种图形擦除模式，它们的编辑效果与"刷子工具"的绘图模式相似。

按下选项面板中的 🚰 "水龙头" 按钮，将光标改变为 🐛 形状后，移动鼠标到图形上，单击鼠标左键，可以将填充色清除掉，如图3-35所示。

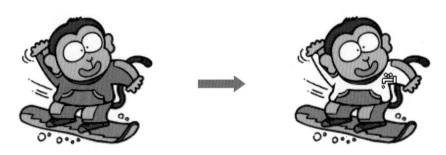

图3-35　使用"橡皮擦工具"清除填充

3.3.6 渐变变形工具

"渐变变形工具" 📭 ：按住"任意变形工具"按钮，在弹出的工具菜单组中可以选择"渐变变形工具"，该工具可以对使用了颜色填充的对象进行渐变调整，改变填充的渐变距离和渐变方向等属性，如图 3-36 所示。

图3-36　线性渐变填充

在选择"渐变变形工具"后，将鼠标移动到要变形的图形上面，鼠标指针变为 ▷ 形状，单击渐变或位图填充的区域，在图形上方将显示一个带有编辑手柄的边框，如图 3-37 所示。

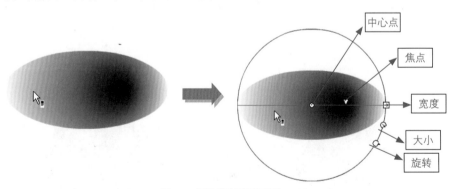

图3-37　使用"渐变变形工具"

当指针在这些手柄中的任何一个上面时，它会发生变化，显示该手柄的功能。

☆中心点 ○ ：渐变或位图填充的中心点位置。将鼠标放到"中心点"手柄上，鼠标指针变为 ✛ 形状，按住不放进行拖动，即可改变渐变或位图填充的中心点位置，如图 3-38 所示。

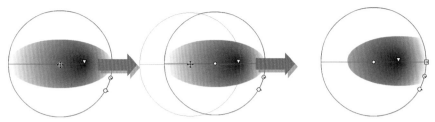

图3-38　调整中心点位置

☆焦点▽：径向渐变填充的焦点位置。将鼠标放到"焦点"手柄上，鼠标指针变为倒三角形形状，按住进行拖动，即可改变渐变填充的焦点位置，如图 3-39 所示。

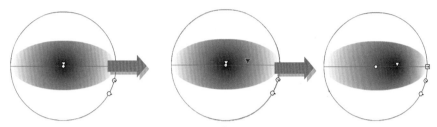

图3-39　调整焦点位置

☆大小⊙：缩放渐变填充的范围。将鼠标放到"大小"手柄上，鼠标指针变为⊙形状，按住进行拖动，即可调整填充范围的大小，如图 3-40 所示。

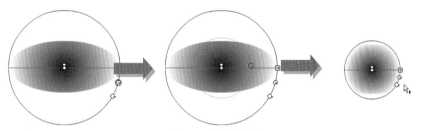

图3-40　调整填充大小

☆旋转↻：旋转渐变或位图的填充。将鼠标放到"旋转"手柄上，鼠标指针变为↻形状，按住进行拖动，即可对渐变或位图填充进行旋转，如图 3-41 所示。

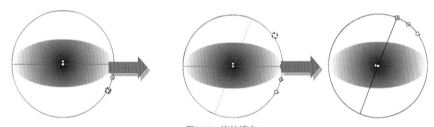

图3-41　旋转填充

☆宽度⊞：调整渐变或位图填充的宽度。将鼠标放到"宽度"手柄上，鼠标指针变为↔形状，按住进行拖动，即可调整渐变或位图填充的宽度，如图 3-42 所示。

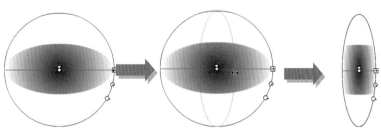

图3-42　调整填充宽度

3.3.7 实践案例：可爱的兔子

熟练地使用各种绘图工具及辅助绘图工具，是进行 Flash 动画制作的基础，漂亮的图形可以为你的动画影片增色不少。接下来，将通过一个小兔子的绘制，对前面学习的各种绘图工具及编辑方法进行实践，带领读者进一步掌握 Flash 的绘画技巧。请打开本书配套光盘\实践案例\第 3 章\可爱的兔子\目录下的"可爱的兔子 .swf"文件，观看本范例的完成效果，如图 3-43 所示。

图3-43　完成的文件

01 开启Flash CS6进入到开始界面，在开始界面中单击"ActionScript 3.0"文档类型，创建一个新的文档，然后将其保存到本地的文件夹中。

02 在绘图工作区中绘制一个与舞台相同大小的矩形，作为影片中的天空，修改其填充色为"浅蓝色（#E6FBFF）→蓝色（#00CCFF）"的线性渐变填充色，并使用"填充变形工具"对其进行调整，使其产生天空的效果，如图3-44所示。

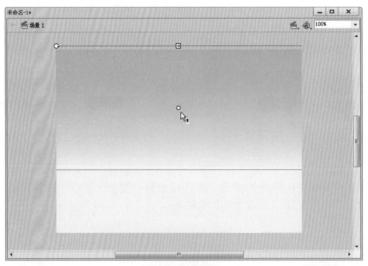

图3-44　编辑天空

03 执行"修改→组合"命令或按下"Ctrl+G"快捷键，在目前场景中创建一个新的组合，程序将自动进入新组合的编辑层窗口。使用"椭圆工具"绘制六个白色的圆，移动它们的位置至合适的位置上，然后选中它们的边线并按下"Delete"键将其删除，这样就得到一朵白云的图形，如图3-45所示。

图3-45　绘制白云

^{F L A S H} 知识与技巧

　　组合是 Flash 中常使用到的功能,关于组合功能的详细说明,读者可以查看本书第五章5.2.5小节中的相关介绍。

04 按下左上角的"场景1"按钮,回到主场景中,选中绘制出的白云,单击鼠标右键,在弹出的命令菜单中选择"复制"命令,对图形进行复制,然后执行"粘贴"命令,得到一朵新的白云,再使用"任意变形工具"对其大小进行调整,表现出白云的远近不一、大小不同的效果。

05 使用相同的方法,再复制出一朵云,调整好所有云的大小和位置,如图3-46所示。

06 在一个新的组合中使用"矩形工具"绘制一个长方形,然后使用"选择工具"修改其外形轮廓,使其产生凸起的效果,如图3-47所示。

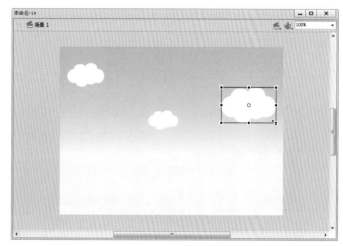

图3-46　复制白云

图3-47　修改轮廓

07 修改其填充色为"翠绿色(#99FF00)→绿色(#00CC00)"的径向渐变填充方式,再使用"填充变形工具"对其进行调整,使其产生一个草坪的效果。然后通过复制的方法得到多个草坪,调整它们的位置,如图3-48所示。

08 在一个新组合中绘制出6个粉红色的圆形,然后移动它们的位置使其形成一朵花的图形,再将中间圆形的颜色修改为黄色,最后删除掉所有的边线,这样就得到了一朵小花,如图3-49所示。

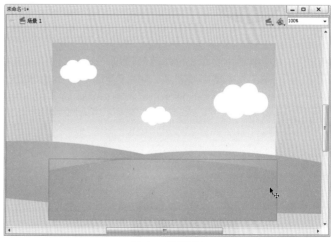

图3-48　编辑草坪

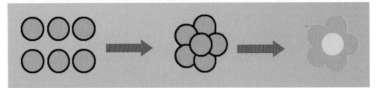

图3-49　编辑小花

09 回到主场景中，选中小花的组合并按住"Ctrl"键，同时使用"选择工具"按住花朵图形并拖动，鼠标光标将变成的状态，在新位置释放鼠标后，即可复制出一朵新的小花。然后使用"任意变形工具"调整其大小、角度等，再重复使用复制、变形的方法，编辑出遍地是花朵的效果，如图3-50所示。

10 在一个新组合中，绘制出一个圆形，修改其填充色为"白色→红色"的径向渐变填充方式，并使用"填充变形工具"对其进行调整，如图3-51所示。

图3-50　复制小花

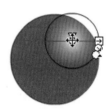

图3-51　调整渐变色

11 框选圆形的下半部，将其删除。使用"选择工具"调整下边线的轮廓，使其产生凸起的效果，然后使用"墨水瓶工具"对半球下边线添加边线，如图3-52所示。

图3-52　编辑半圆

12 在工具栏中将填充色修改为白色，然后选中半圆的填充色，再使用刷子工具并在"颜料选择"模式下，在半圆中绘制出一些白色的小圆点，这样蘑菇的冠就绘制完成了，如图3-53所示。

13 使用"矩形工具"绘制出一个肉色的矩形，并对其轮廓进行适当调整，然后调整好冠的位置，这样就得到了一个红色蘑菇，如图3-54所示。

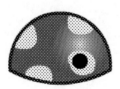

图3-53　绘制蘑菇

图3-54　完成的蘑菇

14　对蘑菇进行复制并调整其大小、角度，修改冠的颜色，就可以得到其他的蘑菇，如图3-55所示。

图3-55　复制蘑菇

15　创建一个新的组合，在该组合中使用"线条工具"绘制一个六边形，然后使用"选择工具"对线条进行调整得到一个兔子头部的轮廓，如图3-56所示。

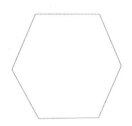 

图3-56　绘制兔子头

16　参照上面的方法在头部绘制出兔子脸的轮廓线，如图3-57所示。

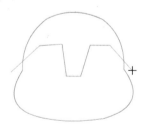 

图3-57　绘制脸轮廓

17　点选"颜料桶工具"并使用粉红色填充面部的上方，白色填充面部，然后删除掉多余的线条，如图3-58所示。

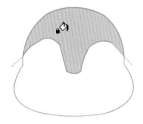 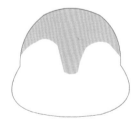

图3-58　兔子的头部

18 创建一个新的组合并绘制出一个椭圆，再对其轮廓稍稍进行调整，然后使用"白色→黑色"的放射状填充方式对其进行填充，再调整其填充效果，绘制出兔子的鼻子，如图3-59所示。

19 在一个新组合中，使用"椭圆工具"配合"刷子工具"，在一个新的组合中绘制出兔子的眼睛，如图3-60所示。

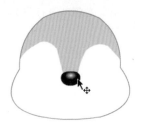

图3-59 绘制鼻子

图3-60 绘制眼睛

20 在头部的组合中对眼睛进行复制，再调整好它们的大小、位置，如图3-61所示。

21 在舞台的空白处绘制一个圆形，使用"透明度60%的红色→透明度0%的红色"的径向渐变填充方式对其进行填充，再将其组合复制并移动至兔子的脸颊处，调整好大小，将其作为兔子的腮红，如图3-62所示。

图3-61 绘制眼睛   图3-62 编辑腮红

22 使用"线条工具"结合"选择工具"在兔子的鼻子下方编辑出唇和大门牙，如图3-63所示。

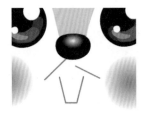 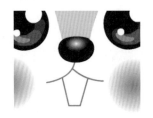

图3-63 编辑嘴巴

23 回到主场景中，创建一个新的组合，在该组合中绘制出两个大小不一样的椭圆，然后调整好它们的位置，再使用"选择工具"对其轮廓进行适当的调整，这样就得到了兔子耳朵的图形，如图3-64所示。

图3-64 编辑耳朵

在主场景中对兔子的耳朵进行复制并调整其角度、位置，使效果如图3-65所示。

图3-65 调整耳朵

F L A S H 知识与技巧

如果此时耳朵遮挡住了兔子的面部，可以选中耳朵并执行"修改→排列→下移一层"命令将耳朵调整到面部的后方。关于修改组合层次的详细说明，读者可以查看本书第五章 5.2.7 小节中的相关介绍。

25 参照上面介绍的绘制方法，在各自的组合中完成兔子身体、手、脚的编辑，然后调整好它们的位置、角度，再将所有兔子的组成部分组成一个新的组合，如图3-66所示。

图3-66 完成的兔子

26 在一个新组合中绘制一个椭圆，使用"黑色→黑色透明"的径向填充方式对其进行填充并调整，然后执行"修改→排列→下移一层"命令，将其移动到兔子的下方作为阴影，如图3-67所示。

图3-67　编辑阴影

27 创建一个静态文本 "欢迎来到大草原"，设置字体为 "迷你简少儿"，然后将每一个文字的填充色修改为不同的颜色，调整好其大小、位置、角度，如图3-68所示。

图3-68　编辑文本

28 按下 "Ctrl+S" 键保存文件到本地文件夹中，按下 "Ctrl+Enter" 键测试影片，如图3-69所示。

图3-69　测试影片

请打开本书配套光盘\实践案例\第3章\可爱的兔子\目录下的"可爱的兔子.fla"文件，查看本案例的具体设置。

3.4 喷涂刷工具

3.4.1 喷涂刷的设置

按住"刷子工具"按钮，在弹出的工具菜单组中就可以选择"喷涂刷工具"，使用该工具可以快速创建出一系列的点状图形组合，如图3-70所示。

在使用"喷涂刷工具"时，用户还可以自己定义喷出的图形及图形的大小等效果，勾选"随机缩放"选项，还能得到大小不一的图形，如图3-71所示。

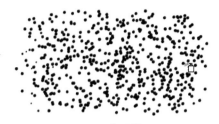

图3-70 喷图刷效果

图3-71 喷图刷效果及"属性"面板

在"画笔"卷展栏中，用户还可以对喷涂刷的宽度、高度、角度进行相应的设置。

☆宽度：表示喷涂笔触的宽度值。

☆高度：表示喷涂笔触的高度值。

☆画笔角度：表示喷涂笔触的角度值。

当设置宽度为400，高度为30，角度为135时，喷出图形的效果如图3-72所示。

图3-72 喷图效果

3.4.2 实践案例：花海

本实践案例中，将通过使用元件替代默认圆点，然后在舞台中快速绘制出一个花海的背景图案，如图3-73所示。

01 请打开本书配套光盘\实践案例\第3章\花海\目录下的"花海-开始.fla"文件，这个文件中已经准备好了一个"花"的元件，如图3-74所示。

02 单击"喷涂刷工具"，并在"属性"面板中按下"编辑"按钮。

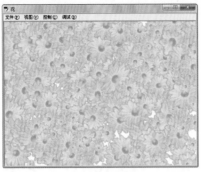

图3-73 花海

图3-74 元件库

03 在弹出的"选择元件"对话框中选择影片剪辑"花",按下"确定"按钮,如图3-75所示。

04 在"属性"面板中将缩放宽度和高度都修改为100％,然后勾选"随机缩放"选项,如图3-76所示。

05 展开"画笔"卷展栏,修改宽度为60,高度为400,角度为0,如图3-77所示。

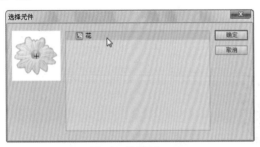

图3-75 选择元件

图3-76 修改参数

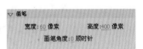

图3-77 设置画笔

06 将鼠标移至舞台左侧中间的位置,然后按住鼠标匀速向右移动,这样就得到了一片花的海洋,如图3-78所示。

请打开本书配套光盘\实践案例\第3章\课堂案例\目录下的"花海.fla"文件,查看本案例的具体设置。

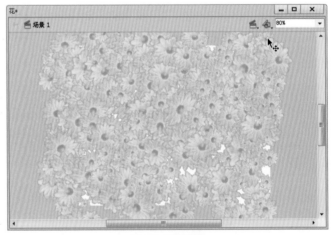

图3-78 绘制花海

3.5 3D变化工具

尽管 Flash 不是一款 3D 制作软件,但仍然为用户提供了一个 z 轴的概念,这样就能使用户从原来的 2 维环境拓展到一个有限的三维环境,并能制作出一些简单的 3D 效果。

3.5.1　3D旋转工具

"3D 旋转工具" ◎：与 Flash 中传统的旋转不同，该旋转工具除了使对象沿 *xy* 轴旋转以外，还可以使对象沿 *z* 轴进行旋转，这样就使对象产生出 3D 的效果，如图 3-79 所示。

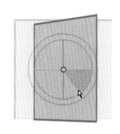

图3-79　旋转平面图形

"3D 旋转工具"只对影片剪辑有效，在使用时，选中的影片剪辑上会出现一个圆形图案，其中水平方向的绿线的代表 *x* 轴，垂直方向的红线的代表 *y* 轴，蓝色的圆圈代表 *z* 轴（*z* 轴为垂直于电脑屏幕的方向），最外面棕色的圆圈为三轴自由旋转。用户将鼠标移动到需要旋转的轴，然后按住鼠标并拖动，就能使影片剪辑沿该轴进行旋转了。

3.5.2　3D平移工具

"3D 平移工具" ⚒：用于影片剪辑在绘图工作区中 *xyz* 轴的位置移动，如图 3-80 所示。

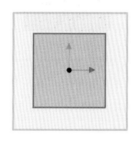

图3-80　沿z轴移动平面图形

"3D 平移工具"水平方向的红线的代表 *x* 轴，垂直方向的绿线的代表 *y* 轴，中间的黑点代表 *z* 轴（*z* 轴为垂直于电脑屏幕的方向）。用户将鼠标移动到需要旋转的轴，然后按住鼠标并拖动，就能使影片剪辑沿该轴进行平移了。

3.5.3　3D定位和查看卷展栏

在进行 3D 效果编辑时，用户还可以通过"属性"面板的"3D 定位和查看"卷展栏中的各个参数，对影片剪辑的 3D 效果进行准确的调整，如图 3-81 所示。

图3-81　3D定位和查看卷展栏

☆ *xyz*：用于定位对象在空间中的位置。

☆宽 / 高：显示对象的宽和高，其参数可以通过"位置和大小"卷展栏进行修改。

☆透视角度：用于调整环境的透视角度，值越大，空间就被拉得越深；值越小，越接近平面。

☆消失点：是指场景的最远方，任何图像都将在那里集结为一个点。

3.5.4　实践案例：三维魔方

本实践案例中，将通过制作一个旋转的三维魔方，帮助读者进一步了解如何使用 3D 变化工具，并学会 Flash 中进行 3D 动画的制作方法。请打开本书配套光盘 \ 实践案例 \ 第 3 章 \ 三维魔方 \ 目录下的 "三维魔方 .swf" 文件，观看动画效果，如图 3-82 所示。

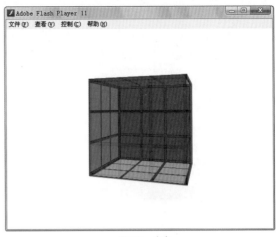

图3-82　魔方

01 启动Flash CS6进入到开始界面后，在开始界面中单击 "ActionScript 3.0" 文档类型，创建一个新的文档。

02 在舞台中绘制一个边长为150的黑色正方形。

03 单击 "对象绘制" 按钮，然后在舞台中绘制一个边长为45的黄色正方形，并调整好它们的位置，如图3-83所示。

04 按住 "Ctrl" 键拖曳黄色的正方形，对其进行复制，然后调整好第2个正方形的位置，如图3-84所示。

05 再复制出7个黄色的正方形并调整好它们的位置，这样就得到了魔方的一个面，如图3-85所示。

图3-83　调整位置

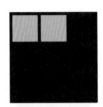

图3-84　复制正方形

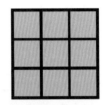

图3-85　魔方的一个面

06 选择中所有的正方形并按下 "F8" 快捷键，将其转换为一个影片剪辑，"多称" 为 "黄面"，并修改其对齐方式为左上角，如图3-86所示。

图3-86　转换为元件

07 参照 "黄面" 的编辑方法编辑出魔方其他的五个面，如图3-87所示。

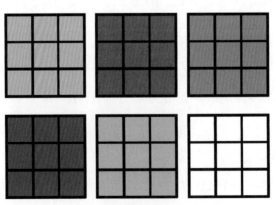

图3-87　魔方的六个面

08 选中影片剪辑"黄面"并在"属性"面板中修改其*xyz*轴坐标位置为：0、0、150，然后修改影片剪辑"红面"的*xyz*轴坐标位置为：0、0、0，如图3-88所示。

09 将影片剪辑"蓝面"移动至坐标150、0、0处，选择"3D旋转工具"并将元件的控制点修改到左上角，然后将其沿*y*轴旋转90度，如图3-89所示。

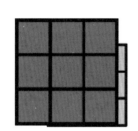

图3-88 此时的舞台

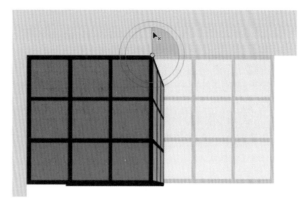

图3-89 旋转蓝面影片剪辑

10 将影片剪辑"绿面"移动至坐标0、0、0处，再使用"3D旋转工具"将其沿*y*轴旋转90度，如图3-90所示。

11 将影片剪辑"紫面"移动至坐标0、0、0处，再使用"3D旋转工具"将其沿*x*轴旋转90度，如图3-91所示。

12 将影片剪辑"白面"移动至坐标0、150、0处，再使用"3D旋转工具"将其沿*x*轴旋转90度，如图3-92所示。

13 选择影片剪辑"蓝面"并执行"修改→排列→移至顶层"命令，再对影片剪辑"红面"执行该命令，将影片剪辑"红面"调整到最上方，如图3-93所示。

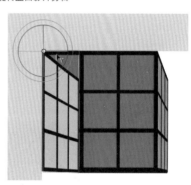

图3-90 旋转绿面影片剪辑

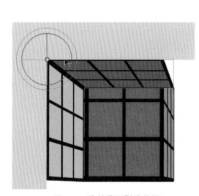

图3-91 旋转紫面影片剪辑

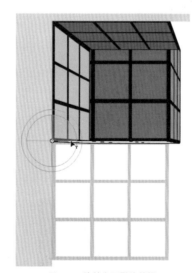

图3-92 旋转白面影片剪辑

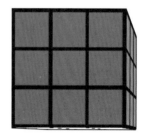

图3-93 完成的魔方

14 选中所有的影片剪辑，按下"F8"键，将其转换为一个影片剪辑"魔方"，如图3-94所示。

15 在"属性"面板中将影片剪辑"魔方"的透明度修改为50，如图3-95所示。

图3-94 转换为元件   图3-95 修改透明度

16 将"魔方"移动到舞台的中间，然后在时间轴的第60帧处按下"F5"键，延长显示帧到60帧，并执行"插入→补间动画"命令，创建补间动画，如图3-96所示。

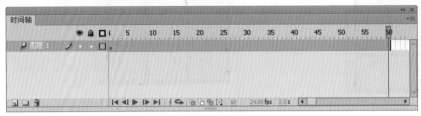

图3-96 创建动画

17 将时间线移动到第30帧，然后使用"3D旋转工具"将"魔方"沿y轴旋转180度，如图3-97所示。

18 将时间线移动到第60帧，再将"魔方"沿y轴旋转180度，回到起始状态，如图3-98所示。

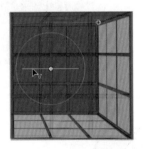

图3-97 旋转魔方   图3-98 旋转魔方

19 按下"Ctrl+S"键保存文件到本地文件夹中，执行"控制→测试影片→在Flash Professional中"命令测试影片，如图3-99所示。

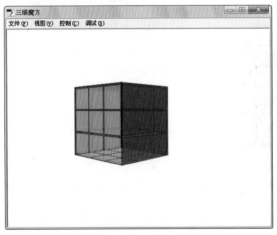

图3-99 测试影片

请打开本书配套光盘\实践案例\第3章\三维魔方\目录下的"三维魔方.fla"文件，查看本案例的具体设置。

3.6 Deco工具

Flash CS6中的"Deco工具" 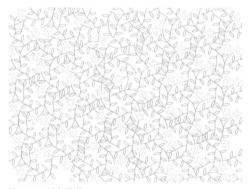 是基于Flash程序建模引擎，使用Deco工具可以快速绘制出特定的图案。并且可以通过"属性"面板对其选项稍作更改，即可创建出各种精彩的自定图案，帮助用户创建出吸引眼球的新效果。

单击"Deco工具"后，"属性"面板中就会出现"绘制效果"卷展栏，用户可以从"Deco工具样式"列表中选择各种不同的Deco工具，下面就依次介绍下这些工具。

3.6.1 蔓藤式填充

使用"藤蔓式填充"可以在舞台中迅速创建出藤蔓的图形或藤蔓生长的动画，并且用户还能轻松地对藤蔓的形态、颜色等进行自定义，如图3-100所示。

图3-100 绘制蔓藤

☆树叶：用于设置蔓藤的树叶，可以通过后方的色彩块修改其颜色，用户也可以通过"编辑"按钮自定义树叶的形状。具体编辑方法可以参考本书3.4.2中的介绍。

☆花：用于设置蔓藤的花，编辑方法与树叶类似。

☆分支角度：用于修改蔓藤中藤的角度，后面的色彩块可以修改藤的颜色。

☆图案缩放：用于修改花、树叶的大小。

☆段长度：用于设置藤的长度，值越大，最后图案的密度越小。

☆动画图案：勾选该选项可以得到蔓藤逐渐生长的动画。

☆帧步骤：用于设置蔓藤生长动画的速度，比如设置为1，蔓藤长成就需要100帧。

3.6.2 网格填充

使用"网格填充"可以在舞台中迅速创建出一个阵列，用户还能对阵列的对齐方式、阵列颜色等进行设置，如图3-101所示。

☆平铺1234：用于设置阵列中每个元素的形态、颜色，取消其勾选，该元素将不会显示。

☆平铺图案：阵列按相互对称的方式排列。

☆砖形图形：阵列按砖墙的方式，以单行与双行交错进行排列。

☆楼层模式：以每3行为一循环交错排列。

☆为边缘涂色：阵列将超过舞台的边缘。

☆随机顺序：每行中的元素将不按"平铺1234"的顺序排列。

☆水平、垂直间距：用于设置元素距离的大小。

☆图案缩放：用于修改各元素的大小。

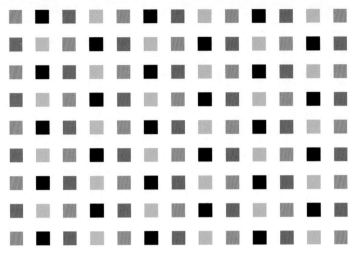

图3-101　网格填充

3.6.3 对称刷子

"对称刷子"可以根据用户选择的对称方式，在舞台中自动产生新元素的对称图案，并可以在舞台中通过手柄直接调整对称方式的角度、距离等，如图 3-102 所示。

图3-102　对称刷子

☆模块：设置元素的颜色、样式。

☆跨线反射：以一条直线作为对称线，直线两边的元素一致。

☆跨点反射：以一点作为对称点，点两边的元素始终与点在一条直线上。

☆网格平移：通过一个坐标系统，在舞台中通过单击可以得到一个阵列的对称阵列，各阵列间的相对位置始终不变。

☆测试冲突：检测是否存在错误的对称元素，如果有则将其删除。

3.6.4 3D刷子

3D 刷子是类似于喷涂刷的一种喷涂工具，但不同的是 3D 刷子调整了元素的比例，使它们在舞台底部显得较大，而在舞台顶部显得较小，从而产生出远近不同的 3D 效果，如图 3-103 所示。

☆对象 1234：用于设置元素的形态、颜色等。

☆最大对象数：舞台中最多出现的元素数量。

☆喷涂区域：刷子的大小。

☆透视：勾选后使画面产生远近的效果。

☆距离缩放：值越小 3D 效果越明显。

☆随机缩放范围：每个元素的大小在后面的数值间随机产生。

☆随机旋转范围：每个元素的角度按后面的数值间随机旋转。

图3-103　3D刷子

3.6.5　建筑刷子

使用"建筑刷子"可以在舞台中快速创建出各种摩天大厦。使用时只需要按住鼠标向上移动，即可得到相应高度的大楼，如图 3-104 所示。

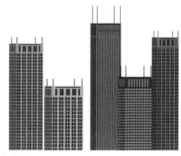

图3-104　绘制出的建筑物

3.6.6　装饰刷子

"装饰刷子"是一个绘制刷子，使用它可以快速绘制出预设图案的线条，如图 3-105 所示。

图3-105　绘制出的装饰图案

3.6.7　火焰动画与火焰刷子

"火焰动画"可以在舞台中创建一个火焰燃烧的逐帧矢量动画。而"火焰刷子"只能舞台中绘制出一系列火焰形状的静态矢量图形，如图 3-106 所示。

☆火大小：火图形的大小。

☆火速：火燃烧的速度，值越大，说明火势越大。

☆火持续时间：指在多少帧的范围内产生火的动画。

☆结束动画：勾选该项将在火动画的最后几帧出现火熄灭的动画。

☆火花：设置火焰的分支。

图3-106　火焰效果

3.6.8　花刷子

"花刷子"可以在舞台中通过鼠标拖曳绘制出不同的矢量花朵图形，用户还可以通过"属性"面板对花的种类、颜色、大小等进行调整，如图 3-107 所示。

图3-107　花刷子

☆下拉菜单：用于选择花的种类。

☆色块：设置相应部分的颜色。

☆分支：勾选该选项，可以使绘制时出现花枝，并且花、树叶、果实将沿花枝的方向生成，如果不勾选，花、树叶、果实将随机生成。

3.6.9　闪电刷子

"闪电刷子"可以在舞台上创建各种真实的闪电图形，如图 3-108 所示。

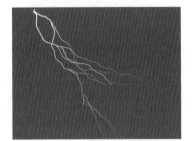

图3-108　闪电刷子

☆闪电大小：设置整个闪电图形的大小。

☆动画：勾选该选项可以得到闪电不停出现的动画。

☆光束宽度：闪电主干的宽度。

☆复杂性：设置闪电的复杂度，值越大，闪电的分支就越多。

3.6.10 粒子系统

"粒子系统"可以编辑出不同的动画效果，还可以通过默认形状或自定义元件创建出粒子雨动画，如图3-109所示。

图3-109　粒子系统

☆总长度：生成动画的总长度。

☆粒子生成：允许新粒子生成的帧数，比如值为10，就代表第10帧后，不会有新的粒子产生。

☆每帧的速率：每帧生成新粒子的速度，值越大，舞台中的粒子就越多。

☆寿命：每个粒子在舞台中存在的时间。

☆初始速度：定义粒子的初始速度，值越大，越像喷泉效果，值为0时，是垂直向下运动的动画。

☆初始大小：每个粒子的大小。

☆最大、最小初始方向：定义粒子发射时的角度。

☆重力：定义场景的重力环境，值越大，粒子下降越快。

☆旋转速率：每个粒子的角速度。

3.6.11　烟动画

"烟动画"可以创建一个逐帧矢量烟雾动画，其参数设置与"火焰动画"类似，在实际的应用中也可以与"火焰动画"配合使用以得到更真实的效果，如图3-110所示。

☆烟大小：烟图形的大小。

☆烟速：烟上升的速度。

☆烟持续时间：烟动画存在的时间。

☆结束动画：勾选该项将在动画的最后几帧出现烟消失的动画。

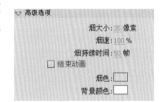

图3-110　烟动画

3.6.12　树刷子

使用"树刷子"可以在舞台上轻松绘制出多种树木的图形，如图3-111所示。

图3-111　树刷子

在绘制树时，用户可以通过控制鼠标拖动的速度，得到不同形态的树。比如在绘制树干时，就可以快速移动鼠标，而在绘制树冠时，则可以缓慢移动鼠标，移动速度越慢，树叶就会越茂密。用户还可以在绘制完成后，使用"选择"工具对树的枝叶进行调整、修剪。

通过上面对"Deco 工具"的介绍，相信读者应该了解了各种"Deco 工具"的作用。在实际的制作中，还可以将"Deco 工具"绘制的图形与 Flash 的其他功能结合使用，从而得到更为真实的效果，如将"火焰动画"与模糊滤镜结合，就能产生更真实的火焰动画效果，如图 3-112 所示。

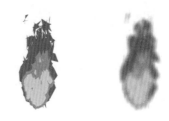

图3-112　效果对比

3.7　骨骼工具

在 Flash 中编辑人物或动物身体运动时，相对较为麻烦，而使用"骨骼工具" ✐ 可以将该操作变为简单。制作时只需用户创建好骨骼系统，然后将身体的各部分绑定到骨骼上，就能按照骨骼的动力学特性使绑定对象产生逼真的运动效果。

"骨骼工具"用于为对象创建一个骨骼系统，这里的对象可以是影片剪辑，也可以是矢量图形。下面就通过一个为机器人添加骨骼的实践案例，在实践中帮助读者了解"骨骼工具"的使用方法和产生的效果。

3.7.1　实践案例：跳舞的机器人

请打开本书配套光盘 \ 实践案例 \ 第 3 章 \ 跳舞的机器人 \ 目录下的"跳舞的机器人 .swf"文件，观看制作完成的效果，如图 3-113 所示。

01　请打开本书配套光盘\实践案例\第3章\跳舞的机器人\目录下的"跳舞的机器人-开始.fla"文件，在这个文件中已经绘制好了一个机器人，并且机器人的各组成部分都是独立的影片剪辑，如图3-114所示。

02　选择"骨骼工具"，然后在机器人颈部单击并向下拖动至腰部释放，将机器人的身体和腰部用骨骼连接起来，如图3-115所示。

图3-113　跳舞的机器人

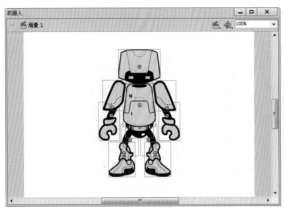

图3-114　舞台中的机器人

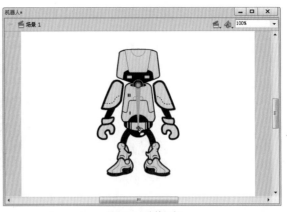

图3-115　连接腰部

03 单击骨骼腰部的圆点，然后拖动至右大腿处释放，将机器人的腰部和右大腿连接起来，如图3-116所示。

04 参照上面的连接方法，将大腿与脚连接起来，如图3-117所示。

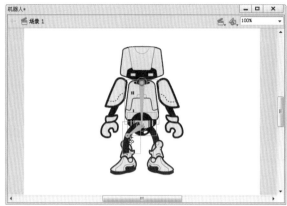

图3-116　连接大腿

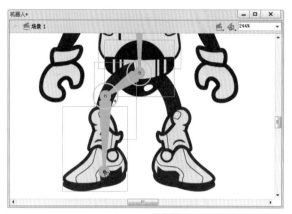

图3-117　连接脚

05 使用相同的方法，将机器人的左脚、双手、头依次用骨骼连接起来，如图3-118所示。

06 选择右手处的骨骼，然后使用"选择工具"选中右锁骨，再将鼠标移动至手与臂结合的关节处，单击鼠标将该关节锁定，这样可以防止身体随手臂的运动而运动，如图3-119所示。

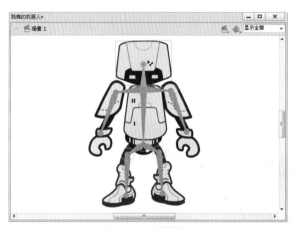

图3-118　完成的骨骼

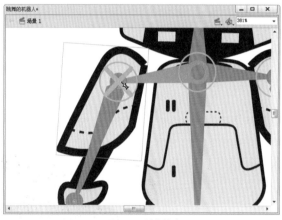

图3-119　锁定骨骼

07 按照上面的操作，再将左手锁定。

08 用鼠标单击时间轴上"骨架_2"图层的第30帧并按下"F6"键插入关键帧，然后在第15帧处再按下"F6键"插入关键帧，如图3-120所示。

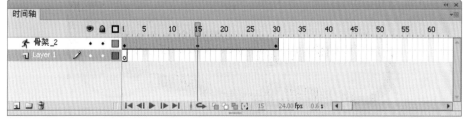

图3-120　时间轴设置

09 对第15帧中机器人的骨骼进行调整，使其呈现出不同的状态，如图3-121所示。

10 按下"Ctrl+S"保存文件，执行"控制→测试影片→在Flash Professional中"命令测试影片，如图3-122所示。

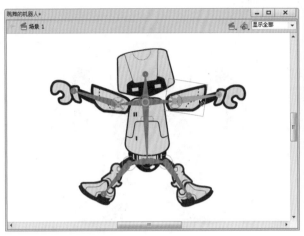

图3-121 调整机器人的姿势

图3-122 测试影片

在制作中，用户还可以给对象添加更复杂的骨骼系统，从而获得更准确的运动效果。此外，通过"属性"面板还能对骨骼旋转的角度等进行限制。请打开本书配套光盘\实践案例\第3章\跳舞的机器人\目录下的"跳舞的机器人.fla"文件，查看本案例的具体设置。

3.7.2 绑定工具

"绑定工具" 是在骨骼工具对矢量图形绑定后，对矢量图形上的各点进行绑定的工具。在进行矢量图形的绑定时，由于矢量图形可能不规则，因此有的地方可能就不会随骨骼的变化而变化，这时就只有使用"绑定工具"手动对这些地方进行绑定，使之能跟随骨骼变化。

在使用"绑定工具"进行绑定时，选中已经绑定的矢量图形，矢量图形上就会出现矢量图形的各节点，如图3-123所示。

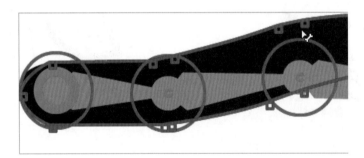

图3-123 绑定的矢量图形

当点选某节骨骼时，骨骼上会出现一条红色线，而受其影响的节点将变为黄色，如图3-124所示。

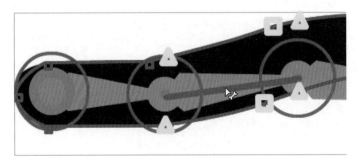

图3-124 选择骨骼

用户只需要点选不受该骨骼影响的节点，然后拖曳鼠标向这节骨骼的红线（此时将变为黄色）移动，就能将该点绑定到这根骨骼上，如图 3-125 所示。

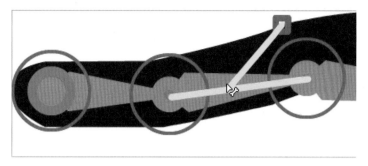

图3-125　绑定节点

　　如果用户将已经绑定的骨骼或节点向舞台空白的地方拖曳，则这部分矢量图形将失去绑定，从而不会随骨骼进行变化。

第4章

图形填充与色彩编辑

　　在上一章中介绍了工具栏中的各种图形绘制、编辑工具及图形的绘制方法，并初步学习了图形颜色的填充、修改，本章将更详细介绍图形填充与色彩编辑方面的知识、技巧。

F L A S H

4.1 使用"颜色"面板

"颜色"面板是 Flash 中用于色彩处理的一个重要面板，熟练地使用该面板，可以帮助用户快速地完成色彩的填充，编辑出色彩丰富的图形。

4.1.1 认识"颜色"面板

在"传统"界面下，"颜色"面板位于绘图工作区左侧的面板栏中，默认状态下该面板折叠为"颜色"图标，用户可以单击图标将其展开，如图 4-1 所示。

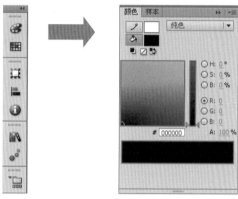

图4-1 面板栏与"颜色"面板

单击面板栏顶端的 ◀◀ "展开面板"按钮，可以将整个面板栏全部展开，再次单击 ▶▶ "折叠为图标"按钮，可以将展开的面板再次折叠为图标。如果当前"颜色"面板不可见，还可以执行"窗口→颜色"命令将其开启。

"颜色"面板由笔触颜色、填充颜色、颜色类型、调色器、当前颜色等部分构成，通过它可以便捷地完成各种对象、各种颜色的设置。在笔触颜色的后面是"颜色类型"下拉菜单，用户可以为笔触、填充选择不同的颜色类型。

4.1.2 纯色填充

纯色是默认的色彩填充模式，也是最常用的一种色彩填充模式，用于完成对图形色彩的填充，填充完成后，填充对象将表现为单一的颜色，如图 4-2 所示。

图4-2 纯色填充

在实际的绘制图形时，用户可以对不同区域使用不同的纯色填充，来绘制出风格十分可爱的卡通图形。

4.1.3 无色填充

无填充色是指图形的填充区域没有颜色内容，在面板中只能设置线条的色彩，如图4-3所示。

图4-3　无色填充

无色填充通常用于绘制相互交叉的几何图形，从而使新图形不会挡住下方图形的线条，当无色填充用于笔触颜色时，用户就可以得到没有边框的图形块。

4.1.4 线性渐变填充

线性渐变填充是从图形的一边向另一边进行色彩逐渐变化的填充方式。使用该种填充方式时，用户可以使用"填充变形工具"对其渐变距离和渐变方向进行调整，如图4-4所示。

图4-4　线性渐变填充

当颜色类型为线性渐变或径向渐变时，当前颜色条下方会出现一个渐变设置控制器，用于对色彩变化进行控制，用户可以通过定义每个色彩控制块的色彩，调整它们之间的位置，或增加新的色彩控制块等操作，来得到需要的渐变效果，如图4-5所示。

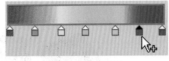

图4-5　添加控制块

用户还可以通过"流"按钮快速设置渐变色重复的次数。勾选"线性RGB"选项可以快速调整渐变的变化情况。

4.1.5 径向渐变填充

径向渐变填充是从图形的中心向四周辐射的色彩变化填充模式。使用该种填充方式时，也可以通过"填充变形工具"对其进行渐变距离和渐变方向的调整，如图4-6所示。

图4-6　放射状渐变填充

使用线性渐变填充和径向渐变填充，可以使图像效果更加丰富、美观，同时也可以使对象更加具有立体感，如图 4-7 所示。

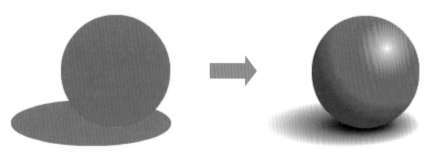

图4-7　效果对比

4.1.6　位图填充

位图填充是将导入的位图作为填充内容，对图形的填充区域进行填充。使用位图填充，可以快速的完成包含重复图案的图形填充，如图 4-8 所示。

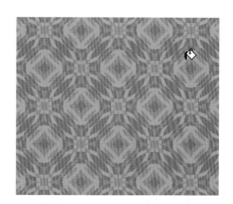

图4-8　位图填充

当元件库中没有位图文件时，位图填充的列表中是空白的，用户可以按下"颜色类型"下拉菜单下方的"导入"按钮，打开"导入"对话框并选择相应的位图导入即可。

与渐变填充相同，位图填充也可以通过"填充变形工具" 对填充位图的比例、方向进行调整，使之达到需要的效果，如图 4-9 所示。

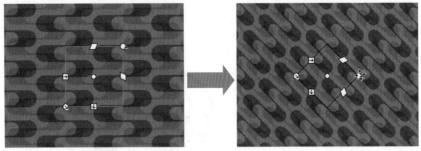

图4-9　调整位图填充

4.1.7　设置颜色的Alpha值

在调整笔触颜色或填充颜色时，除了进行上述的实体填色外，还可以对图形进行透明填色。用户可以通过修改调色器右下角的"A"栏后的数值，对颜色的透明度进行修改，如图4-10所示。

图4-10　修改颜色透明度

当 Alpha 的值为 100% 时，表示该颜色为实色，看不见下方的图形；值为 50% 时，表示该颜色半透明，能模糊看见下方的图形；当该值为 0% 时，表示该颜色完全不可见，只能看见下方的图形，如图 4-11 所示。

Alpha值100%　　　　　　　Alpha值50%　　　　　　　Alpha值0%

图4-11　透明效果对比

在实际的绘制中，透明填充色通常与组合功能结合使用，从而模拟出平滑物体表面的高光反射效果，使画面更加真实、美观，如图4-12所示。

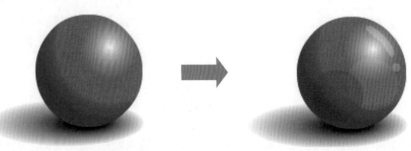

图4-12　高光效果对比

4.2 使用"样本"面板

单击"颜色"面板顶部的"样本"标签，执行"窗口→颜色样本"命令（快捷键为"Ctrl+F9"），或者单击工具栏、各面板中的色彩块，都可以展开的"样本"面板。Flash CS6 在"样本"面板中以色相列表的方式，为绘图编辑提供了 216 种网络安全色彩模块，此外用户还可以将常用的色彩添加到面板中以及设置需要的配色管理方案，如图 4-13 所示。

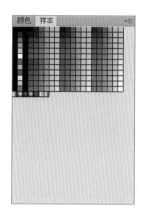
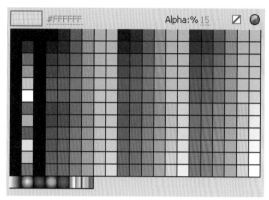

图4-13　两种"样本"面板

4.2.1 添加样本

在"样本"面板的左下角有一排快捷样本栏，这里默认有几种常用的渐变填充方式便于用户快速选择使用，同时用户还可以将自己常用的颜色复制到该样本栏中，如图 4-14 所示。

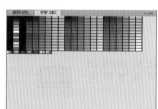

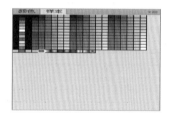

图4-14　添加样本

添加颜色样本的方法有以下两种。

☆在"样本"面板中选取需要的颜色，然后单击面板右上角的"菜单"按钮，在弹出的下拉菜单中选择"直接复制样本"命令就可以将选中的颜色添加到快捷样本栏。

☆在"颜色"面板中编辑好一种渐变填充，然后单击面板右上角的"菜单"按钮，在弹出的下拉菜单中选择"添加样本"命令就可以将选中的渐变颜色添加到快捷样本栏，如图 4-15 所示。

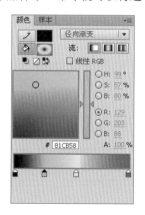

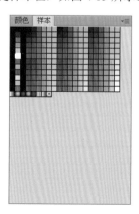

图4-15　添加渐变样本

在添加完样本颜色后，用户还可以通过"样本"面板右上角"下拉菜单"中的"删除样本"命令删除选中的样本。还可以执行"加载默认颜色"命令或"Web216颜色"命令，将"样本"面板快速恢复为默认状态。

4.2.2 加载与保存颜色

单击面板右上角的"菜单"按钮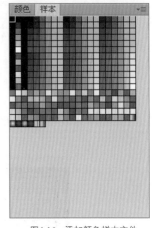，在弹出的下拉菜单中选择"添加颜色"命令，就可以加载已有的颜色文件（clr、act格式文件），如图4-16所示。

添加颜色样本文件完成后，用户还可以执行下拉菜单中的"保存颜色"命令将当前的颜色样本保存为clr、act文件，以便以后调用。

4.2.3 自定义颜色

当用户单击工具栏或其他面板中的颜色块时，会弹出另一种功能更加全面的"样本"面板，该面板不仅可以直接修改颜色的代码值和透明度，还能为"样本"面板添加除"Web216颜色"以外的颜色样本，如图4-17所示。

图4-16 添加颜色样本文件

01 单击工具栏中的"填充颜色"色彩块，弹出"样本"面板。

02 单击"样本"面板右上角的"自定义颜色"按钮打开"颜色"对话框，如图4-18所示。

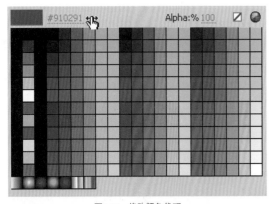

图4-17 修改颜色代码

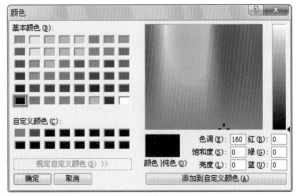

图4-18 "颜色"对话框

03 在"自定义颜色"栏中任意单击一个黑色的方块。

04 通过鼠标单击对话框右侧的色谱图，从而得到需要的颜色，然后按下"添加到自定义颜色"按钮就可以将新颜色样本添加到"自定义颜色"栏中了。

05 按下"确定"按钮，就可以在绘制时使用该颜色了。

4.3 实践案例：红色跑车

下面就将通过一个实践案例帮助读者掌握渐变填充使用的方法，及高光效果的表现技巧。请打开本书配套光盘\实践案例\第4章\红色跑车\目录下的"红色跑车.swf"文件，观看本范例的完成效果，如图4-19所示。

图4-19 完成的文件

01
02
开启Flash CS6进入到开始界面，在开始界面中单击"ActionScript 3.0"文档类型，创建一个新的文档，然后将其保存到本地的文件夹中。

在"属性"面板中将文档的宽修改为800、长修改为600，如图4-20所示。

03
根据第3章中学习的知识，配合使用各种绘制、编辑工具在舞台中绘制出一辆跑车的轮廓线条，如图4-21所示。

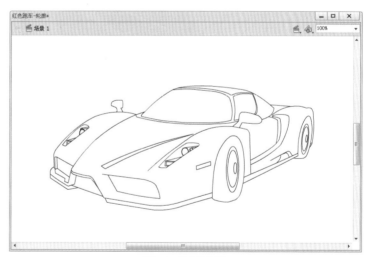

图4-20 修改尺寸

图4-21 跑车的轮廓

04
使用"红色→浅红色→深红色"的线性渐变填充方式对跑车车身进行填充，如图4-22所示。

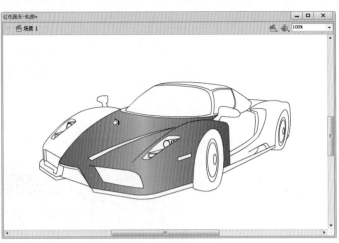

图4-22　填充颜色

05 使用"渐变变形工具"对线性渐变色的形态进行调整，使其摸拟出反光效果，如图4-23所示。

图4-23　调整填充颜色

06 参照上面的方法将跑车车身其他部位也填充为红色渐变，并使用"渐变变形工具"依次进行适当的调整，如图4-24所示。

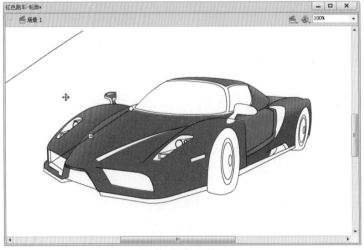

图4-24　调整填充颜色

在调整渐变色时，不仅可以使用"渐变变形工具"进行调整，还可以通过"颜色"面板中的渐变控制滑块对渐变距离、颜色等进行调整，以得到最好的效果。

07 使用"黑色→深灰色"的线性渐变填充方式对跑车的进气口等部位进行填充，然后使用"渐变变形工具"依次进行适当的调整，如图4-25所示。

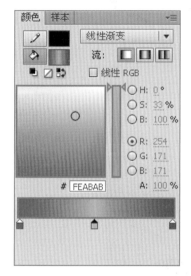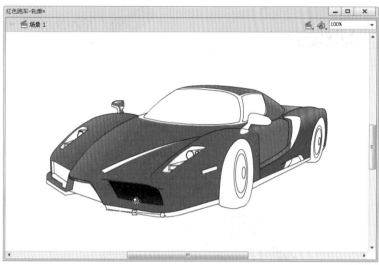

图4-25 填充进气口颜色

08 使用"黑色→灰色→黑色"的线性渐变填充方式对跑车的底盘、车窗等部位进行填充，然后使用"渐变变形工具"依次进行适当的调整，如图4-26所示。

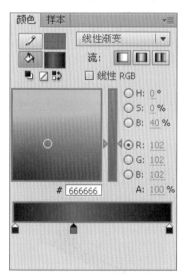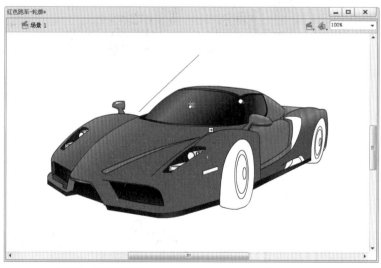

图4-26 填充车窗颜色

09 使用"黑色→红色"的线性渐变填充方式对跑车的后进气口进行填充，然后使用"渐变变形工具"进行适当的调整，这样车身的填充就完成了，如图4-27所示。

10 参照上面的方法，完成车灯等的填充，如图4-28所示。

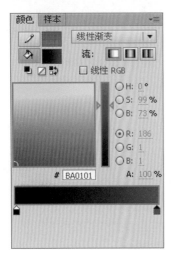

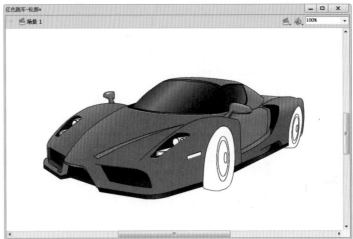

图4-27 完成的车身

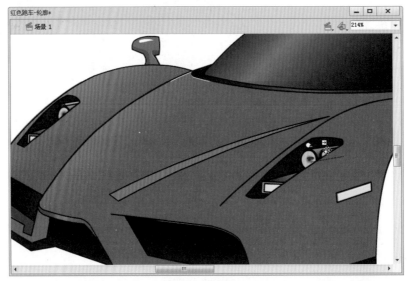

图4-28 填充车灯

11 使用"浅红色→红色→深红色"的径向渐变填充方式对跑车的轮盘进行填充,然后使用"渐变变形工具"进行适当的调整,如图4-29所示。

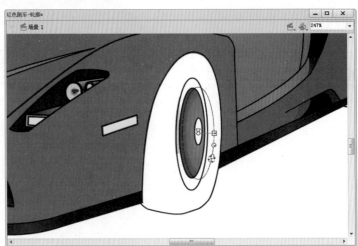

图4-29 填充轮盘

12 使用"黑色→灰色→黑色"的径向渐变填充方式对跑车的轮胎进行填充，然后使用"渐变变形工具"进行适当的调整，如图4-30所示。

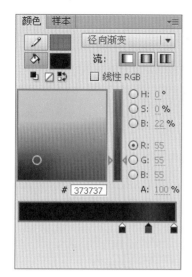

图4-30　填充轮胎

13 使用黄色和灰色填充轮胎的其余部位，然后使用相同的方法编辑好后轮胎，如图4-31所示。

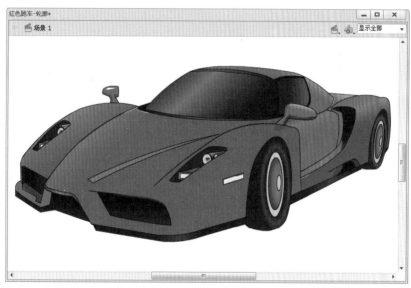

图4-31　此时的效果

　　此时基本的填色工作已经完成了，但跑车的效果并不是很漂亮。这是因为汽车一般使用的车漆反光率较高，而只通过调整渐变色很难实现这种镜面反光效果，因此要得到真实、美观的效果还需要编辑出跑车的阴影效果和高光反射效果。

14 执行"修改→组合"命令或按下"Ctrl+G"键创建一个组合，配合使用各种绘制工具在该组合中绘制出跑车中产生阴影的图形轮廓，如图4-32所示。

15 根据阴影的形状，分别使用"黑色→透明黑色"的径向渐变填充或线性渐变填充方式分别对其进行填充，然后使用"渐变变形工具"进行适当的调整，如图4-33所示。

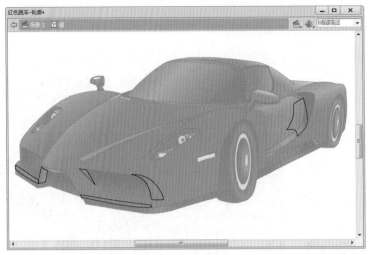

图4-32　绘制阴影轮廓

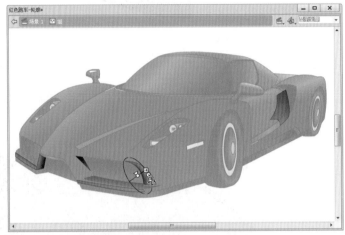

图4-33　编辑阴影

16 将构成阴影的轮廓线全部删除，然后按下左上角的"场景1"按钮，回到主场景中，再执行"修改→组合"命令创建一个组合，用于编辑跑车的高光效果。

17 在该组合中绘制出跑车各处高光反射的轮廓，如图4-34所示。

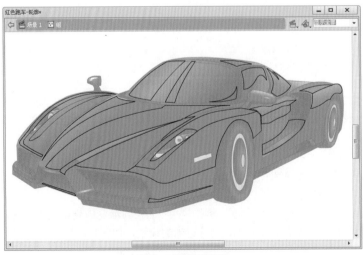

图4-34　绘制高光轮廓

18 使用"白色→透明白色"的线性渐变填充方式分别对其进行填充，然后删除掉轮廓线，并使用"渐变变形工具"对各图形块进行适当的调整，如图4-35所示。

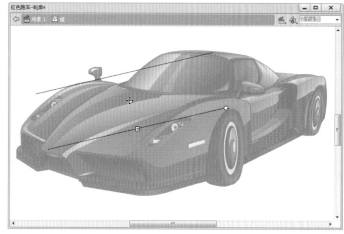

图4-35 编辑高光

19 按下"Ctrl+G"键创建一个组合，在该组合中绘制出第2层高光反射的轮廓，如图4-36所示。

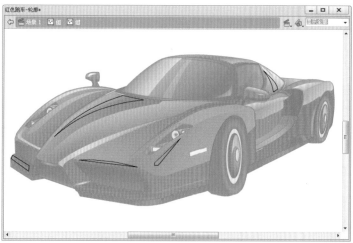

图4-36 第2层高光效果

20 参照第1层高光效果的编辑方法编辑出第2层高光效果，如图4-37所示。

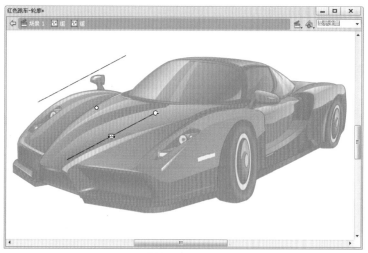

图4-37 调整第2层高光效果

21 在主场景中创建一个组合，在该组合中使用半透明的黑色线条绘制出车体结合部的缝隙，如图
4-38所示。

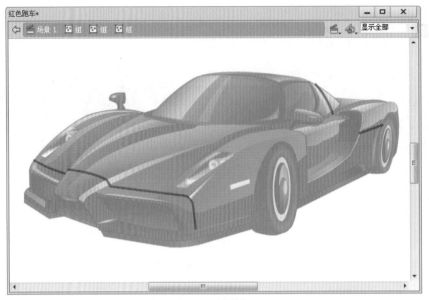

图4-38　绘制线条

22 将黑色线条组合并复制，然后将复制得到的线条颜色修改为半透明的白色，调整好其位置，作
为缝隙的高光反射效果，如图4-39所示。

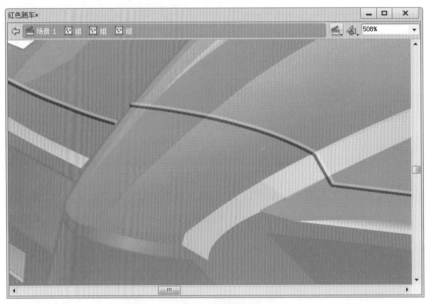

图4-39　编辑线条

23 回到主场景中，选取跑车的所有组成部分，按下"Ctrl+G"键将其组合起来。

24 使用深灰色的"刷子工具"沿跑车的下轮廓绘制整个跑车的阴影，如图4-40所示。

25 选中阴影并执行"修改→形状→柔化填充边缘"命令，打开"柔化填充边缘"对话框，修改
"距离"为20，"步幅"为10，按下"确定"按钮，这样就得到了较真实的阴影效果，如图
4-41所示。

图4-40　绘制阴影

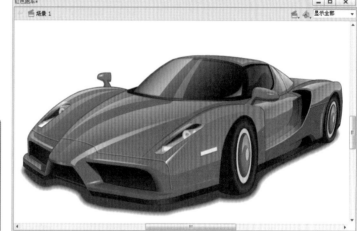

图4-41　编辑阴影

26
将跑车和阴影选中，然后将它们组合在一起。

27
在主场景中绘制一个宽800、长600的矩形，使用"浅灰色→深灰色→浅灰色"的径向渐变填充其进行填充，然后使用"渐变变形工具"进行调整至如图4-42所示。

图4-42　编辑背景

28 使用"文本工具"创建出"红色跑车"的文本，调整好大小、位置、颜色等，然后为其添加"滤镜"效果，使其更加美观，如图4-43所示。

图4-43　编辑文字

F L A S H　知识与技巧

关于"滤镜"功能的详细说明，读者可以查看本书第五章第 6 节中的相关介绍。

29 使用"线条工具"编辑出装饰性的线条图案就完成了该案例的制作。

30 按下"Ctrl+S"保存文件到本地文件夹中，再按下"Ctrl+Enter"键测试影片，如图4-44所示。

图4-44　测试影片

请打开本书配套光盘\实践案例\第 4 章\红色跑车\目录下的"红色跑车.fla"文件，查看本案例的具体设置。

第5章

图形对象的编辑

在前面的学习中，我们已经初步接触到对图形对象的一些编辑方法，本章就将对图形编辑的具体方法及产生的效果进行详细的讲解。

F L A S H

5.1 图形对象的预览

图形的预览可以帮助用户在绘制图形时，观看绘制的结果，以便对绘制的图形进行调整，从而得到更理想的效果。使用"预览模式"命令，可以在轮廓、调整显示、消除锯齿、消除文字锯齿和整个 5 种预览模式下预览影片中的对象，如图 5-1 所示。

轮廓(U)	Ctrl+Alt+Shift+O
高速显示(S)	Ctrl+Alt+Shift+F
消除锯齿(N)	Ctrl+Alt+Shift+A
• 消除文字锯齿(T)	Ctrl+Alt+Shift+T
整个(F)	

图5-1　5种预览模式

5.1.1 轮廓预览图形对象

执行"视图→预览模式→轮廓"命令，选择"轮廓"预览模式，场景中将只显示图形的轮廓，并使所有线条都显示为细线。这样更容易显示复杂图形的结构，以便准确地修改，还能在制作时快速显示复杂的场景动画，如图 5-2 所示。

图5-2　"轮廓"预览模式

图形的轮廓预览还可以通过调整图层的显示属性来实现，这点将在以后的学习中详细介绍。

5.1.2 高速显示图形对象

选择"高速显示"预览模式，将关闭消除锯齿功能，并显示绘画的所有颜色和线条样式，如图 5-3 所示。

图5-3　"高速显示"预览模式

从上面的效果对比图可以看出，"高速显示"比正常显示时图形更为模糊，图形边缘会出现锯齿。这是因为"高速显示"采用了更大的图形采样率，这样相同范围内，构成图形的色彩块就会相应减少，从而图形的边缘就会产生锯齿效果，但这样会降低预览时计算机的计算次数，从而提高预览的速度。

5.1.3 消除锯齿

选择"消除锯齿"预览模式，将打开线条、形状和位图的消除锯齿功能并显示形状和线条，从而使屏幕上显示的形状和线条的边沿更为平滑，但该预览模式不会消除文字的锯齿效果，如图5-4所示。

图5-4 "消除锯齿"预览模式

5.1.4 消除文字锯齿

与"消除锯齿"预览模式正好相反，"消除文字锯齿"预览模式可以平滑所有文本的边缘，但场景中所有的图形将以"快速显示"模式显示，即图形将出现锯齿效果，而文字将十分平滑。通常该预览模式在处理较大的字体时效果最好，如果文本数量太多，则速度会较慢，这是最常用的预览模式。

5.1.5 显示整个图形对象

选择"整个"预览模式，是系统默认的预览模式，该模式将完全、清晰地呈现舞台上的所有内容，尽管该模式的预览效果最好，与最后输出的影片一致，但在预览包含大量文字或大量图形块的动画时，可能会出现动画延迟的情况，因此用户需要根据具体的情况，选用不同的预览模式，但不管选用何种预览模式，最后输出的影片都将保持相同的效果。

5.2 图形对象的编辑

图形对象的编辑是指图形绘制完成后，对其进行移动、复制、组合等操作，通过这些操作不仅能快速得到新的图形，还能更好地管理图形的各组成部分，以便随时调整。

5.2.1 图形的选择与移动

当图形绘制完成后，用户可以使用"选择工具"单击选择构成图形的任意一个色彩块，当色彩块被选中时，色彩块将出现马赛克效果，如图5-5所示。

图5-5 点选色彩块

当用户按住鼠标并拖动，这时就会出现一个选择框，这个选择框包含的部分就是将选取的部分，当选择框包含全部的图形时，释放鼠标就可以选中需要的图形，如图5-6所示。

图5-6 框选图形

在完成选取后，在图形上按住鼠标并拖动，就会出现一个跟随鼠标移动的图形轮廓，用于表示移动的目标位置，当释放鼠标时，图形就将移动到轮廓的位置，如图 5-7 所示。

图5-7 移动图形

在移动图形对象时，用户还可以通过"信息"面板或"属性"面板中的各项数值对图形对象的位置进行准确的定位。

5.2.2 复制图形对象

用户在已经选取图形的情况下，按住"Ctrl"键，同时使用"选择工具"单击花朵图形并拖曳鼠标，在目标位置时释放鼠标，即可复制得到一个新的图形，如图 5-8 所示。

图5-8 复制图形

除了上面介绍的快速复制图形的方法外，用户还可以通过各种"复制"命令，实现对图形的复制操作。

☆执行"编辑→复制"命令可以将选中的图形复制到内存中，然后通过"粘贴"命令将其粘贴到舞台中。

☆执行"编辑→直接复制"命令可以在选择对象的前方迅速复制一个对象，而不需要执行"粘贴"命令，如图5-9所示。

图5-9　直接复制图形

用户还可以在舞台中右键单击鼠标选中的图形，在弹出的命令菜单中快速选择"复制"、"粘贴"等命令，如图5-10所示。

图5-10　右键菜单

5.2.3　粘贴图形对象

在完成图形的复制操作后，用户可以执行"编辑"菜单下的各种"粘贴"命令将图形粘贴到需要出现的位置。

☆"粘贴到中心位置"是指将复制的对象粘贴到舞台的中心，是默认的粘贴方式。

☆"粘贴到当前位置"是指在粘贴时将保留原图形的坐标信息，该命令通常用在不同帧之间，如果用在同一帧时，新图形就会覆盖住旧的图形。

☆"选择性粘贴"通常用于同时选中矢量图形和位图时，选择粘贴其中的一种，在执行该命令时会弹出"选择性粘贴"对话框，用于选择需要粘贴的对象，如图5-11所示。

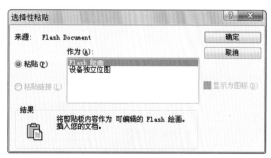

图5-11　"选择性粘贴"对话框

5.2.4　剪切图形对象

"剪切"命令与"复制"命令相似，都是用于复制图形对象的命令。不同的是"复制"命令将保留原来的图形对象，而"剪切"命令在执行后将删除原来的图形对象。

5.2.5 图形的组合与分离

在前面的范例制作中，已经简单介绍了"组合"命令的使用方法。组合就是将图形块或部分图形组成一个独立的单元，并与其他的图形内容互相不发生干扰，以便于绘制或进行再编辑。选择图形后执行"修改→组合"命令或按下"Ctrl+G"键，即可将其组合，组合后的图形将会以一个蓝色的边框表示选中状态，如图 5-12 所示。

选中图形　　　　　　　　　　　选中图形组合

图5-12　效果对比

图形在组合后成为一个独立的整体，可以在舞台上任意拖动而其中的图形内容及周围的图形内容不会发生改变。组合后的图形可以被再次组合，与其他图形或组合再次进行组合，从而得到一个复杂的多层组合图形，一个组合中可以包含多个组合，及多层次的组合。

"分离"命令与"组合"命令的作用正好相反，它可以将已有的整体图形分离为可以进行编辑的图形块，使用户可以对其再次进行编辑。对输入的文字连续执行两次"修改→分离"命令或按下快捷键"Ctrl+B"，即可将文字分离为可编辑的图形块，使用户能够轻松地完成艺术字的设计，如图 5-13 所示。

图5-13　对文字进行分离

5.2.6 转换为元件

选中图形对象执行"修改→转换为元件"命令或按下快捷键"F8"键，可以将图形转换为一个元件，如图 5-14 所示。

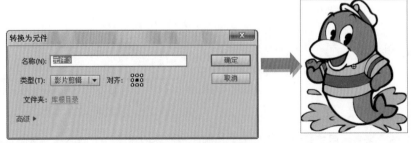

图5-14　转换为元件

元件与组合相似，都可以用于保存、管理图形，但元件还可以用于动画的创建，而且元件中还可以包含声音、动画、程序等丰富的内容，对元件的具体说明读者可以查看本书第11章中的详细介绍。

5.2.7 排列图形对象

图形在组合或转换为元件后，将作为一个独立的整体，自动移动顶层，当多个组合图形放在一起时，可以通过"修改→排列"命令菜单中的系列命令，调整所选组合在舞台中的前后层次关系。

☆ "移至顶层"命令可以将选中的组合或元件直接调整到所有组合、元件或矢量图形的前方。

☆ "上移一层"命令可以将选中的组合或元件向前移动一层，如图 5-15 所示。

图5-15 上移一层

☆ "下移一层"命令以将选中的组合或元件向后移动一层，如图 5-16 所示。

图5-16 将组合层次下移

☆ "移至底层"命令可以将选中的组合或元件直接调整到所有组合和元件的后方，但始终位于分散的矢量图形的上方。

☆ "锁定"命令可以将选中的组合或元件锁定在舞台中，使其不能被选取、移动、编辑。

☆ "解除全部锁定"命令用于解除所有"锁定"命令的效果。

上面介绍的是当图像组合等位于同一图层的情况下，而在决定图像的前后关系的时候，其所在图层的上下关系才是决定性的因素，关于图层知识的详细介绍将在本书第9章中做详细说明。

5.2.8 对齐图形对象

在进行多个图形的位置移动时，用户可以执行"修改→对齐"命令菜单中的系列命令，用来调整所选图形的相对位置关系，从而将杂乱分布的图形整齐排列在舞台中。在排列图形时，如果执行"底对齐"命令，所有的图形将以位于最下面图形的下边缘为基准，进行底边对齐，如图 5-17 所示。其他对齐命令的原理也是如此。当勾选"相对舞台分布"命令，则所有图形将以舞台的下边缘为基准进行对齐。

图5-17　对齐图形

　　"修改→对齐"命令菜单中的系列命令，还可以将舞台上间距不一的图形，均匀的分布在舞台中，使效果更加美观。在默认状态下，均匀分布图形将以所选图形的两端为基准，对其中的图形进行位置调整，当勾选"相对舞台分布"命令时，所有图形将以舞台的边缘为基准进行均匀分布，如图 5-18 所示。

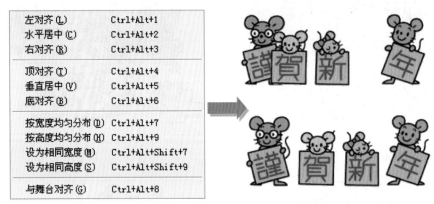

图5-18　按宽度均匀分布图形

　　在进行对齐、分布操作时，用户还可以执行"窗口→对齐"命令，或按下快捷键"Ctrl+K"开启"对齐"面板，在选取图形后，按下面板中对应的功能按钮，完成对图形位置的相应调整。如图 5-19 所示。

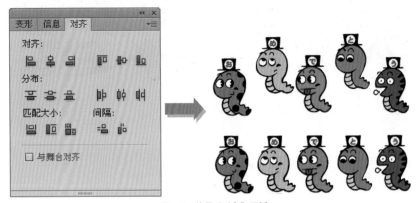

图5-19　使用"对齐"面板

5.3　图形对象的优化

　　在进行图像的绘制和编辑时，用户可以通过"修改→形状"菜单下的系列命令对图像的轮廓等进行调整，使其更加美观或结构更加合理。

5.3.1　平滑曲线

　　"平滑"命令可以使图形变得更加柔和，并减少曲线整体方向上的突起或其他变化，使轮廓线条看上去更加流畅。执行该项命令还可以减少图形中的线段数，不过，平滑只是相对的，它并不能影响直线段。在调整大量较短的曲线段图形时，使用该命令效果显著。选择需要进行平滑处理的图形，执行"修改→形状→平滑"命令或按下主工具栏中"平滑"按钮 的，对它们进行平滑处理，从而得到一条更易于改变形状的流畅曲线轮廓，如图 5-20 所示。

用户还可以执行"修改→形状→高级平滑"命令打开"高级平滑"对话框，在该对话框中可以通过各种数值对"平滑"操作的程度进行准确的设置，如图 5-21 所示。

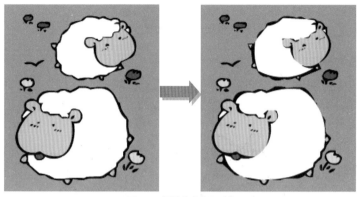

图5-20　平滑处理效果对比

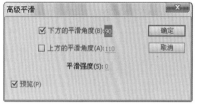

图5-21　"高级平滑"对话框

5.3.2　伸直曲线

"伸直"命令可以将用户已经绘制的图形或曲线稍稍拉直，不影响已经伸直的线段。选择要伸直的图形，执行"修改→形状→伸直"命令或按下主工具栏中的"伸直"按钮 ，对它们进行伸直处理，如图 5-22 所示。

图5-22　伸直处理效果对比

图5-23　"高级伸直"对话框

根据每条线段的原始曲直程度，重复应用平滑或伸直操作可以使每条线段更平滑更直。但这两项命令都是通过计算线条得出结果，因此在使用时不会考虑原图形的整体效果。

与"平滑"一样，用户也可以通过"高级伸直"命令开启"高级伸直"对话框，对"伸直"操作的强度进行准确的设置，如图 5-23 所示。

5.3.3　优化曲线

使用"优化"命令。可以减少用于定义这些图形的曲线数量，来完成曲线和填充轮廓优化效果，同样可以起到平滑图形曲线的效果，减小 Flash 文档和导出的 SWF 文件的大小。与使用"平滑"或"伸直"命令一样，用户可以对同一图形多次进行优化。

选中需要优化的图形，执行"修改→形状→优化"，打开"优化曲线"对话框，用户可以更改"优化强度"的数值来调整图形平滑程度，如图 5-24 所示。

图5-24　"优化曲线"对话框

勾选"显示总计消息"选项，可以在图形的优化操作完成后，弹出一个对话框，显示优化结果的相关数据，如图5-25所示。

图5-25　优化结果

5.3.4　将线条转换为填充

将图形中的线条转换成可填充的图形块，不但可以对线条的色彩范围作更精确的造型编辑，还可以避免在视图显示比例被缩小时线条出现的锯齿、相对变粗的现象。选取需要转换成填充颜色块的线条,执行"修改→形状→将线段转换成填充"命令，将其转换为填充色块，如图5-26所示。

原图　　　　　　　　　　缩小图　　　　　转换为填充后的缩小图

图5-26　缩小结果

5.3.5　扩展与缩小填充

执行"修改→形状→扩展填充"命令，可以在开启的"扩展填充"对话框中，设置图形的扩展填充距离和方向，对所选图形的外形进行修改，如图5-27所示。

☆扩展：以图形的轮廓为界，向外扩展、放大填充。

☆插入：以图形的轮廓为界，向内收紧、缩小填充，如图5-28所示。

图5-27　"扩展填充"对话框

扩展2像素 原图 收缩2像素

图5-28 效果对比

5.3.6 柔化填充边缘

与"扩展填充"命令相似，都是对图形的轮廓进行放大、缩小填充，不同的是"柔化填充边缘"可以在填充边缘产生多个逐渐透明的图形层，形成边缘柔化的效果。选取需要进行编辑的图形后，执行"修改→形状→柔化填充边缘"命令，在弹出的"柔化填充边缘"对话框中设置边缘柔化效果，如图 5-29 所示。

☆距离：边缘柔化的范围，数值在 1~144 之间。

☆步长数：柔化边缘生成的渐变层数，可以最多设置 50 个层。

图5-29 "柔化填充边缘"对话框

☆方向：选择边缘柔化的方向是向外扩散还是向内插入，如图 5-30 所示。

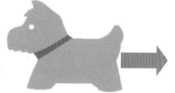

扩散柔化 原图 插入柔化

图5-30 效果对比

5.3.7 实践案例：一剪寒梅

现在就将通过一副国画的绘制，帮助读者了解如何将上面介绍的图形编辑技巧灵活地应用到实际制作中。请打开本书配套光盘 \ 实践案例 \ 第 5 章 \ 一剪寒梅 \ 目录下的"一剪寒梅 .swf"文件，观看本范例的完成效果，如图 5-31 所示。

图5-31 完成的文件

01 开启Flash CS6进入到开始界面，在开始界面中单击"ActionScript 3.0"文档类型，创建一个新的文档，然后将其保存到本地的文件夹中。

02 使用最大的"刷子工具"在舞台中大致绘制出黑色的树枝主干图形，如图5-32所示。

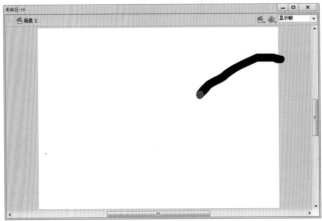

图5-32　绘制树干

03 使用小一点的"刷子工具"绘制出树枝，如图5-33所示。

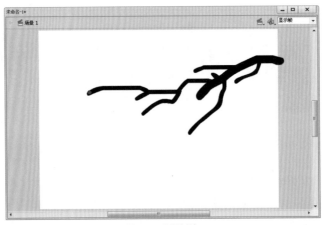

图5-33　绘制树枝

04 使用"选择工具"依次对图形的细节进行调整，使用其更加美观、真实，如图5-34所示。

图5-34　调整树枝

在调整时，要根据树枝的真实形态，保证每根树枝后端粗、前段细。此外，用户还可以框选树枝的一部分对其使用"平滑"或"伸直"操作，使该部分快速达到理想的形态。

05 在"颜色"面板中将树枝的颜色修改为半透明的黑色，如图5-35所示。

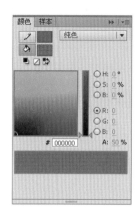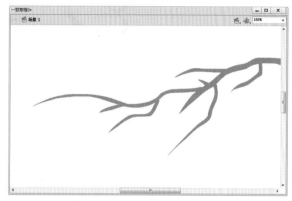

图5-35　调整树枝颜色

06 执行"修改→形状→柔化填充边缘"命令，在弹出的"柔化填充边缘"对话框中设置距离为5、步长数为2，然后按下"确定"按钮，如图5-36所示。

07 选择中树枝的图形，将其填充色修改回不透明的黑色，这样就模拟出了纸张淡淡的沁墨效果，如图5-37所示。

图5-36　"柔化填充边缘"对话框

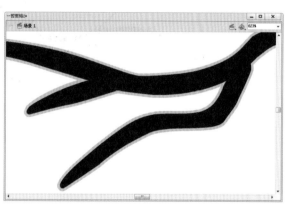

图5-37　柔化填充边缘效果

08 使用较小的"刷子工具"绘制出树枝上的小树杈，然后再对这些小树叉进行适当调整，如图5-38所示。

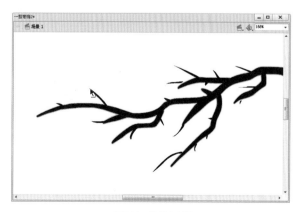

图5-38　编辑小树叉

09 按下"Ctrl+G"键创建一个组合，在该组合中使用较小的"刷子工具"绘制出才长出的花骨朵，然后再对花骨朵进行适当调整，如图5-39所示。

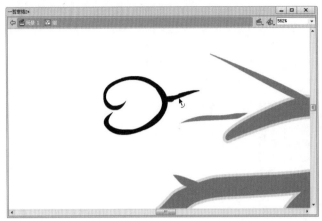

图5-39　编辑花骨朵

10 单击舞台左上角的"场景1"按钮，回到主场景中，调整好花骨朵组合的大小和位置。

11 按住"Ctrl"键并拖曳鼠标，对花骨朵组合复制3次，然后依次调整好它们的位置、大小、角度，如图5-40所示。

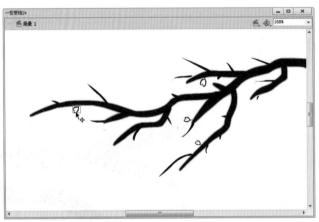

图5-40　复制花骨朵

12 创建一个新的组合，在该组合中使用红色的"刷子工具"绘制出一朵梅花花心的大致图形，如图5-41所示。

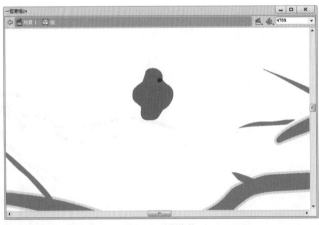

图5-41　绘制梅花

13 执行"修改→形状→柔化填充边缘"命令，在弹出的"柔化填充边缘"对话框中设置距离为10、步长数为3，然后按下"确定"按钮，如图5-42所示。

14 单击空白处，取消对梅花花心的选择，然后按下"Ctrl+G"键创建一个新的组合，在该组合中参照花骨朵的编辑方法，编辑出梅花的轮廓图形，这样一朵梅花就编辑完成了，如图5-43所示。

图5-42 "柔化填充边缘"效果

图5-43 绘制轮廓

15 回到主场景中，参照上面介绍的梅花花心的编辑方法，在绘制出几种形态不同的梅花，如图5-44所示。

16 通过对各种梅花组合的复制和变形，得到满树梅花的效果，如图5-45所示。

图5-44 完成的梅花

图5-45 复制梅花

17 在梅花的下方用浅灰色绘制出远方山麓的图形，然后执行"修改→形状→柔化填充边缘"命令，在弹出的"柔化填充边缘"对话框中设置距离为30、步长数为10，使得到的效果如图5-46所示。

图5-46 编辑远景

18 使用"文本工具"在主场景中创建一个文本，调整好其字体、位置、大小、方向，如图5-47所示。

图5-47 创建文本

19 连续两次按下"Ctrl+B"键将文本分离为矢量图形，然后执行"修改→形状→柔化填充边缘"命令，在弹出的"柔化填充边缘"对话框中设置距离为3、步长数为3，然后按下"确定"按钮，如图5-48所示。

20 按下"Ctrl+S"键保存文件，按下"Ctrl+Enter"键测试影片，如图5-49所示。

图5-48 设置柔化边缘

图5-49 测试影片

请打开本书配套光盘\实践案例\第 5 章\一剪寒梅\目录下的"一剪寒梅.fla"文件，查看本案例的具体设置。

5.4 图形的混合模式

混合模式用于得到多层复合的图像效果。该模式将改变两个或两个以上重叠对象的透明度或颜色相互关系，使结果显示重叠影片剪辑中的颜色，从而创造独特的视觉效果。用户可以通过"属性"面板中的"混合"卷展栏为目标添加该模式，如图 5-50 所示。

混合模式只能应用在按钮和影片剪辑元件上，混合后的效果对比如图 5-51 所示，它包含以下四个组成部分。

☆混合颜色：指应用于混合模式的颜色。

☆不透明度：是应用于混合模式的透明度。

☆基准颜色：是混合颜色下的像素的颜色。

☆结果颜色：指基准颜色的混合效果。

图5-50 "混合"卷展栏

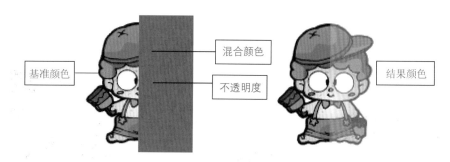

图5-51 效果对照

由于混合模式的效果取决于混合对象的混合颜色和基准颜色，因此在使用时应测试不同的颜色，以得到理想的效果。

Flash 为用户提供了以下几种混合模式。

☆一般：正常应用颜色，不与基准颜色发生相互关系。

☆图层：可以层叠各个影片剪辑，而不影响其颜色。

☆变暗：只替换比混合颜色亮的区域。比混合颜色暗的区域不变，如图 5-52 所示。

☆色彩增殖：将基准颜色复合进混合颜色中，从而产生较暗的颜色。与变暗的效果类似。

☆变亮：只替换比混合颜色暗的像素。比混合颜色亮的区域不变，如图 5-53 所示。

图5-52 变暗效果

图5-53 变亮效果

☆滤色：将混合颜色的反色复合进基准颜色中，从而产生漂白效果。

☆荧幕：与滤色相似的出来效果。

☆叠加：进行色彩增值或滤色，具体情况取决于基准颜色，如图 5-54 所示。

☆强光：进行色彩增值或滤色，具体情况取决于混合模式颜色。该效果类似于用点光源照射对象，如图 5-55 所示。

图5-54　叠加效果　　　　　　　　　　　　　　　　图5-55　强光效果

☆增加：根据比较颜色的亮度，从基准颜色增加混合颜色，有类似变亮的效果。

☆减去：根据比较颜色的亮度，从基准颜色减去混合颜色，如图 5-56 所示。

☆差异：从基准颜色减去混合颜色，或者从混合颜色减去基准颜色，具体情况取决于哪个的亮度值较大，如图 5-57 所示。

☆反转：是取基准颜色的反色。该效果类似于彩色底片，如图 5-58 所示。

图5-56　减去效果　　　　　　图5-57　差异效果　　　　　　图5-58　反转效果

☆ Alpha：应用 Alpha 遮罩层。该模式要求将图层混合模式应用于父级影片剪辑。不能将背景剪辑更改为"Alpha"并应用它，因为该对象将是不可见的。

☆擦除：删除所有基准颜色像素，包括背景图像中的基准颜色像素。该模式要求将图层混合模式应用于父级影片剪辑。不能将背景剪辑更改为"擦除"并应用它，因为该对象将是不可见的。

5.5　为元件添加滤镜

滤镜的出现弥补了 Flash 在图形效果处理方面的不足，使用户在编辑烟雾类、运动类等图形效果时，不必像从前一样在 Photoshop 等软件中处理位图再导入，而可以直接在 Flash 中为其添加滤镜效果得到。这些滤镜包括投影、模糊、发光、斜角等效果，它们能轻松地添加到影片剪辑或文字上，使 Flash 动画影片的画面更加优美。

下面就开始向大家详细介绍滤镜的各种不同效果，及如何使用滤镜的方法。当用户选取影片剪辑、按钮或文本时，"属性"面板上就将出现一个空白的"滤镜"卷展栏，如图 5-59 所示。

用户可以单击卷展栏左下角的"添加滤镜"按钮，从弹出的下拉菜单中为对象选择添加需要的"滤镜"效果。当添加好"滤镜"后，用户就可以通过卷展栏中的的各种属性参数，修改"滤镜"效果的模糊度、强度、角度、距离等。

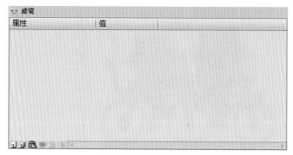

图5-59 "滤镜"卷展栏和"添加滤镜"菜单

5.5.1 投影

投影效果是模拟光线照在物体上产生阴影的效果，如图 5-60 所示。

图5-60 添加投影滤镜

☆模糊：指投影形成的范围，分为模糊 X 和模糊 Y，分别控制投影的横向模糊和纵向模糊。打开"锁定"按钮 🔗 ，可以分别设置模糊 X 和模糊 Y 为不同的数值。

☆强度：指投影的清晰程度，数值越高，得到的投影就越清晰。

☆品质：指投影的柔化程度，分为低、中、高三个档次，档次越高，得到的效果就越真实。

☆颜色：用于设置投影的颜色。

☆角度：假定光源与源图形间形成的角度。

☆距离：源图形与地面的距离，即源图形与投影效果间的距离。

☆挖空：勾选该选项，将把产生投影效果的源图形挖去，并保留其所在区域为透明，如图 5-61 所示。

☆内侧阴影：勾选该选项，可以使阴影产生在源图形所在的区域内，使源图形本身产生立体效果，如图 5-62 所示。

图5-61 挖空效果　　　　　　　　　　图5-62 内侧阴影

☆隐藏对象：该选项可以将源图形隐藏，只在舞台中显示投影效果，如图 5-63 所示。

图5-63　隐藏对象

5.5.2　模糊

为影片剪辑或文字添加模糊效果，可以使整个源图形柔化，变得模糊不清。通过对模糊 X、模糊 Y 和品质的设置，可以调整模糊的效果，如图 5-64 所示。

图5-64　模糊效果

5.5.3　发光

发光效果是模拟物体发光时产生的效果，有类似柔化填充边缘产生的效果，如图 5-65 所示。但发光得到的图形不仅不会错乱，效果更加真实，而且还可以对发光的颜色等进行设置，使操作更为简单。

图5-65　发光效果

F L A S H　知识与技巧

发光效果与投影效果的关系，就好像是光源从正上方直射在源图形上，然后在其下方产生投影的效果。发光效果与模糊效果相比，它会保留源图形的清晰度，而不是将图形全部模糊。它的属性参数，与投影滤镜相同的，请自行参考前面的介绍。

5.5.4　斜角

在影片剪辑或文字上添加斜角效果，可以使其受光面出现高光效果，背光面出现投影效果，从而产生一个虚拟的三维立体效果，如图 5-66 所示。

图5-66　斜角效果

在"类型"下拉菜单中，包括三个用于设置斜角效果样式的选项：内侧、外侧、整个。

　☆内侧：指产生的斜角效果只出现在源图形的内部，即源图形所在的区域，如图5-67所示。

　☆外侧：指产生的斜角效果只出现在源图形的外部，即所有非源图形所在的区域，如图 5-68 所示。

图5-67　内侧斜角效果　　　　　　　　　　　　图5-68　外侧斜角效果

　☆整个：指产生的斜角效果将在源图形的内部和外部都出现。

5.5.5　渐变发光

与发光效果不同，渐变发光效果可以对发出光线的渐变样式进行修改，从而使发光的颜色和效果更加丰富，如图 5-69 所示。

图5-69　渐变发光效果

在使用渐变发光滤镜时，在卷展栏的右下角会出现一个色彩条，通过该色彩条，可以完成对发光颜色的设置，其使用方法与"颜色"面板中色彩条的使用方法相同。该色彩条里左侧的是图形外部发出的光，右侧则是图形内部发出的光，在没有勾选"挖空"选项时，这些光由于图形的遮挡，在舞台中并不可见。

5.5.6 渐变斜角

渐变斜角滤镜，是在斜角效果的基础上添加了渐变功能，使最后产生的效果更加变幻多端，如图5-70所示。

图5-70 渐变斜角效果

5.5.7 调整颜色

使用调整颜色滤镜，可以通过拖动各项目的滑动块或直接修改数值，方便地完成对影片剪辑或文字亮度、对比度、饱和度、色相的修改，如图 5-71 所示。

图5-71 调整颜色

☆亮度：是指图形的明亮程度。

☆对比度：是指图形最亮和最暗区域之间的比率，比值越大，从黑到白的渐变层次就越多，从而色彩表现越丰富。

☆饱和度：指的是色彩的纯度，纯度越高，图形越鲜明；纯度越低，图形则越黯淡。

☆色相：是指色彩的相貌，如红、黄、绿、蓝等。它是色彩的首要特征，是区别各种不同色彩的基本的标准。

5.5.8 滤镜的禁用、启用与删除

在进行滤镜效果的编辑时，如果需要对照添加前和后添加后的效果，可以按下滤镜面板左上角的"添加滤镜"按钮，在下拉菜单中选择"禁用全部"命令，暂时取消影片剪辑或文字上的滤镜效果。这时，可以发现添加的"滤镜"效果后出现了一把红叉，表示该滤镜已经被禁用，如图 5-72 所示。

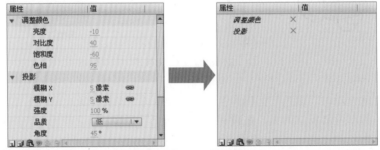

图5-72 禁用全部"滤镜"效果

按下"添加滤镜"按钮 🔳，在下拉菜单中选择"启用全部"命令，可以将添加的所有滤镜效果重新启用。此外，用户还可以选择单个"滤镜"效果，通过卷展栏左下角的"启用或禁用滤镜效果"按钮 🎯，单独启用或禁用该"滤镜"效果，如图 5-73 所示。

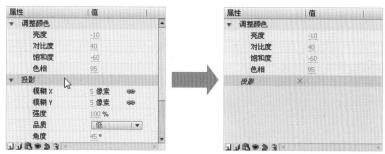

图5-73　禁用单个"滤镜"效果

如果滤镜的效果不尽如人意，用户可以通过"重置滤镜"按钮 🔄 恢复该"滤镜"效果的初始值，也可以按下"添加滤镜"按钮 🔳，在下拉菜单中选择"删除全部"命令，将添加的所有"滤镜"效果删除，或者可以选中不需要的"滤镜"效果，按下"删除滤镜"按钮 🗑，将其单个删除。

5.5.9　复制与预设滤镜效果

如果在一个对象上添加多个滤镜效果，并得到了满意的效果，同时又需要将这些滤镜效果再次运用于其他影片剪辑或文字上时，重新依次添加、设置参数就很麻烦了。这时用户可以按下"剪贴板"按钮 📋 将这些"滤镜"效果单个复制或全部复制，再粘贴到目标对象上。

此外，用户还可以通过将编辑完成的"滤镜"效果保存为一个预设方案，这样就能更方便地为其他元件添加该效果，即使重新启动 Flash 也没问题。

在编辑完"滤镜"效果后，按下"预设"按钮 🔳，在下拉菜单中选择"另存为"命令弹出"将预设另存为"对话框，输入名称后按下"确定"按钮，就可以将其保存，如图 5-74 所示。

图5-74　保存滤镜

当用户在编辑动画影片时，需要再使用该效果，可以按下"预设"按钮 🔳，在下拉菜单中选择已保存的预设名称，就可以完成对预设滤镜的调用。此外用户还可以在下拉菜单中对预设滤镜进行重命名和删除的操作。

5.6　实践案例：映日荷花

通过上面的介绍，相信读者对"混合"与"滤镜"效果有了一个全面的认识，下面就将通过一个将照片转换为水墨画效果的实践案例，使读者掌握"混合"与"滤镜"效果使用的方法和编辑的技巧。请打开本书配套光盘\实践案例\第 5 章\映日荷花\目录下的"映日荷花 .swf"文件，观看本范例的完成效果，如图 5-75 所示。

01 开启Flash CS6进入到开始界面，在开始界面中单击"ActionScript 3.0"文档类型，创建一个新的文档，然后将其保存到本地的文件夹中。

02 在"属性"面板中将舞台的尺寸修改为长640、宽480，如图5-76所示。

图5-75 完成的文件

图5-76 修改尺寸

03 执行 "文件→导入→导入到舞台" 命令，将本书配套光盘\实践案例\第5章\映日荷花\目录下的位图文件 "photo01.jpg" 导入到舞台中。

04 在 "属性" 面板中修改位图文件的大小为长640、宽480，使其正好覆盖住舞台，如图5-77所示。

图5-77 调整大小

05 按下 "F8" 键将其转换为一个影片剪辑，如图5-78所示。

图5-78 转换为元件

06 在该影片剪辑上双击鼠标左键，进入该影片剪辑的编辑窗口，选中位图再按下 "F8" 键将其转换为一个新的影片剪辑。

07 执行 "编辑→复制" 命令，然后执行 "编辑→复粘贴到当前位置" 命令，将其粘贴到原图的正上方。

08 在 "属性" 面板的 "显示" 卷展栏中选择 "混合" 模式为 "反向"，此时效果如图5-79所示。

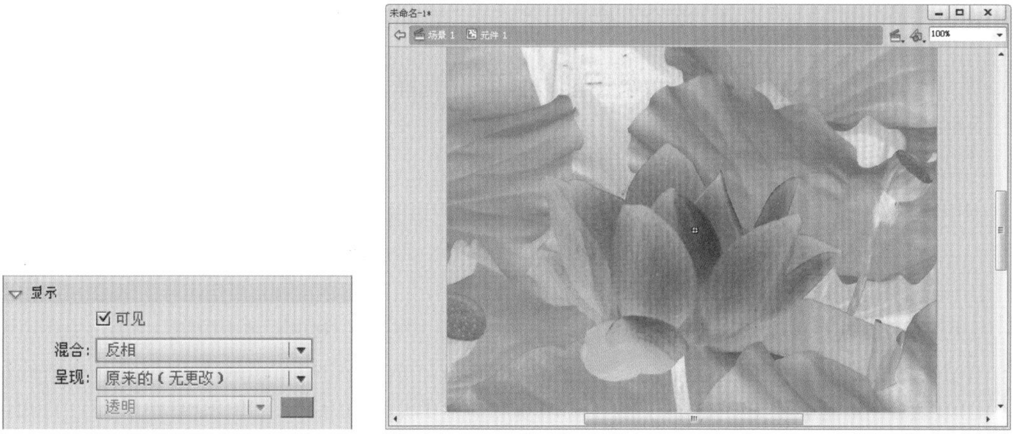

图5-79 设置"混合"模式

09 单击舞台左上角的"场景1"按钮,回到主场景中,为影片剪辑添加一个"调整颜色"滤镜,修改亮度为20、对比度为15、饱和度为-100,如图5-80所示。

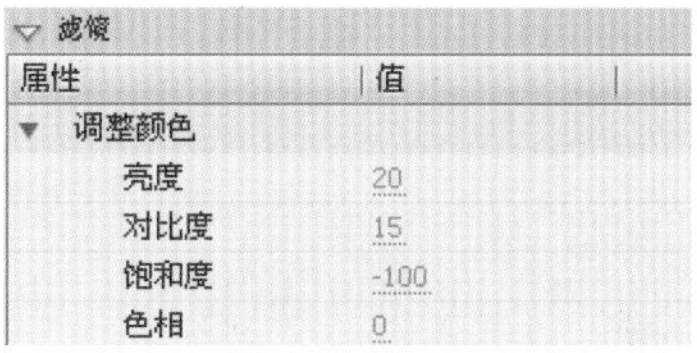

图5-80 添加滤镜

10 再为影片剪辑添加一个"模糊"滤镜,修改模糊xy为2,如图5-81所示。

图5-81 添加滤镜

11 执行"编辑→复制"命令,再执行"编辑→复粘贴到当前位置"命令,将其粘贴到原影片剪辑的正上方。

12 在"属性"面板中删除"模糊"滤镜,然后修改"调整颜色"滤镜的亮度为-30、对比度为0、饱和度为-100,如图5-82所示。

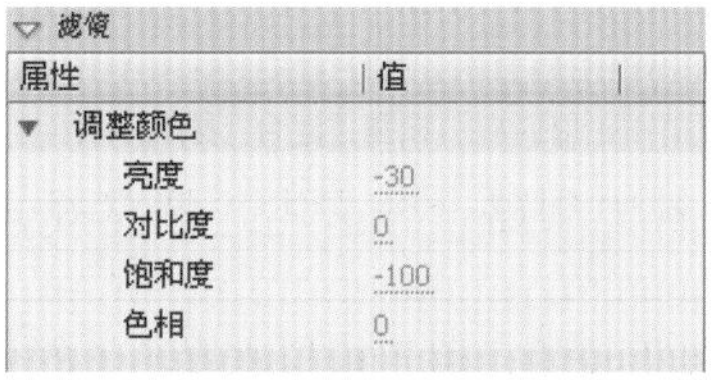

图5-82 修改滤镜参数

13 在"显示"卷展栏中选择"混合"模式为"强光"，加强图片的层次感，如图5-83所示。

14 展开"属性"面板中的"色彩效果"卷展栏，从中选择"样式"为Alpha并修改其值为40%，如图5-84所示。

图5-83 设置"混合"模式

图5-84 修改透明度

15 单击绘图工作区的空白处，取消对影片剪辑的选取，然后按下"Ctrl+G"键创建一个新的组合，在该组合中，使用红色的"刷子工具"，对照荷花的形状简单绘制出一个红色的荷花轮廓，如图5-85所示。

16 回到主场景中，将荷花图形的组合转换为一个新的影片剪辑，然后在"色彩效果"卷展栏中修改Alpha值为68%，如图5-86所示。

图5-85 绘制荷花

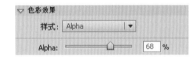

图5-86 修改透明度

17 在"显示"卷展栏中选择"混合"模式为"叠加"，如图5-87所示。

图5-87 设置"混合"模式

18 使用"文本工具"在主场景中创建一个文本，调整好其字体、位置、大小、方向，如图5-88所示。

19 为文本添加一个黑色的"发光"滤镜，用于模拟水墨沁纸的效果，如图5-89所示。

图5-88　创建文本

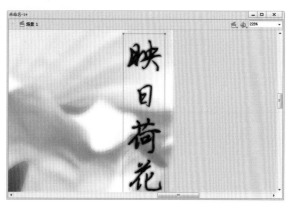

图5-89　添加滤镜

20 使用"基本矩形工具"绘制出一个红色的圆角矩形，按下"Ctrl+B"键将其打散，然后使用白色的"刷子工具"绘制出一些图像文字，然后将其转换为影片剪辑，做为印章，如图5-90所示。

图5-90　绘制印章

21 为印章添加一个"模糊"滤镜，用于模拟油墨沁纸的效果。设置模糊xy为3，然后调整好其大小、位置，如图5-91所示。

图5-91　调整位置

22 按下"Ctrl+S"键保存文件，按下"Ctrl+Enter"键测试影片，如图5-92所示。

图5-92　测试影片

　　请打开本书配套光盘\实践案例\第5章\映日荷花\目录下的"映日荷花.fla"文件，查看本案例的具体设置。

第6章

文本的创建与编辑

文字是最基本的信息表现方式，在各种影片中同样缺少不了使用文字来
展示信息内容。在 Flash 中文字不仅可以应用到动画中，还有能以变量、输
入框的形式应用于互动程序中。

F L A S H

6.1 传统文本的创建

在创建文本时，只需要在工具面板中选取"文本工具" **T** 后，鼠标光标将变成 ┿ 后，移动鼠标到绘图工作区中适当的位置，按下鼠标左键创建文本输入框，然后输入文字内容，就完成了文本的创建工作。如图 6-1 所示。

图6-1 创建的文本

在文本创建完成后，用户可以根据不同的制作需要将文本的属性设置为静态文本、动态文本、输入文本。

6.1.1 静态文本

静态文本是最基本的文本，通常在显示影片中用于展示、说明等内容的文本。用户可以通过"属性"面板对其样式、大小、字体、颜色、版式等进行设置。

6.1.2 动态文本

动态文本主要用于动态显示文字内容的范围，常用在互动电影中获取并显示指定的信息。用户可以通过"属性"面板的"文本类型"下拉菜单设置文本为动态文本或输入文本，如图 6-2 所示。

图6-2 修改文本类型

在实际的制作时，用户通常需要在"属性"面板中为动态文本指定"实例名称"或"变量"（只适用 AS2 语言），该动态文本才能显示指定的文字内容，如图 6-3 所示。

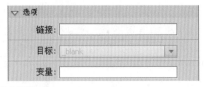

图6-3 "属性"面板

6.1.3 输入文本

输入文本主要用于互动程序中，功能是获取用户信息，从而实现用户与程序间的互交。比如常见的网页登陆系统，就是输入文本的应用。与动态文本一样，在制作时需要为输入文本指定"实例名称"或"变量"，才能与 AS 语言相互左右，实现需要的功能。

在本章的 6.6 小节中，将通过一个简单的密码登录器案例，帮助读者掌握静态文本、动态文本与输入文本的应用。

6.2 传统文本的基本编辑

在 Flash CS6 中有两种不同的文本引擎，传统文本和 TLF 文本，用户可以通过"属性"面板中的"文本引擎"下拉菜单，选择使用何种文本引擎，如图 6-4 所示。

图6-4　选择文本引擎

下面就先为读者讲解传统文本引擎的一些特性及创建、编辑方法。

6.2.1　文本的方向

在制作一些仿古类的作品时，通常需要创建纵向排列的文字，这时用户可以按下"改变文本方向"按钮，在弹出的菜单中可以设置文本的方向，这样就能实现纵向排列的文字的效果，如图 6-5 所示。

图6-5　修改文本方向

6.2.2　设置文本的基本属性

文本的基本属性通常是指：文字的字体、字号、颜色、样式等，用户可以通过"属性"面板中"字符"卷展栏下的控件对这些属性进行调整，如图 6-6 所示。

☆系列：用于设置文本的字体。在其下拉菜单中列出了本地计算机上所有安装的可用字体。

☆样式：用于设置字体是否倾斜、是否加粗，只对部分支持倾斜、加粗的字体有效。

图6-6　"字符"卷展栏

☆嵌入：用于在 swf 影片文件中嵌入特殊的字体、字符等，从而使没安装该字体的电脑同样能观看到特殊的字体，但要注意一点：嵌入字体后输出的 swf 影片文件可能会很大。

☆大小：用于设置文本中字体的大小。

☆字母间距：用于设置相邻两个字符间的距离。

☆颜色：用于打开"颜色"面板并选择字体的颜色。

☆自动调整字距：勾选该项可以自动调整字距。

在设置文本的基本属性时，通常有两种方法，一是在文本创建前，在"属性"面板中对文本的以上属性进行预先设置；二是在文本创建完成后，通过"属性"面板对各项属性进行调整，直到满意为止。此外，用户还可以通过"文本"菜单下的系列命令对文本进行调整。

6.2.3 消除文本锯齿

"消除锯齿"功能可以减少或增加文本边缘的清晰度，这取经于
用户创建影片时，对文本清晰度及影片流程度的要求。在包含大量
文字内容的影片中，文本的清晰度越高，越可能造成影片流畅度的
降低。用户可以通过"消除锯齿"下拉菜单选择以何种方式消除文
本锯齿或不消除锯齿，如图 6-7 所示。

图6-7　消除锯齿

Flash 中文本消除锯齿方式有以下几种。

　　☆使用设备字体：用于指定 SWF 文件使用本地计算机上安装
的字体来显示字体。尽管此选项对 SWF 文件大小的影响极小，但还
是会强制用户根据安装在用户计算机上的字体来显示字体。例如：如果将 Times Roman 字体指定为设备字
体，则播放影片的计算机上必须安装有 Times Roman 字体才能正常显示文本。因此，在使用设备字体时，
应选择使用系统默认都安装的字体系列。

　　☆位图文本（未消除锯齿）：该选项会关闭消除锯齿功能，不对文本进行平滑处理，保持文本的边缘
轮廓清楚，并将字体轮廓嵌入了 SWF 文件，从而增加了 SWF 文件的大小。当影片按原始比例播放时，文
本比较清晰；但对其缩放后，文本显示效果比较差。

　　☆动画消除锯齿：可以创建较平滑的文本。由于 Flash 忽
略对齐方式和字距微调信息，因此该选项只适用于部分情况；
又由于 Flash 中字体轮廓是嵌入的，因此使用该选项输出的
SWF 文件较大。

　　☆可读性消除锯齿：使用新的消除锯齿引擎，改进了字
体（尤其是较小字体）的可读性，使用该选项输出的 SWF 文件
较大。

图6-8　自定义消除锯齿

　　☆自定义消除锯齿：允许用户按照需要修改字体属性。
自定义消除锯齿设置，如图 6-8 所示。

　　☆粗细：用于确定字体消除锯齿转变显示的粗细，较大的值可以使文字看上去较粗。

　　☆清晰度：确定文本边缘与背景过渡的平滑度。

6.2.4 设置文本的特别属性

因为 Flash 的互动等特性决定，因此 Flash 的文本属性还包含了一些特殊的属性，以便于互动影片的
制作，如图 6-9 所示。

图6-9　特殊设置

　　☆可选：用于静态文本和动态文本，当该功能为激活状态时，生成的 SWF 影片文件中静态文本和
动态文本可以被鼠标框选，并可以通过鼠标右键菜单进行复制等操作，如图 6-10 所示。

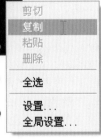

图6-10　选择字体内容

☆将文本呈现为 HTML：就是让 Flash 中的文本按网页文本的方式显示，比如使用 HTML 标记、CSS 样式。

☆在文本周围显示边框：可用于动态文本和输入文本，使其以输入框的形式呈现。

☆上标、下标：用于对选中的文字提升位置或下降位置，多用于一些数学公式、化学元素表示，如图 6-11 所示。

图6-11　上标与下标

6.3　设置传统文本的对齐

在进行包含大量文字信息的影片时，通常会对这些文字进行排版等操作，"属性"面板中的"段落"卷展栏可以帮助用户快速完成文字版式的编排，如图 6-12 所示。

图6-12　"段落"卷展栏

6.3.1　对齐文本

"段落"卷展栏中的"格式"选项主要是用于设置文本的对齐方式，包含有 4 种不同的对齐方式。

☆左对齐：以文本框的左边缘为对齐基准进行对齐。

☆居中对齐：以整个文本框的横向中心点为对齐基准进行对齐。

☆右对齐：以文本框的右边缘为对齐基准进行对齐。

☆两端对齐：同时以文本框的左右边缘为对齐基准进行对齐，这会使文字的间距自动发生拉伸变化。

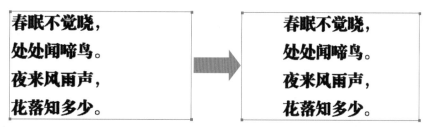

图6-13　左对齐与居中对齐

6.3.2　设置段落间距与边距

在进行多行内容的文本内容编辑时，用户还可以方便地对多行文本的间距、行距、边距等进行修改，从而得到需要的效果。

☆首行缩进：用于设置每个段落开始时，首行文本的缩进量。

☆行距：用于调整行与行之间的距离，如图 6-14 所示。

图6-14 调整行距

☆边距：用于调整文字与边框间的距离，可以分别对左右边距进行单独的调整。

6.4 设置文本的行为与链接

6.4.1 文本的行为

Flash 中的文本还可以根据不同的文本类型，对其行为进行设置，使文本满足一些特殊的制作需要，如图 6-15 所示。

☆单行：文本只显示为单行，无论是否包含段落。

☆多行：文本可以显示多行内容。

☆多行不换行：系统将多行的文本内容，自动转换为一行显示。

☆密码：在文本为输入文本时可用，选择该行为，无论用户输入什么，输入文本只显示星号。

图6-15 选择文本行为

6.4.2 文本的链接

在编辑影片时，用户还可以为影片中静态或动态文本添加网页链接，这样在输出的影片中单击该文本就可以打开指定的网页。只需要在"属性"面板中的"选项"卷展栏中对链接进行设置即可，如图 6-16 所示。

图6-16 文本的链接设置

在为静态或动态文本设置了链接后，静态文本的下方会出现一条黑线，表示该文本包含链接。此外，用户还可以通过"目标"选项，设置网页打开的方式。

☆ _self：从目前窗口或目前框架中开启。

☆ _blank：开启一个新窗口。

☆ _parent：从目前框架的父级框架中开启。

☆ _top：从目前窗口中的顶级框架中开启。

6.5 "文本"菜单

用户除了在"属性"面板中对文本进行基本的调整外，还可以执行"文本"菜单下的系列命令对文本进行基本的调整。此外，用户还可以通过"文本"菜单进行"设置段落的滚动"、"检查文字内容的拼写"等操作。

6.5.1 设置段落滚动

在 Flash 中创建滚动文本有多种方法，例如：使用菜单命令或文本块手柄，都可以轻松地使动态文本成为可滚动的文本。使用该功能，可以在 Flash 舞台的显示范围内显示并编辑大量的文字信息，而不用将影片转到下一帧，如图 6-17 所示。

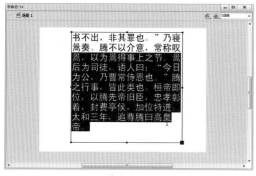

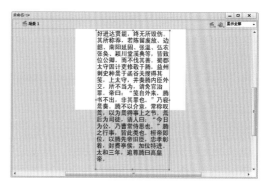

有滚动功能　　　　　　　　　　　　　　　　　　无滚动功能

图6-17　效果对比

选中动态文本，执行"文本→可滚动"命令，可以开启该动态文本的滚动功能，也可以按住"Shift"键并双击动态文本右下角的控制块，快速开启该动态文本的滚动功能，这时该控制块将变为黑色，说明该动态文本开启了滚动功能。

6.5.2 检查文字内容拼写

检查拼写功能，可检查整个 Flash 文档中的文本拼写是否正确。

执行"文本→检查拼写"命令，检查文本的拼写是否正确，当正确无误时会弹出一个检查完毕的对话框，然而当拼写有误时，则将弹出"检查拼写"对话框，显示错误的地方，然后等待用户做出处理，如图 6-18 所示。

图6-18　"检查拼写"对话框

此时用户可以执行以下操作：

单击"添加到个人设置"按钮以将该单词添加到用户的个人字典中。

单击"忽略"以保持该单词不变。

单击"全部忽略"以将所有在文档中出现的该单词保持不变。

在"更改为"文本框中输入一个单词或从"建议"滚动列表中选择一个单词，然后单击"更改"按钮更改该单词，或者单击"全部更改"以更改所有在文档中出现的该单词。

单击"删除"从文档中删除该单词。

单击"设置"按钮或在 Flash 编辑窗口中执行"文本→拼写设置"命令，开启"拼写设置"对话框，如图 6-19 所示。

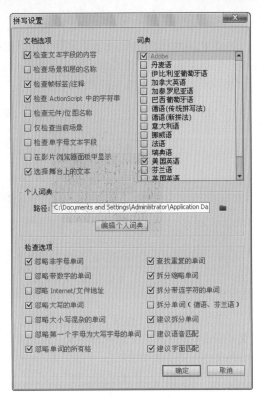

在"拼写设置"对话框中，选择"文档选项"列表中的任意一项，以指定文档所在级的拼写检查选项。用户可以勾选任意选项，以确定在文档的指定文本源中检查拼写、在拼写检查期间选择文本项，以及允许在拼写检查期间即时编辑文本项。

在"字典"滚动列表中，包含了 Macromedia 的多种语言词典，用户必须选择一种或多种词典才能使用拼写检查功能。

在"个人字典"下，直接输入路径或单击文件夹图标，然后打开要用作个人字典的文档。如果要向个人词典中添加单词和短语，单击"编辑个人词典"按钮，在"个人词典"对话框中，将每个新的项目输入到文本字段的单独一行中，再单击"确定"按钮以保存项目和关闭对话框。

在"检查选项"下选择任意一项，以指定单词级的拼写检查选项。可以选择选项以忽略特定的单词或字符类型、查找重复的单词、分开缩写的或带连字号的单词，或者提出符号语音学或排字规范的建议。

完成以上设置后，单击"确定"按钮以保存设置和退出"拼写设置"对话框。

图6-19　"拼写设置"对话框

6.6 实践案例：密码登录器

请打开本书配套光盘\实践案例\第 6 章\密码登录器\目录下的"密码登录器 .swf"文件，观看本范例的完成效果，如图 6-20 所示。

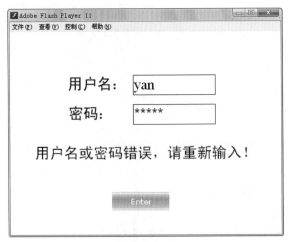

图6-20　完成的文件

01　开启Flash CS6进入到开始界面，在开始界面中单击"ActionScript 3.0"文档类型，创建一个新的文档，然后将其保存到本地的文件夹中。

02 单击工具栏中的"文本工具"，然后在舞台中单击一下，创建一个静态文本并输入文字"用户名："，再调整好其位置、大小，如图6-21所示。

图6-21　创建文本

03 取消静态文本的选择，单击"文本工具"并在"属性"面板中选择文本类型为输入文本，然后在舞台中拖曳一个输入文本框并调整好其位置、大小，如图6-22所示。

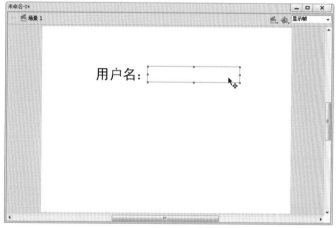

图6-22　创建输入文本

04 在"属性"面板中设置该输入文本的实例名称为"id"，在"字符"卷展栏中设置系列为"_sans"，并按下"在文本周围显示边框"按钮，然后在"选项"卷展栏中设置最大字符数为10，如图6-23所示。

图6-23　设置输入文本

05 在"用户名"文本的下方创建一个内容为"密码："的静态文本，调整好其大小、位置，如图6-24所示。

06 对输入文本进行复制，并将复制得到的输入文本移动到"密码"文本的后方，如图6-25所示。

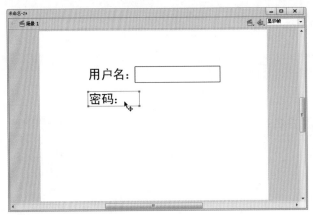

图6-24　创建静态文本

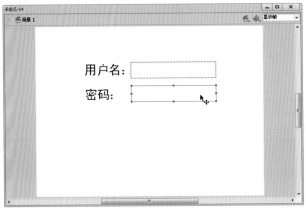

图6-25　复制文本

07 在"属性"面板中修改新输入文本的实例名称为"idpassword"，然后在"段落"卷展栏中修改行为下拉菜单为"密码"，如图6-26所示。

图6-26　修改文本属性

08 在"密码"文本的下方创建一个新的动态文本，并在"属性"面板中修改其实例名称为"idresult"，如图6-27所示。

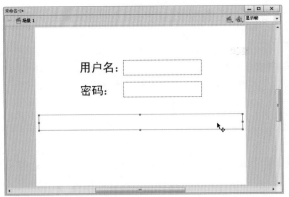

图6-27　修改文本属性

09
执行"窗口→公用库→buttons"命令，打开"公用库"面板，选择一个按钮元件并将其拖曳到舞台中，如图6-28所示。

图6-28 编辑按钮

Flash 的"公用库"面板中包含了许多已经编辑好的按钮元件、声音、外部链接等，用户可以很方便地从"公用库"中调用这些元件，从而提高制作的效率。

10
在"属性"面板中修改按钮的实例名称为"buttonA"。

11
选中第1帧并按下"F9"键，打开"动作"面板，在该面板中为影片添加以下动作代码。

```
buttonA.addEventListener(MouseEvent.MOUSE_DOWN,checkPWD);
// 按下按钮，执行指定的程序 checkPWD。
function checkPWD(e:Event)
// 定义程序 checkPWD。
{
    if (id.text == "bxh" && idpassword.text == "123")
// 如果用户名为 bxh，密码为 123。
    {
        idresult.text = " 登陆成功！ ";
// 动态文本显示"登陆成功！"。
    }
    else
    {
        idresult.text = " 用户名或密码错误，
请重新输入！ ";
    // 否则显示"用户名或密码错误，请重新输入！"。
    }
}
```

12
按下"Ctrl+S"键保存文件，按下"Ctrl+Enter"键测试影片，如图6-29所示。

这个案例就是通过输入文本获取用户信息，然后通过 AS3 编程语言，动态文本显示信息最后的结果。当然实际的登录系统会在这个的基础上与后台数据进行通信，以判

图6-29 测试影片

断信息的正确，这个简单的密码登录器只是让读者了解各种文本的使用方法和应用于影片中的效果，请打开本书配套光盘 \ 实践案例 \ 第 6 章 \ 密码登录器 \ 目录下的"密码登录器 .fla"文件，查看本案例的具体设置。

6.7 TLF文本

因为 Flash 软件的设计重点是偏向动画、互动的，因此在文字排版等方面的功能稍显不足。但随着 Flash 的发展，其应用领域更为广泛，对文字内容编辑的要求也大大提高了，比如制作小说浏览器等，因此传统的文本引擎就很难满足大量排版文字的需要了。从 Flash CS5 开始，用户就可以使用一种新的文本引擎"Text Layout Framework (TLF)"向影片中添加文本。TLF 文本引擎支持更多丰富的文本布局功能和对文本属性的精细控制。与以前的文本引擎（现在称为"传统文本"）相比，TLF 文本加强了对文本的控制，具体表现为以下功能。

☆符合打印质量要求的排版规则。

☆更多字符样式，包括行距、连字、加亮颜色、下划线、删除线、大小写、数字格式及其他。

☆更多段落样式，包括通过栏间距支持多列、末行对齐选项、边距、缩进、段落间距和容器填充值。

☆控制更多亚洲字体属性，包括直排内横排、标点挤压、避头尾法则类型和行距模型。

☆与影片剪辑类似，用户可以直接为 TLF 文本应用 3D 旋转、色彩效果以及混合模式等属性，而无需将 TLF 文本放置在影片剪辑元件中。

☆文本可按顺序排列在多个文本容器内。这些容器称为串接文本容器或链接文本容器。

☆能够针对阿拉伯语和希伯来语文字创建从右到左的文本。

☆支持双向文本，其中从右到左的文本可包含从左到右文本的元素。当遇到在阿拉伯语或希伯来语文本中嵌入英语单词或阿拉伯数字等情况时，此功能必不可少。

6.7.1 TLF文本的类型

TLF 文本有三种不同的类型，只读、可选、可编辑，用户可以通过"属性"面板的"文本类型"下拉菜单进行选择，如图 6-30 所示。

☆只读：与传统文本的静态文本类似，用于显示文字内容。

☆可选：与静态文本激活"可选"功能一样，使用该文本可以在生成的 SWF 影片文件中鼠标框选文本，并可以通过鼠标右键菜单进行复制等操作，如图 6-31 所示。

图6-30　选择文本类型

☆可编辑：与传统文本的输入文本类似，使用该文本，用户可以在生成的 SWF 影片文件中，对文字内容进行添加、删除等操作，如图 6-31 所示。

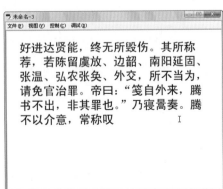

图6-31　删除选定文本

6.7.2 字符设置

与传统文本的"字符"卷展栏相比，TLF 文本的"字符"卷展栏更添加了一些新的功能，帮助用户完成文本的设置，如图 6-32 所示。

☆行距：文本行之间的垂直间距。默认情况下，行距用百分比表示，但也可用点表示。

☆加亮显示：加亮文字颜色，以突出显示，如图 6-33 所示。

图6-32 "字符"卷展栏

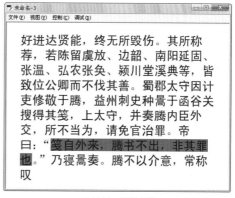

图6-33 加亮文字

☆字距微调：在特定字符对之间加大或缩小距离。

☆旋转：旋转选定的文字。在表示一些特殊的语种时比较有用。

☆下划线：将水平线放在文字下。

☆删除线：将水平线置于从文字中央通过的位置，如图 6-34 所示。

上面只列举了"字符"卷展栏种新增加的功能，其余功能的介绍，读者可以查看本章中传统文本中的相关说明。

除了"字符"卷展栏方面的不同外，TLF 文本还新增加了一个"高级字符"卷展栏，从而使用户能对文字进行更细致的修改，如图 6-35 所示。

图6-35 "高级字符"卷展栏

图6-34 下划线与删除线

☆大小写：用于指定如何使用大写字符和小写字符。可以使所有文本内容只以大写呈现或只以小写呈现等。

☆数字格式：允许用户指定在使用 OpenType 字体提供等高和变高数字时应用的数字样式。

☆数字宽度：允许用户指定在使用 OpenType 字体提供等高和变高数字时，是使用等比数字还是定宽数字。

☆基准基线：仅当用户使用亚洲文字选项时可用。为用户明确选中的文本指定主体基线。与行距基准相反，行距基准决定了整个段落的基线对齐方式。

☆对齐基线：仅当用户使用亚洲文字选项时可用。用户可以为段落内的文本或图形图像指定不同的基线。例如，如果在文本行中插入图标，则可使用图像相对于文本基线的顶部或底部指定对齐方式。

☆连字：是某些字母对的字面替换字符，如某些字体中的"fi"和"fl"。连字通常替换共享公用组成部分的连续字符。这属于一类更常规的字型，称为上下文形式字型。使用上下文形式字型，字母的特定形状取决于上下文，例如周围的字母或邻近行的末端。要注意，对于字母之间的连字或连接为常规类型并且不依赖字体的文字，连字设置不起任何作用。这些文字包括：波斯、阿拉伯文字、梵文及一些其他文字。

☆间断：用于防止所选词在行尾中断，例如，在用连字符连接时可能被读错的专有名称或词。也用于将多个字符或词组放在一起，例如，词首大写字母的组合或名和姓。

☆基线偏移：此控制以百分比或像素设置基线偏移。如果是正值，则将字符的基线移到该行其余部分的基线下；如果是负值，则移动到基线上。在此菜单中也可以应用"上标"或"下标"属性。默认值为0，范围是 ± 720 点或百分比。

☆区域设置：定义用户使用的语种区域，系统会根据所选区域设置通过字体中的 OpenType 功能影响字形的形状。

6.7.3 段落的调整

要设置文本中段落的样式，用户可以使用文本"属性"面板的"段落"卷展栏和"高级段落"卷展栏中的控件进行调整，如图6-36所示。

图6-36 "段落"卷展栏

☆对齐：除了传统的对齐方式，加强了两端对齐的功能。

☆缩进：指定所选段落的第一个词的缩进量。

☆文本对齐：指示对文本如何应用对齐。

☆标点挤压：此属性又称为对齐规则，用于确定如何应用段落对齐。此设置应用的字距调整器会影响标点的间距和行距。

☆避头尾法则类型：此属性又称为对齐样式，用于指定处理日语避头尾字符的选项，此类字符不能出现在行首或行尾。

☆行距模型：是由允许的行距基准和行距方向的组合构成的段落格式。行距基准确定了两个连续行的基线，它们的距离是行高指定的相互距离。例如，对于采用罗马语行距基准的段落中的两个连续行，行高是指它们各自罗马基线之间的距离。行距方向确定度量行高的方向。如果行距方向为向上，行高就是一行的基线与前一行的基线之间的距离。如果行距方向为向下，行高就是一行的基线与下一行的基线之间的距离。

6.7.4 定义文本容器

TLF 文本的"容器和流"卷展栏包含了用于控制影响整个文本容器的选项，如图6-37所示。

☆对齐方式：指定容器内文本的对齐方式。包括顶对齐、居中对齐、底对齐、两端对齐。

☆列数：指定容器内文本的列数。此属性仅适用于区域文本容器。

☆列间距：指定选定容器中的每列之间的间距。默认值是20，最大值为1000。此度量单位根据"文档设置"中设置的"标尺单位"进行设置。

☆填充：指定文本和选定容器之间的边距宽度。所有四个边距都可以设置"填充"。

☆边框颜色：容器外部周围笔触的边框颜色。默认为无边框。

☆边框宽度：容器外部周围笔触的边框宽度。仅在已选择边框颜色时可用。

☆背景颜色：文本后的背景色。默认值是无色。

☆首行偏移：指定首行文本与文本容器的顶部的对齐方式。

图6-37　添加容器

6.7.5　FTL标尺

在进行文本的排版时，用户还可以使用 TLF 定位标尺对文本版式进行辅助调整，执行"文本→ TLF 定位标尺"命令可以激活 TLF 定位标尺，当标尺激活后选中文本，标尺就会出现在文本的上方，如图 6-38 所示。

图6-38　TLF定位标尺

使用 TLF 定位标尺时，用户可以进行以下操作。

☆调整左右缩进：分别拖曳标尺左右两端的三角形，可以分别调整两端的缩进量，如图 6-39 所示。

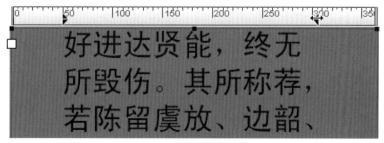

图6-39　调整缩进

☆添加标签：在定位标尺中单击就可以添加标签。

☆移动标签：将鼠标移动到标签处，变为左右箭头时，按住鼠标就可以拖曳该标签了。

☆设置标签的类型：双击鼠标左键于一个标记或按住"Shift"键单击多个标记，可以弹出一个功能菜单，用户可以在该菜单中进行选择标签类型、定义对齐位置等操作，如图 6-40 所示。

图6-40 修改标签类型

☆删除标签：按住标签并将其拖曳到定位标尺之外，释放鼠标就可以将其删除。

☆更改度量单位：执行"修改→文档"命令可以打开"文档设置"对话框，然后就可以从对话框中的"标尺单位"菜单中选择单位了，如图 6-41 所示。

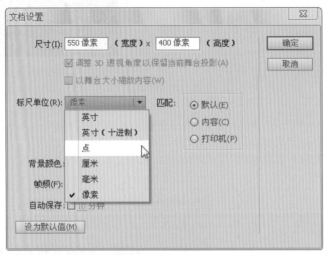

图6-41 修改标尺单位

6.7.6 其他设置

TLF 文本还兼容了影片剪辑的一些特性，因此在使用 TLF 文本时，"属性"面板中还会出现，"3D 定位与查看"卷展栏、"色彩效果"卷展栏、"显示"卷展栏、"滤镜"卷展栏，通过这些卷展栏中的控件，用户还能直接对 TLF 文本添加各种不同的效果，如图 6-42 所示。

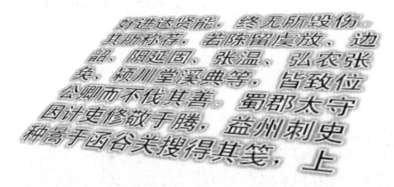

图6-42 TLF文字特效果

对于"3D 定位与查看"卷展栏、"色彩效果"卷展栏、"显示"卷展栏、"滤镜"卷展栏中控件的设置，用户可以查看本书第 3 章、第 5 章中的相关介绍。

第7章

应用外部素材文件

　　Flash 不仅拥有强大的矢量图形绘制、编辑功能，而且还拥有广泛的第三
方软件兼容性，可以支持多种格式的位图文件、声音文件、视频文件的导入
操作，并且还可以对其进行再编辑，为整个影片的制作服务。

F L A S H

7.1 导入矢量图形

Flash 自身拥有强大的矢量绘制功能，但在一些项目的制作时，客户方通常会提供一些已经设计完成的角色矢量图形，这些矢量图形一般是在专业的矢量图形绘制软件，如在 Illustrator 中绘制完成的，由于 Flash 广泛的兼容性，这些矢量图形也能很便捷地在 Flash 中直接编辑、使用。

7.1.1 导入文件

执行"文件→导入→导入舞台"命令打开的"导入"对话框，用户可以从中选取需要导入的矢量图形文件，然后单击"打开"按钮，如图 7-1 所示。

此时 Flash 会弹出一个"将…导入舞台"对话框，如图 7-2 所示。

图7-1　导入文件

图7-2　"将…导入舞台"对话

☆检查要导入的 Illustrator 图层：该列表中显示了矢量图形的各组成部分，及它们的层级关系。

☆…路径导入选项：当在列表中选定图形对象后，该区域可以定义选中的部分是以矢量、位图还是元件的方式导入到 Flash 中。

☆将图层转换为：用于对原矢量图形的图层按指定的方式进行转换为 Flash 适用的图层。

根据制作需要完成上面的设置后，单击"确定"按钮，即可完成矢量图形的导入，如图 7-3 所示。

图7-3　导入的矢量图形

7.1.2 贴入文件

对于一些特殊格式的矢量图形文件，比如 WMF、EPS 等，尽管 Flash 本身不支持导入这些文件，但用户还可以使用贴入的方式，将其贴入 Flash 中进行编辑。

01 开启Illustrator软件并打开这些格式的矢量图形文件，如图7-4所示。

02 选中需要的部分，执行"编辑→复制"命令将其复制到剪贴板中。

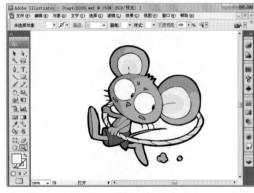

图7-4　Illustrator中的矢量图形

03 启动Flash并执行"编辑→粘贴到中心位置"命令，打开"粘贴"对话框，如图7-5所示。

☆粘贴为位图：点选该项，在舞台中将得到一张位图，而不是可以编辑的矢量图。

☆使用AI文件导入器首选项粘贴：系统将按"将…导入舞台"对话框中的默认设置进行粘贴。

☆保持图层：如果矢量图包含有多个图层，进行此操作时，Flash的时间轴中也会出现多个图层。

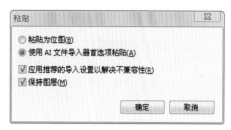

图7-5 "粘贴"对话框

04 按下"确定"按钮完成矢量图形的贴入，如图7-6所示。

知识与技巧

位图文件也可以使用此方法进行贴入，但所有采用贴入方式加入的位图文件，在Flash中都将自动被命名为："flash0"，为了以后的编辑、调用正确，建议用户通过元件库面板将它们修改为不同的名称。

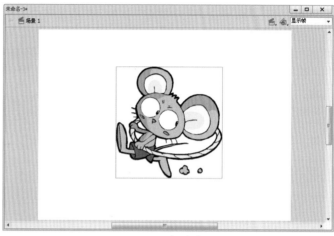

图7-6 贴入完成

7.2 导入位图图像

在本书的第1章中介绍了位图与矢量图形的差别，在实际的制作过程中，由于设计风格的要求等因素，通常也会在影片中大量使用位图，用户可以将位图导入到Flash中以供使用。

7.2.1 导入位图至舞台

执行"文件→导入→导入舞台"命令，打开"导入"对话框，用户可以从中选取一个或多个位图文件进行导入。如果是选中的是多个序列文件中的一个，则会弹出"导入询问"对话框，询问是否导入单张位图，还是导入整个序列，如图7-7所示。

图7-7 导入序列文件

如果用户选择"否"，则只会导入选定的位图，选择"是"，则将导入整个序列的多个文件，并且每个文件都将在时间轴上单独占有一帧，如图7-8所示。

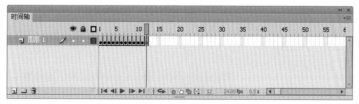

图7-8 此时的时间轴

FLASH 知识与技巧

时间轴是Flash的重要组成部分，关于时间轴的详细介绍，用户可以查看本书第8章中的具体说明。

7.2.2 实践案例：电子相册

Flash CS6 为用户提供了一些便捷的制作模板，用户只需要进行简单的操作就可以得到一部新的影片，下面将使用"简单相册"模板制作一个电子相册，使读者在熟悉"导入"操作的同时，了解"简单相册"模板的使用方法。请打开本书配套光盘\实践案例\第7章\电子相册\目录下的"电子相册.swf"文件，观看本范例的完成效果，如图9-9所示。

图7-9 观看影片

01 执行"文件→新建"命令打开"从模板新建"对话框，单击左上角的"模板"标签，然后选择"媒体播放"类别下的"简单相册"模板，如图7-10所示。

02 按下"确定"按钮，即可看见"简单相册"模板影片中的内容了，如图7-11所示。

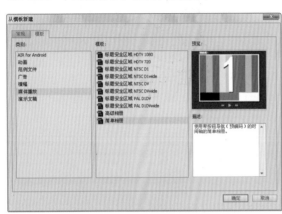

图7-10 创建影片

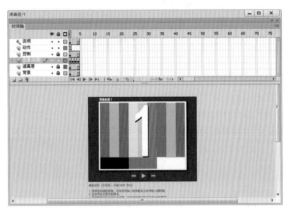

图7-11 "简单相册"模板

这个幻灯片模板是由 6 个图层构成的，如图 7-12 所示。每个图层都有着不同的作用和显示内容，它们组合在一起就构成了这个"照片幻灯片放映"模板。

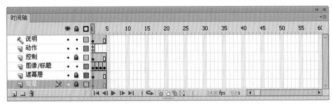

图7-12 "简单相册"模板的图层

☆说明图层：位于舞台下方的说明性文字，指导用户如何使用该模板，该图层中的内容在最后输出的 SWF 影片文件中不可见。

☆动作图层：该图层的第 1 帧包含了用于互动的程序。

☆控制图层：该图层中包含了用于控制图片播放的按钮。

☆图像/标题图层：用于放置图片和说明文字。

☆遮幕层：用于放置图片的背景。

☆背景图层：用于放置整个影片的背景。

03 用鼠标选中所有图层的第12帧（时间轴上的每一个单元格称为一个"帧"，是Flash动画最小的时间单位），执行"插入→时间轴→帧"命令或按下F5键，将所有的图层的长度增

图7-13 延长显示帧

加到第12帧，如图7-13所示。

04 依次删除图像/标题图层各关键帧中的所有内容，如图7-14所示。

图7-14　删除图片

05 选中图像/标题图层的第1帧，执行"文件→导入→导入到舞台"命令，将本书配套光盘\实践案例\第7章\电子相册\目录下的图片文件导入到影片中。在弹出的"导入"窗口中选定第1张图片，然后按下"打开"按钮，如图7-15所示。

06 这时会弹出一个对话框，询问你是否希望导入该序列中的所有图像，按下"是"按钮，将"001～012"序列中的12张图片都导入到舞台，如图7-16所示。

图7-15　导入图片

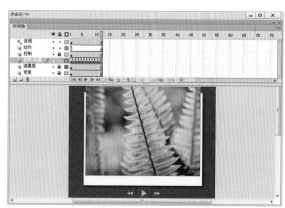

图7-16　导入图片

07 依次调整好每张图片的位置和大小，使其正好位于图片背景的中间，如图7-17所示。

08 按下"Ctrl+S"键保存文件，然后按下"Ctrl+Enter"键测试完成的影片，如图7-18所示。

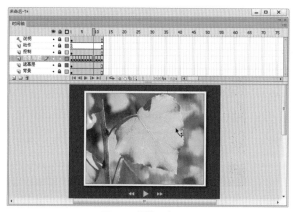

图7-17　调整图片

图7-18　测试影片

用户可以在影片中通过"前进"、"后退"按钮，控制相册的播放。还可以按下中间的"自动播放"按钮，使相册自动播放。此外，在编辑电子影片的过程中，用户还可以对影片的背景等处理，按自己的想法进行修改，从而使电子相册更加美观。请打开本书配套光盘\实践案例\第7章\电子相册\目录下的"电子相册.fla"文件，查看本案例的具体设置。

7.2.3 导入位图至库中

除了将文件导入到舞台中，用户还可以将位图、声音等素材文件导入到元件库中，以便制作时可以随时从元件库中调用。执行"文件→导入→导入到库"命令打开的"导入"对话框，就能将选中的素材导入到元件库中，如图7-19所示。

当一个素材文件存放于元件库中后，如果用户需要使用它时，只要在元件库中选中该素材，然后将其拖曳到舞台中即可，如图7-20所示。

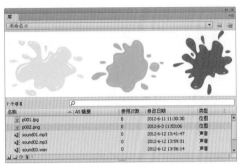

图7-19 元件库

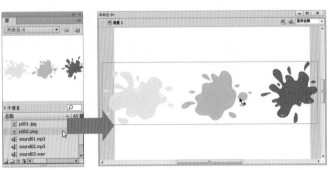

图7-20 拖曳位图

7.2.4 导入PSD文件

Flash 不仅可以导入使用一些传统格式的位图，还能导入 Photoshop 的制作文件 PSD 文件，在导入时还能保留 PSD 文件的图层结构，就如同导入矢量图形一样，如图7-21所示。

图7-21 导入PSD文件

7.2.5 设置位图图像属性

当位图导入到影片中后，用户可以在元件库中用鼠标右键单击该位图，在弹出的菜单中执行"属性"命令；或者按下元件库左下角的"属性"按钮，就可以打开"位图属性"对话框，对位图的属性进行调整，如图 7-22 所示。

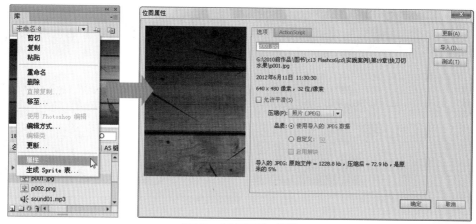

图7-22 "位图属性"对话框

通过"位图属性"对话框，用户可以对位图在影片中的品种、大小、压缩比等项目进行调整、预览以达到最佳的效果。此外，单击"ActionScript"标签可以将面板切换到"ActionScript"部分，在这里用户还可以对位图的 ActionScript 链接、类等特性进行设置，如图 7-23 所示。

图7-23 "ActionScript"选项卡

7.2.6 打散分离位图

在舞台中选择导入的位图，执行"修改→分离"命令或按下"Ctrl+B"快捷键，可以将该位图分离，如图 7-24 所示。

图7-24 分离位图

在工具面板中选择"套索工具" ，按下属性选项中的"魔术棒工具"按钮 ，可以在分离的位图上点选色彩值相同或相近的区域，进行填色或清除等编辑，如图 7-25 所示。

图7-25　编辑位图

按下属性选项中的"魔术棒属性"按钮，可以开启"魔术棒设置"对话框，设置魔术棒的阈值与平滑方式，如图7-26所示。

☆阈值：输入一个1~200间的数值，用于定义将相邻像素包含在所选区域内必须达到的颜色接近程度。数值越大，选择的颜色范围越广；如果输入0，则只会选择与单击的第一个像素颜色完全相同的像素。

☆平滑：用于定义所选区域的边缘的平滑程度。

图7-26　"魔术棒属性"对话框

7.2.7　转换位图为矢量图形

Flash不仅可以对位图进行分离处理，还可以将其转换为标准的矢量图形，从而方便用户对其进行细致的再编辑。在舞台中选中位图，执行"修改→位图→转换位图为矢量图"命令，开启"转换位图为矢量图"对话框，如图7-27所示。

☆颜色阈值：色彩容差值，数值范围1～500。阈值越小，转换后的图像的色彩效果越细腻。

☆最小区域：色彩转换的最小差别范围，数值范围1～1000。用于设置在指定像素颜色时，需要考虑的周围像素的数量。最小区域值越小，转换后的图像细节越丰富，越接近原图。

☆曲线拟合：用于确定得到的矢量图形轮廓平滑程度。

☆角阈值：用于确定是保留锐边还是进行平滑处理，如图7-28所示。

图7-27　"转换位图为矢量图"对话框

图7-28　转换位图为矢量图

7.3　应用音频文件

一部完整的影片包含的不仅仅是会动的画面，还应该包含精彩的声音。从1926年第1部有声电影的诞生，就注定了画面和声音是影片中不可分割的两个部分。Flash动画影片同样也不例外，在影片加入适当的声音，可以使你的作品更加"绘声绘色"。

7.3.1　导入音频文件

Flash 强大的文件导入功能，不仅能将多种位图文件导入，还能将 MP3、WAV 等格式的声音文件导入并进行编辑。

执行"文件→导入→导入到库"命令，在弹出的"导入到库"对话框中选择需要导入的声音文件，按下"打开"按钮，将其导入到元件库中，如图 7-29 所示。

图7-29　导入声音

7.3.2　为影片添加声音

当完成"文件→导入→导入到库"命令后，导入的声音文件就会保存在制作文件的元件库中以备使用。此时声音文件还不会出现在最终完成的 Flash 动画影片中，还需要用户将其手动添加到影片中适当的位置。

首先在时间轴上选中需要添加声音效果的关键帧，如图 7-30 所示。

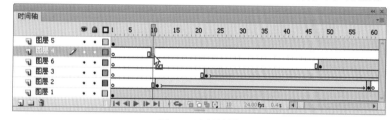

图7-30　选中关键帧

然后单击"属性"面板中的"名称"下拉菜单，为其选择需要的声音文件，如图 7-31 所示。

图7-31　添加声音

在为关键帧添加声音效果时，还可以在元件库中直接将声音文件拖曳到该帧的绘图工作区中。这时，在添加了声音效果的时间轴上就会出现添加声音文件的波形图，如图 7-32 所示。

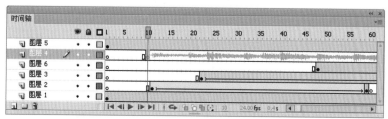

图7-32　添加声音后的时间轴

7.3.3　声音的同步

完成了声音效果的编辑，用户还可以通过"属性"面板对声音的同步方式及播放次数进行设置。使用鼠标单击"同步"选项，在弹出的下拉菜单中为声音选择同步事件，如图7-33所示。

图7-33　设置声音同步

☆事件：将声音和一个事件的发生过程同步起来。事件声音在显示其起始关键帧时开始播放，并独立于时间轴完整播放，即使SWF文件停止播放也会继续。

☆开始：与事件选项的功能相近，但是如果声音已经在播放，则新声音实例不会播放。

☆停止：使指定的声音停止播放。

☆数据流：将声音以数据流的形式嵌入到影片的每一帧中，因此声音会始终保持与影片一致播放，并且随着SWF文件的停止而停止。

☆重复：声音将以后面的数值重复播放该声音。

☆循环：声音将一直循环播放，直至运行使它停止的声音事件或动作代码。

7.3.4　编辑音频文件

Flash完善的动画影片编辑功能，不仅仅表现在动画的制作上，也表现在对声音文件的处理及声音效果的编辑上。Flash特有的声音编辑器不仅可以完成对声音文件播放长度的截取，音量大小的调节，还能为其添加多种不同的声音效果。

在为Flash动画影片添加声音的过程中，常常会遇见这样的情况：只需要播放整个声音文件中的一段，这该怎么办呢？下面就开始学习这个问题的解决方法。为影片添加好声音文件后，单击"属性"面板中的"编辑声音封套"按钮，打开"编辑封套"对话框，如图7-34所示。

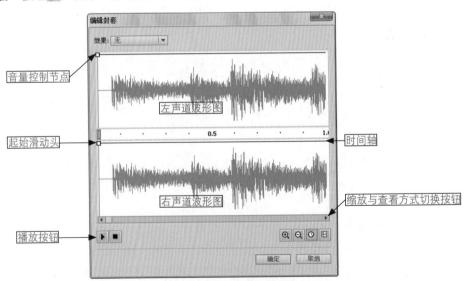

图7-34　"编辑封套"对话框

"编辑封套"对话框主要分为上下两部分，分别列有表示声音文件左右声道的波形图。中间起分隔作用的是声音的时间轴，可以通过窗口右下角的按钮切换其显示范围及显示单位。时间轴两头的滑动头分别是："起始滑动头"和"结束滑动头"，通过移动它们的位置可以完成对声音播放长度的截取。

在"编辑封套"对话框左上角的效果下拉列表中，用户可以为声音选择不同的效果。

☆无：不对声音文件应用效果。"选择"此选项将删除以前应用的效果。

☆左声道/右声道：只对声音的左声道或右声道进行播放。

☆从左到右淡出/从右到左淡出：会将声音从一个声道切换到另一个声道。

☆淡入：在声音的播放时间内逐渐增加音量。

☆淡出：在声音的播放时间内逐渐减小音量。

☆自定义：允许用户自行编辑声音效果。

此外，用户还可以单击音量控制线，在音量控制线上添加新的控制音量节点，然后移动各音量节点的位置，得到时高时低的声音效果，如图7-35所示。

在声音编辑完成后，用户还可以按下对话框左下角的"播放"按钮，对声音进行测试，如果效果不满意，用户可以按下"停止"按钮，然后对声音再进行编辑。

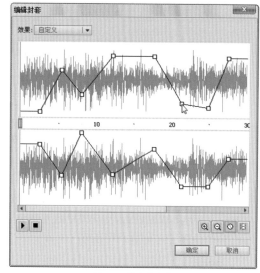

图7-35 编辑声音效果

7.3.5 输出音频设置

在元件库中选择声音元件并单击鼠标右键，在弹出的命令菜单中选择"导出设置"命令，打开"声音设置"对话框。在该对话框中可以对声音的压缩形式进行设置，如图7-36所示。

☆ ADPCM：用于设置8位或16位声音数据的压缩。导出较短的事件声音（如单击按钮时），建议使用ADPCM设置。选择"将立体声转换为单声道"，会将混合立体声转换为非立体声（单声）。采样率用于控制声音保真度和影片文件的大小，较低的采样率对应的影片文件较小，但也会降低声音品质。

☆ MP3：可以用MP3压缩格式导出声音。当导出较长的事件声音时，建议使用该选项。

☆原始：导出声音时不进行压缩。

☆语音：以近似于语音质量的压缩方式导出声音。

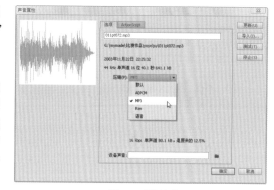

图7-36 设置声音

7.3.6 实践案例：音乐相册

在电子相册中插入一段优美的音乐，可以使观众浏览图片时，更加赏心悦目。下面就将为前面制作的电子相册添加声音，使读者通过实际编辑，掌握在Flash中编辑声音的方法。

01 请打开本书配套光盘\实践案例\第7章\电子相册\目录下的"电子相册.fla"文件。

02 执行"文件→导入→导入到库"命令，将本书配套光盘\实践案例\第7章\音乐相册\目录下的声音文件"sound.mp3"导入到元件库中，如图7-37所示。

03 选中背景图层的第1帧，然后在"属性"面板中为其添加声音"sound.mp3"，如图7-38所示。

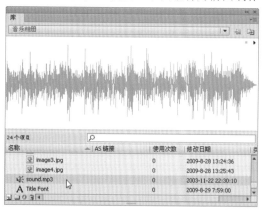

图7-37 导入声音

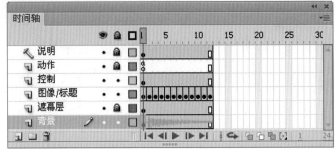

图7-38　添加声音

04 单击"属性"面板中的"编辑声音封套"按钮 ✐，打开"编辑封套"对话框，拖曳起始滑动头将声音文件前段多余的部分删除，如图7-39所示。

05 将底部滑块向右拖曳到声音结束处，然后将结束滑动头向左拖曳，将声音文件结束处多余的部分删除，如图7-40所示。

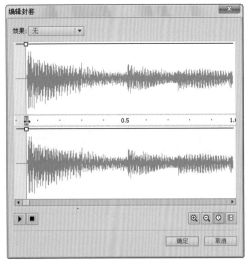

图7-39　编辑声音

图7-40　编辑声音

F L A S H　知识与技巧

　　这样删除了声音中多余的无声部分，可以使声音循环播放时不会出现中断的现象。在编辑声音时，用户还可以通过"缩放"与"查看"按钮切换不同的方式查看波形图。

06 将底部滑块拖曳到最左端，将左右声道的音量控制节点拖曳到波形图的中间，如图7-41所示。

07 分别左右声道音量控制线上在插入控制节点，并调整它们的位置，如图7-42所示。

08 这样就得到了声音轻轻淡入的效果，按下"确定"按钮。

09 在"属性"面板中设置声音的同步方式为"开始"并"循环"，如图7-43所示。

图7-41　编辑声音

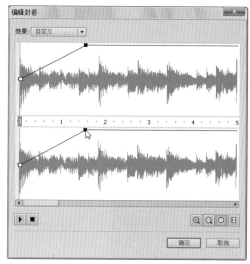

图7-42 编辑声音

图7-43 设置同

10 按下"Ctrl+S"键保存文件，然后按下"Ctrl+Enter"键测试完成的影片，如图7-44所示。

请打开本书配套光盘\实践案例\第7章\音乐相册\目录下的"音乐相册.fla"文件，查看本案例的具体设置。

请打开本书配套光盘\实践案例\第7章\音乐相册\目录下的"音乐相册.fla"文件，查看本案例的具体设置。

 7.4 应用视频文件

Flash中不仅能导入位图、声音等素材文件，还可以导入多种视频文件并可以对其进行编辑，以得到满意的效果。

图7-44 测试影片

7.4.1 视频文件的转换

Flash支持多种视频文件的导入，包括"FLV、MP4、MOV、3GP"等。并且Flash还拥有一款独立的视频文件转换工具"Adobe Media Encoder"，通过该软件可以将各种不同格式视频文件转换为"FLV"格式的视频文件，如图7-45所示。

从Flash MX 2004时期开始，Flash就拥有了特有的视频播放文件格式"FLV"，这标志着Flash不再是一款单纯的矢量动画制作软件，而是一款集视频处理功能于一体的影片编辑软件。经过Flash几个版本的发展，Flash的视频处理技术日趋成熟，用户可以使用"Adobe Media Encoder"轻松地完成视频文件格式的转换，并且可以对视频文件的质量、大小、尺寸、影片长度等进行编辑。而"On2 VP6"编码技术的运用使视频文件的图像效果更加清晰、流畅，文件体积更加小巧。因此，在时下流行的"播客"网站中，拥有文件占有率低、视频质量良好、体积小等特点，采用"FLV"格式视频播放文件成为他们的首选。

图7-45 Adobe Media Encoder

7.4.2 实践案例：生成"FLV"视频文件

本实例将使用"Adobe Media Encoder"，把"AVI"格式的视频文件转换为"FLV"视频文件，请打开本书配套光盘\实践案例\第7章\视频文件\目录下的"视频文件.AVI"文件，察看原视频文件播放时的效果，如图7-46所示。

图7-46　观看影片

01　"文件→导入→导入视频"命令，打开"导入视频"对话框，然后按下对话框正下方的"启动Adobe Media Encoder"按钮，启动"Adobe Media Encoder"， 如图7-47所示。

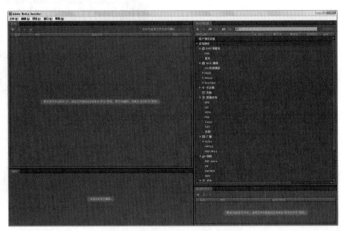

图7-47　Adobe Media Encoder界面

02　在"Adobe Media Encoder"中执行"文件→添加源"命令或按下界面左上角的"添加源"按钮，将本书配套光盘\实践案例\第7章\视频文件\目录下的"视频文件.AVI"文件添加到列表中，如图7-48所示。

图7-48　Media Encoder列表

03 单击"f4v",打开"输出设置"对话框，在这里用户可以对进行原视频裁剪，修改输出格式、大小，音频调节等操作， 如图7-49所示。

04 "导出设置"栏中，将输出影片的格式修改为"FLV"， 如图7-50所示。

图7-49 "输出设置"对话框　　　　图7-50 修改格式

05 按下"确定"按钮回到"Adobe Media Encoder"界面，然后按下列表右上角的"启动列队"按钮 ▶ ，开始文件格式的转换，如图7-51所示。

06 单击列表中的输出路径，打开视频生成的文件夹，查看生成的"视频文件.FLV"文件的效果，如图7-52所示。

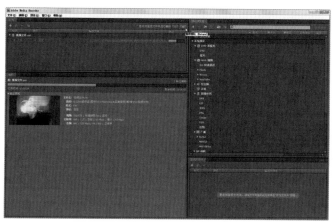 

图7-51 转换影片　　　　　　　　　　图7-52 生成的效果

通过对比可以看出"视频文件 .FLV"文件的大小只有"视频文件 .AVI"文件大小的八分之一，但影片的效果却仍然十分清晰。

7.4.3 视频文件的导入

通过"Adobe Media Encoder"就能将大多数视频文件转换为 Flash 可以使用的格式，这时用户就可以将这些视频导入到 Flash 中了。执行"文件→导入→导入视频"命令，打开"导入视频"对话框，如图 7-53 所示。

☆在您的计算机上：该选项用于从本地文件夹中导入视频文件。

☆浏览：选择本地要导入的视频文件。

☆使用播放组件加载外部视频：采用外部的方式加载视频，视频文件将不出现在时间轴上。

☆在 SWF 中嵌入 FLV 并在时间轴中播放：将视频文件直接导入到时间轴上，

图7-53 导入视频

并可以在 Flash 中对其进行编辑。

　　☆已经部署到 Web 服务器…：导入已经位于互联网中的视频文件。

　　单击"下一步"按钮，对话框将根据用户不同的选择，打开相应的界面，如图 7-54 所示。

图7-54　加载外部视频与嵌入到时间轴

　　☆外观：选择 FLV 播放组件的样式。

　　☆ URL：用于输入外部视频文件的位置。

　　☆符合类型：用于设置视频是导入到主时间轴上，还是图形元件、影片剪辑中。

　　☆将实例放置到舞台上：取消勾选，视频将直接导入到元件库中而不出现在舞台上。

　　☆扩展时间轴：是否根据影片的长度延长时间轴。

　　☆包括音频：是否导入视频文件中的声音。

7.4.4　实践案例：新闻片头

　　本实例将通过对导入视频的再编辑，制作完成一个电视新闻片头，请打开本书配套光盘 \ 实践案例 \ 第 7 章 \ 新闻片头 \ 目录下的"新闻片头 .swf"文件，观看本实例的完成效果，如图 7-55 所示。

01　新建一个"ActionScript 3.0"文档，然后将其保存到本地的文件夹中。

02　在"属性"面板中修改文档的尺寸为宽720、长567，如图7-56所示。

图7-55　观看影片

图7-56　修改尺寸

03　执行"文件→导入→导入视频"命令，打开"导入视频"对话框，本书配套光盘\实践案例\第7 章\视频文件\目录下的"视频文件.FLV"文件导入。

04　选择在"SWF中嵌入FLV并在时间轴中播放"选项，按下"下一步"按钮，如图7-57所示。

05
选择"符号类型"为影片剪辑,按下"下一步"按钮。

06
在第3导入界面中按下"完成"按钮,完成影片的导入,如图7-58所示。

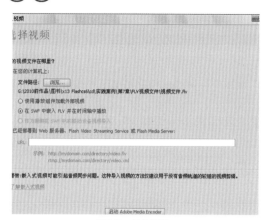

图7-57 导入视频

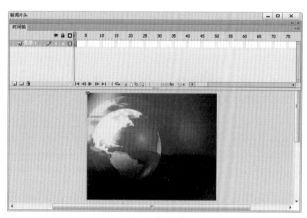

图7-58 此时的舞台

07
将播放头移动到第80帧处,然后按下"F5"键延长时间轴到80帧,再按下时间轴左下角的"新建图层"按钮 ,创建一个新的图层,如图7-59所示。

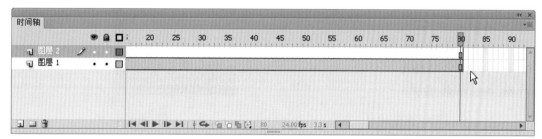

图7-59 延长时间轴

08
在新图层的第40帧处按下"F6"键插入一帧关键帧,然后在该帧中创建一个白色的静态文本"环球新闻"并调整好其字体、大小、位置,如图7-60所示。

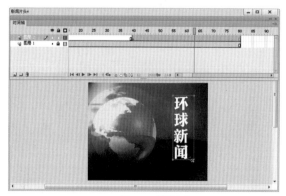

图7-60 创建文字

图7-61 转换为元件

09
按下"F8"键将文本转换为一个图形元件,如图7-61所示。

10
在新图层的第80帧处按下"F6"键插入一帧关键帧,然后右键单击第40帧,在弹出的菜单中选择"创建传统补间"命令,为图形元件创建动画,如图7-62所示。

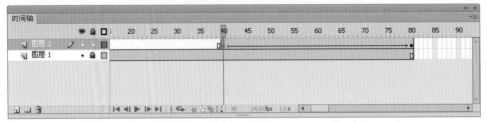

图7-62 创建动画

11 将第40帧中的图形元件向左移动，然后在"属性"面板中将图形元件的透明度修改为0，这样就得到了文字向右淡入的动画效果，如图7-63所示。

12 执行"文件→导入→导入到库"命令，将本书配套光盘\实践案例\第7章\新闻片头\目录下的声音文件"sound.mp3"导入到元件库中。

13 选中图层1的第1帧，在"属性"面板中为其添加声音，如图7-64所示。

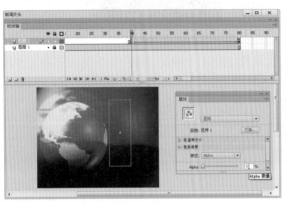

图7-63 编辑动画

图7-64 添加声音

14 选中图层2的第80帧，按下"F9"键打开动作面板，为其添加停止的动作代码。

```
Stop();
```

// 影片停止播放，这里主时间轴是停止了播放，在影片剪辑中的视频文件仍将循环播放。

15 按下"Ctrl+S"键保存文件，然后按下"Ctrl+Enter"键测试完成的影片，如图7-65所示。

图7-65 测试影片

请打开本书配套光盘 \ 实践案例 \ 第 7 章 \ 新闻片头 \ 目录下的"新闻片头 .fla"文件，查看本案例的具体设置。

通过本章的学习中可以看出，在 Flash 中适当的使用各种素材，能很大地提高影片制作的效率。但过度地使用已有的素材，会使影片没有个性、同时还会受到素材使用的各种限制，因此要制作出好的作品，还是要以自己手绘为主，各种素材为辅。

动画创建与内容编辑篇

第8章

时间轴的基本操作

在前面的学习中，我们已经初步接触过时间轴和关键帧，下面就将对时间轴和关键帧的知识进行系统的讲解，使读者完全掌握时间轴与帧的知识。

F L A S H

8.1 了解时间轴

时间轴是 Flash 中进行动画编辑的基础，用以创建不同类型的动画效果，还可以对制作中的 Flash 动画影片进行播放预览，使用户可以更准确地对动画完成调整。时间轴上的每一个单元格称为一个"帧"，是 Flash 动画最小的时间单位。每一帧中可以包含不同的图形内容，当影片在连续播放时，每一帧中的图形内容依次出现，从而形成了动画影片。

时间轴位于主工具栏的下面，可以像其他功能面板一样被拖曳到工作区的任意位置，成为浮动面板。如果当前时间轴不可见，可以执行"窗口→时间轴"命令（快捷键为"Ctrl+Alt+T"）开启 Flash 的时间轴，如图 8-1 所示。

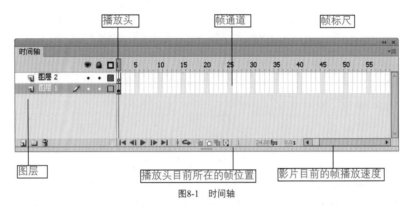

图8-1　时间轴

从上图可以看出，时间轴主要由图层窗格和帧窗格两部分组成。图层窗格中显示了影片中的图层组成情况，而帧窗格中显示了影片中帧的使用情况。每个 Flash 影片都有自己的时间轴，而影片中的各组成元件也具有完全独立的时间轴，且各时间轴之间相互不干扰。

在时间轴的下部显示了目前 Flash 电影文件各种信息，如播放到目前所在帧的位置，影片的播放速度，目前的播放时间等，并且用户可以通过鼠标单击激活这些窗格，对其中的数值进行修改。默认状态下，Flash 以每秒 24 帧（24fps）的速度播放动画。

8.2 帧的种类与创建

时间轴上的帧根据其包含内容的不同，可以将其分为以下三种帧。

关键帧：影片中一个新的开始，该帧中的对象、结构与上一帧不相同，时间轴上的表现为灰色背景、黑色圆点。

空白关键帧：影片中一个新的开始，与关键帧不同的是该帧中将不包含任何对象，时间轴上的表现为白色背景、黑色圆圈。

显示帧：影片的延续，该帧中的对象、结构与上一帧完全相同，时间轴上的表现为灰色，显示帧结束时会出现白色的矩形，如图 8-2 所示。

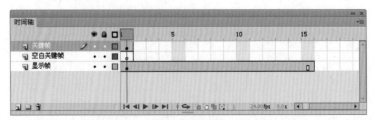

图8-2　帧的种类

在默认状态下,任意一个新增的场景或元件,Flash都会在时间轴中自动安排了一个图层并在开始位置的放置一个空白关键帧。

8.2.1 创建显示帧

在关键帧中编辑完图形内容后,执行"插入→时间轴→帧"命令或按下"F5"键,可以逐个向后为该关键帧添加显示帧,增加其在影片中的显示时间。用鼠标单击需要显示的目标帧位置并按下"F5"键,可以一次增加很长的显示长度,如图8-3所示。

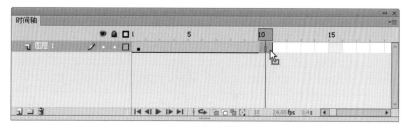

图8-3 增加显示帧

8.2.2 创建关键帧

将元件从元件库中拖曳到空白关键帧中,或者在空白关键帧中绘制出图形,空白关键帧就将变为关键帧。当影片中存在关键帧及显示帧时,用鼠标单击目标帧,执行"插入→时间轴→关键帧"命令或按下"F6"键,可以在一个目标帧处插入与其具有相同内容的关键帧,然后就可以对新关键帧中的内容进行修改,从而得到了新的关键帧,如图8-4所示。

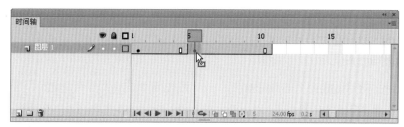

图8-4 插入关键帧

8.2.3 创建空白关键帧

在需要在同一图层中的不同时间位置放入不同内容时,可以在单击目标帧后,执行"插入→时间轴→空白关键帧"命令或按下"F7"键,即可在该图层中添加空白关键帧,以编辑新的内容。此外,用户还可以选中已有的关键帧,然后按下"Delete"键删除该帧中的内容,从而得到空白关键帧,如图8-5所示。

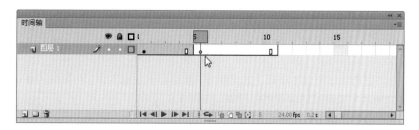

图8-5 插入空白关键帧

除了上面介绍的方法外,用户还可以在图层的帧通道中按下鼠标右键,在弹出的菜单命令中选择对应的命令,对设置的帧或关键帧、空白关键帧进行删除、剪切、复制、转换等编辑操作,如图8-6所示。

图8-6　右键菜单

8.3 编辑帧

除了在时间轴上插入帧之外，用户还可以对帧进行复制、翻转帧等操作，从而快速实现需要的效果，大大提高了制作的效率。

8.3.1 移动帧

在影片的编辑过程中，用户可以通过调整关键帧与关键帧之间的位置，从而更改不同内容在影片中的播放时间。在进行该操作时，用户需要用鼠标选择一帧或多帧，然后将其向左或右进行拖曳，到目标帧时释放鼠标即可，如图 8-7 所示。

图8-7　移动帧

8.3.2 翻转帧

翻转帧操作主要是用于更改帧与帧之间播放的先后顺序，比如制作一个物体从左向右运动的补间动画，对其进行翻转帧操作以后，原来的第 1 帧变为了最后 1 帧，最后 1 帧变为了第 1 帧，这样就会得到物体从右向左运动的动画了。

在操作时，用户需要选中 2 个或 2 个以上的关键帧，然后单击鼠标右键，在弹出的命令菜单中选择"翻转帧"命令，就可以将选中关键帧的位置进行对调，如图 8-8 所示。

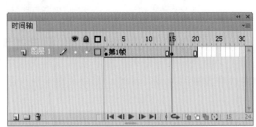

图8-8　翻转帧

8.3.3 复制帧

复制帧操作是一种常用的操作，也是十分有用的操作，可以帮助用户快速实现新帧的创建工作，从而大大的提供工作效率。

在进行复制帧操作时，用户可以选中1帧或者多帧，再单击鼠标右键，在弹出的命令菜单中选择"复制帧"命令，然后单击目标帧并在右键菜单中选择"粘贴帧"命令，将复制的帧粘贴到目标帧上，如图8-9所示。

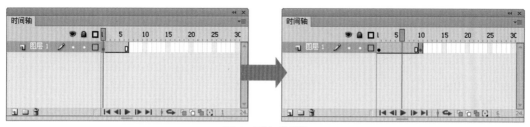

图8-9　复制、粘贴帧

8.3.4 清除与删除帧

在时间轴右键菜单中的"清除帧"命令，可以将选中的显示帧或关键帧中的内容全部清除掉，从而使选中的显示帧或关键帧变为空白关键帧，如图8-10所示。

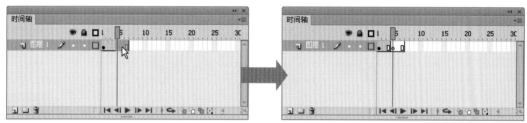

图8-10　清除帧

与"清除帧"命令不同，时间轴右键菜单中的"删除帧"命令不仅可以清除帧中的内容，还可以删除帧本身，使其恢复为帧通道状态，如图8-11所示。

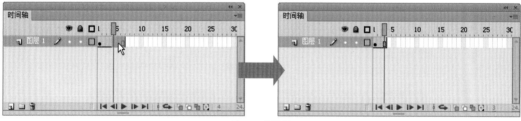

图8-11　删除帧

在执行"删除帧"操作时，如果被删除帧的后方还有其他显示帧或关键帧，操作完成后，这些显示帧或关键帧将向前顺移，如图8-12所示。

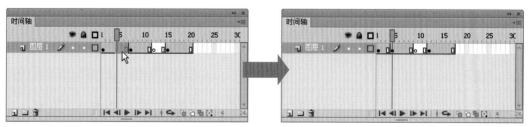

图8-12　顺移帧

8.4 设置帧属性

在进行制作时，用户除了可以在时间轴中创建各种不同种类的帧以外，还可以在"属性"面板中对帧的属性类型进行设置，这项功能在进行互动程序的编辑时尤其有用。用在时间轴上选中关键帧或空白关键帧后，就可以在"属性"面板的"标签"卷展栏中对帧的名称、属性类型进行相关设置，如图8-13所示。

图8-13 设置帧标签

8.4.1 名称

帧名称用于给帧命名，使用户在进行互动程序的编辑时，程序内容能快速、准确的找到该帧并执行相关程序。当用户在"属性"面板中为关键帧添加了名称后，该关键帧中小黑点的上方就会出现一面小红旗和用户为该帧设定的名称，如图8-14所示。

图8-14 帧标签

F L A S H 知识与技巧

每个 Flash 制作文档中，帧标签的名称是唯一的，即不同关键帧标签的名称不能一样。否则，在生成 swf 文件时系统将报错，生成的 swf 文件也可能将不能正常运行。

8.4.2 注释

在制作一些含有大量动画效果的影片时，通常会使用到很多图层和关键帧，为了便于用户后期的调整、修改，用户可以为关键帧添加注释，使用户能很快找到需要修改的地方。为关键帧添加注释后，关键帧中小黑点的上方就会出现两道绿杠和注释的文字，如图8-15所示。

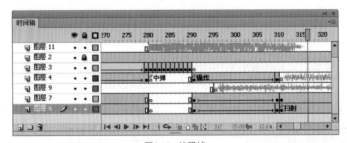

图8-15 注释帧

8.4.3 锚记

锚记与名称有些类似，不同的是锚记是当 swf 文件镶嵌在网页中时，可以通过网页中的按钮使 swf 文件文件转到锚记的关键帧。为关键帧添加注释后，关键帧中小黑点的上方就会出现一个黄金色的锚和锚记文字，如图8-16所示。

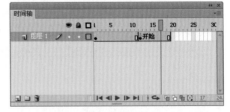

图8-16 锚记帧

8.5 时间轴基本操作

在进行动画编辑时，用户可以通过时间下方的控制按钮组，对完成的影片进行预览播放，还能通过"循环"按钮 使影片在指定的区域反复播放，进行预览，如图 8-17 所示。

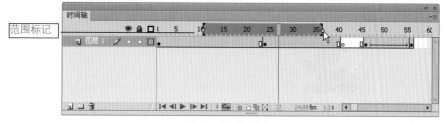

图8-17 绘图纸外观

用户可以使用鼠标拖曳循环预览区域两边的括号，从而对循环预览的区域进行调整，使其反复播放需要预览的区域，帮助用户发现影片中可能存在的问题。

8.5.1 绘图纸的应用

在动画影片的制作过程中，用户可以通过时间轴上的"绘图纸"功能辅助进行动画绘制、编辑，从而制作出更加连贯、流畅的动画效果。按下时间轴下边的"绘图纸"系列按钮，就可以选择多种显示方式查看相邻帧中的动画效果，如图 8-18 所示。

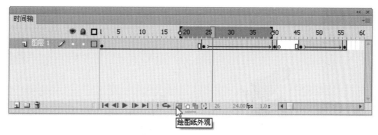

图8-18 绘图纸外观

绘图纸外观

按下"绘图纸外观"按钮，可以在舞台中显示绘图纸标记范围的图形内容，并以逐渐透明的方式表现起始图形与目前帧中图形之间的位置关系，离目前帧位置越近，不透明度越高；离目前帧位置越远的帧，图像越透明，如图 8-19 所示。

图8-19 绘图纸外观效果

绘图纸外观轮廓

按下"绘图纸外观轮廓"按钮，可以以显示轮廓线条的方式查看相邻帧中的图形内容，如图 8-20 所示。

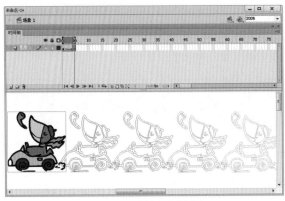

图8-20　绘图纸外观轮廓效果

编辑多个帧

按下"编辑多个帧"按钮，可以同时显示时间轴中绘图纸范围内多个关键帧的内容，并能直接对这些关键帧中的内容进行调整、修改，如图 8-21 所示。

此外"编辑多个帧"功能还可以与"绘图纸外观"、"绘图纸外观轮廓"功能结合使用，从而方便用户对动画调整前后变化进行查看，如图 8-22 所示。

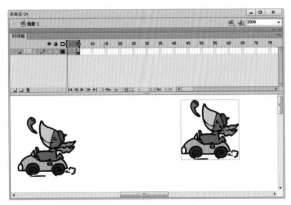

图8-21　编辑多个帧

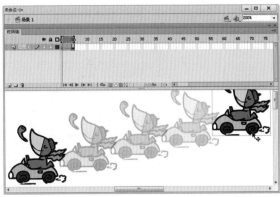

图8-22　结合使用

修改绘图纸标记

按下"修改绘图纸标记"按钮，在弹出的命令选单中选择对应的命令选项，可以对时间轴上绘图纸的范围进行设置，如图 8-23 所示。

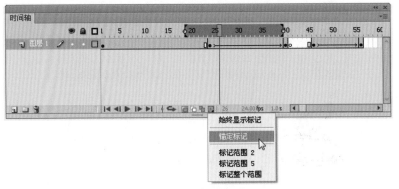

图8-23　设置绘图纸

☆始终显示标记：在时间轴中一直显示绘图纸的标记范围。

☆锚定标记：将时间轴中目前的绘图纸标记范围锁定起来，不论播放头处于何位置。

☆绘图纸 2：设置绘图纸的标记范围为目前位置的前后 2 个帧。

☆绘图纸 5：设置绘图纸的标记范围为目前位置的前后 5 个帧。

☆标记整个范围：设置绘图纸的标记范围为目前时间轴中的所有帧。

8.5.2 设置时间轴样式

在进行一些复杂动画影片的制作时，用户可能会感觉到时间轴不够长，单位范围内显示的帧数太少，这样在制作时，就会常反复拖曳下方的滑块进行调整，浪费了大量的时间。这时用户可以通过时间轴右上角的下拉菜单对帧的大小、颜色等进行修改，从而满足用户的制作需要，如图 8-24 所示。

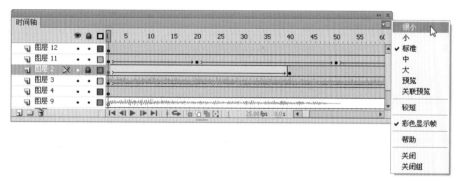

图8-24　下拉菜单

☆很小：将每帧的显示范围调整至最小，这样单位范围内显示的帧数就会大量增加为标准状态下的 2 倍，如图 8-25 所示。

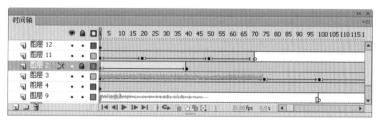

图8-25　显示120帧

☆小：将每帧的显示范围调整至小，显示帧数为标准的 1.5 倍。

☆标准：将每帧的显示范围调整至标准。

☆中：将每帧的显示范围调整至中，显示帧数为标准的二分之一。

☆大：将每帧的显示范围调整至大，显示帧数为标准的三分之一。

☆预览：每一帧将现在场景内容的小预览图，如图 8-26 所示。

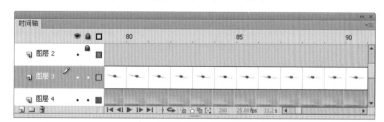

图8-26　显示预览图

☆关联预览：更便于查看元素在动画期间的移动方式、大小、位置的变化。

☆较短：对图层的高度进行压缩，使单位范围内能显示更多的图层。

☆颜色显示帧：取消该项的勾选，时间轴上无论是关键帧、空白关键帧、动画帧都将只显示为白色。

第9章

时间轴的图层编辑

　　使用 Flash 进行动画编辑的时候，通常需要将各种元素放置到各自独立的图层中进行编辑，这样可以使元素间的动作互不干扰、便于管理，最后在影片播放时，多个不同图层中的动画效果就共同合成了影片完整的动画效果。这里就和传统的动画片制作有一些相似，可以将时间轴中的一个图层看作是一张透明的纸，放入图层中的元素内容就像在纸上绘制的图形。在多张这样的纸上绘制不同的图形后将它们重叠在一起，便可以得到内容丰富、层次多样的图形。

F L A S H

9.1 图层的基本操作

掌握图层的基本操作，可以使用户在制作动画的过程中更加得心应手，并能科学地安排图层的结构，便于后期的管理、修改等，下面就开始学习如何使用图层。

9.1.1 创建图层

在一部完整的 Flash 影片的制作中，一个图层肯定是不够的，可能包含几个图层或者几十个、甚至更多，这时用户就需要根据实际的制作情况在时间轴上为影片添加图层了。

用户使用鼠标单击图层名，将该图层选中，然后执行"插入→时间轴→图层"命令或者按下时间轴左下角的"新建图层"按钮，就可以在当前选中图层的上方创建一个新的图层，如图 9-1 所示。

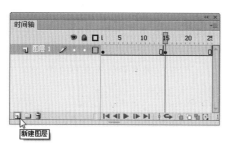
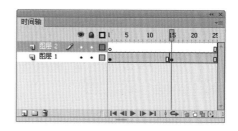

图9-1　新建图层

用户还可以使用鼠标右键单击已有的图层，在弹出的命令菜单中选择"插入图层"命令，实现创建图层的操作。

9.1.2 移动图层

图层的上下位置关系还可以决定影片中图形的前、后位置关系。在前面的章节介绍了组合图形的位置关系，但那只是针对同一图层中的图形而言，时间轴中的图层才是最终决定图形在影片中的前、后位置关系的基础。时间轴中图层位置越靠上，其中图形的位置在影片中就越靠前。

用户可以使用鼠标选中一个图层并对其进行拖曳，这时鼠标处会出现一条黑线，表示该图层的目标位置，释放鼠标选中的图层就会移动到该位置，图层移动完成后，场景中元素的前后关系也会相应改变，如图 9-2 所示。

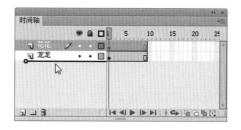

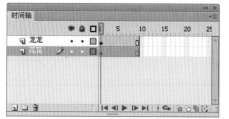

图9-2　效果对比

9.1.3 复制图层

复制操作可以帮用户节约大量时间，与 Flash 中的元素、帧一样，用户也可以对图层进行复制，从而提高工作效率。选中需要复制的图层，然后单击鼠标右键在弹出的命令菜单中选择"拷贝图层"命令，然后右键单击目标图层，选择"粘贴图层"命令即可，如图 9-3 所示。

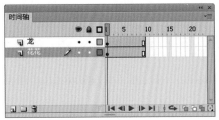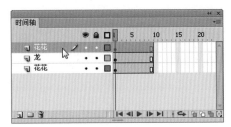

图9-3　复制图层

此外用户还可以在右键菜单中直接选择"复制图层"命令，直接在原图层的上方插入一个复制图层，如图 9-4 所示。

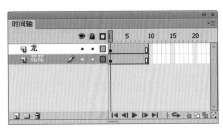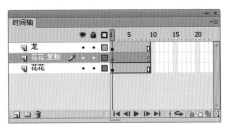

图9-4　直接复制图层

9.1.4 删除图层

在制作 Flash 影片时，时常会需要删除多余或错误的图层，这时用户可以依次将这些图层选中，然后按下时间轴左下角的"删除"按钮 或者执行右键菜单中的"删除图层"命令将其删除，如图 9-5 所示。

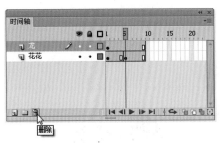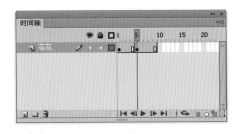

图9-5　删除图层

9.1.5 重命名图层

图层在默认状态下是以"图层1、2、3……"命名，而为了便于管理，在后期调整时快速找到需要调整的图层，用户可以对图层进行重命名。使用鼠标双击图层名称，就可以激活名称输入框，对图层名称进行修改，如图 9-6 所示。

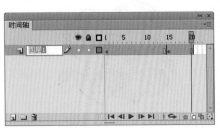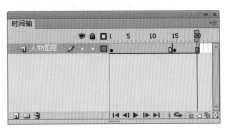

图9-6　重命名图层

此外，用户还可以执行图层右键菜单中的"属性"命令，打开"图层属性"对话框，在该对话框中对图层名称进行修改。

9.2 图层的高级操作

图层的高级操作有利于帮助用户对场景中的对象进行查看、并辅助用户对其进行适当的调整、编辑。

9.2.1 显示和隐藏图层

在时间轴面板中单击"显示或隐藏所有图层"按钮 👁，可以将所有图层都隐藏起来。这时图层名称后面会出现一把红叉，表示该图层不可见，如图9-7所示。

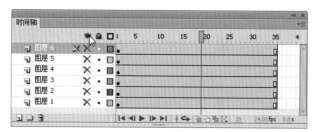

图9-7 隐藏所有图层

再次单击"显示或隐藏所有图层"按钮 👁 可以恢复所有图层的可见状态。用户还可以直接单击某个图层名称后面对应"显示或隐藏所有图层"按钮的点，则可以只将该图层隐藏。当图层隐藏后，该图层中的元素在场景中也将隐藏，如图9-8所示。

图9-8 隐藏单个图层

9.2.2 锁定和解锁图层

"锁定或解除锁定所有图层"按钮 🔒 是用于对图层编辑状态的锁定控制，是在进行复杂的多图层编辑中有用的功能，其操作方法和图层的显示、隐藏操作一样。图层被锁定后，图层后对应的小圆点将变为一个锁的形状，如图9-9所示。

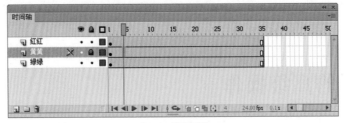

图9-9 锁定图层

当图层锁定后，该图层在舞台中所有内容将不能被选中进行编辑，这样可以避免对已经编辑好的内容造成错误的修改。

9.2.3 以轮廓线查看图层内容

"将所有图层显示为轮廓"按钮□则是用以切换图层内容的显示方式，当单击图层中对应该按钮的框时，图层中的所有内容将以特定的颜色线框显示，如图9-10所示。

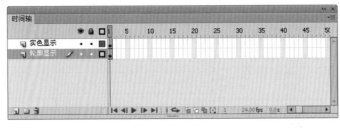

图9-10 显示轮廓

在默认状态下，不同图层的内容将采用不同的色彩来显示其轮廓线框，用户可以鼠标左键双击色彩块打开"图层属性"对话框，完成对图层的轮廓颜色进行修改。

9.2.4 更改图层的属性

除了图层右键菜单中的"属性"命令和双击色彩块可以打开"图层属性"对话框外，用户还可以双击图层名称前面的"属性"按钮□打开"图层属性"对话框，如图9-11所示。

图9-11 "图层属性"对话框

在该对话框中，用户可以便捷地完成对图层名称、显示状态、图层类型、轮廓颜色、图层高度等多项属性的修改。

9.2.5　将对象分散到图层

在 Flash 的编辑过程中，可以快速地将一个图层中的数个图形组合或元件分散到一个独立的图层中，从而便于单独对它们进行相应的编辑。

选中原图层中的所有图形组合或元件，然后单击鼠标右键，在弹出的菜单中执行"分散到图层"命令，就能快速将选中的图形组合或元件分散到各自独立的图层中，如图 9-12 所示。

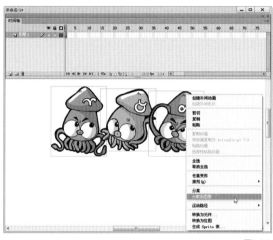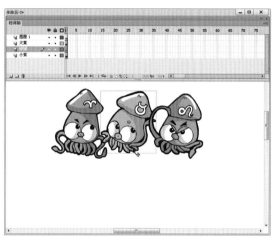

图9-12　分散到图层

9.2.6　图层文件夹

执行"插入→时间轴→图层文件夹"命令或按下时间轴面板下边的"新建文件夹"按钮，可以在时间轴中添加图层文件夹。在一些大型、复杂动画的制作过程中，使用图层文件夹可以对时间轴中的图层进行有效的管理，以便于后期制作及内容修改，如图 9-13 所示。

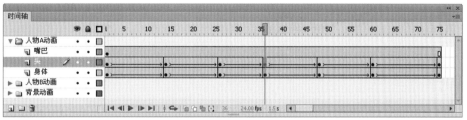

图9-13　图层文件夹

当用户创建好一个图层文件夹后，该文件夹中是不包含任何图层的，用户需要将图层拖曳到该图层文件夹中，当图层位于图层文件夹中时，图层的名称会比正常图层的名称位置靠后一些，如图 9-14 所示。

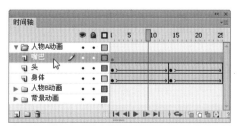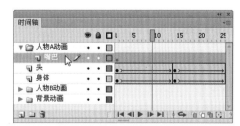

图9-14　拖曳图层

当一个图层文件夹中包含有图层后，用户可以单击图层文件夹前面的小三角形或者执行右键菜单中的"展开、折叠文件夹"命令，将图层文件夹展开或折叠，如图 9-15 所示。

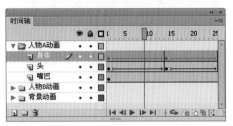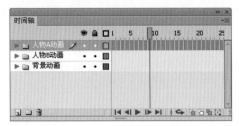

图9-15　折叠图层文件夹

此外，用户还可以如同图层的基本操作一样，对图层文件夹进行命名、移动、修改显示、锁定、删除等操作。

9.3 遮罩图层

图层的类型除了普通图层外，还包括两种特殊的类型：遮罩图层和引导图层。这两种类型的图层可以帮助用户在影片中编辑出一些特殊的效果。

使用遮罩层，可以使其遮罩级内的图形只显示遮罩层允许显示的范围，遮罩层中的内容可以是填充的形状、文字对象、图形元件或影片剪辑，如图 9-16 所示。

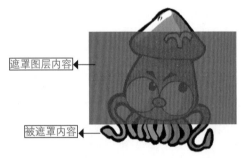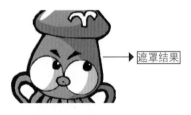

图9-16　遮罩效果

9.3.1 创建遮罩图层

当时间轴中有 2 个或 2 个以上的图层时，选中最上面的图层并单击鼠标右键，在弹出的命令菜单中选择"遮罩层"命令，就可以将该图层转换为遮罩层。这时，系统还会将遮罩层下方的 1 个图层自动转换为被遮罩层，如图 9-17 所示。

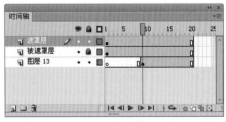

图9-17　创建遮罩层

遮罩图层创建后，其图标将变为绿圆加黑框，被遮罩的图层的图标将变为绿色和黑色的格子。一个遮罩层可以同时遮罩多个图层，但遮罩层不能将其效果运用于另一个遮罩层。如果用户需要对多个图层同时进行遮罩时，用户可以选中该普通图层，然后将其拖曳到遮罩图层的遮罩层级内，如图 9-18 所示。

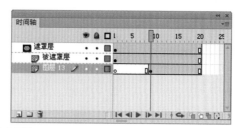

图9-18 拖曳图层

9.3.2 取消遮罩

如果用户需要取消遮罩,只需选中遮罩图层并单击鼠标右键,在弹出的命令菜单中选择"遮罩层"命令,就可以将该图层转换为普通图层,其层级内的被遮罩层也将自动转换为普通图层。

此外,用户还可以选中某一被遮罩图层,使用鼠标直接将其拖曳到遮罩图层的遮罩层级外,从而实现单独取消某一图层的遮罩。

9.3.3 显示遮罩

通常创建完遮罩图层后,系统会自动将遮罩层和被遮罩层锁定,因为只有将它们锁定,在场景中才会显示遮罩得到的效果。如果用户需要对遮罩层和被遮罩层中的内容进行修改,需要将其解锁进行修改,当修改完成后,用户可以手动将遮罩层和被遮罩层依次锁定,也可以执行右键菜单中的"显示遮罩"命令,快速在场景中显示遮罩结果。

FLASH **知识与技巧**

因为遮罩图层只以图形轮廓为依据,与图形的颜色等没有关系,因此在日常的制作中,用户可以将遮罩层锁定并设置其为轮廓显示,然后就可以对照遮罩层的轮廓,对被遮罩层中的内容方便地进行编辑了,如图 9-19 所示。

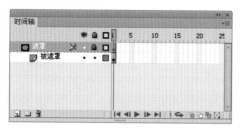

图9-19 此时的效果

9.3.4 实践案例:放大镜

现在就将通过一个简单的遮罩应用案例,帮助读者进一步了解遮罩效果的图层结构和使用技巧。请打开本书配套光盘\实践案例\第9章\放大镜\目录下的"放大镜.swf"文件,观看本范例的完成效果,如图 9-20 所示。

01 开启Flash CS6进入到开始界面,在开始界面中单击"ActionScript 3.0"文档类型,创建一个新的文档,然后将其保存到本地的文件夹中。

02 执行"文件→导入→导入舞台"命令,将本书配套光盘\实践案例\第9章\放大镜\目录下的"p001.jpg"文件导入,并调整好其位置、大小,如图9-21所示。

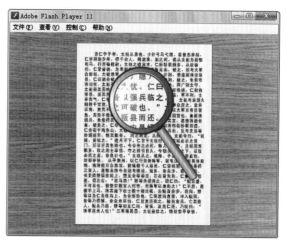

图9-20 完成的文件

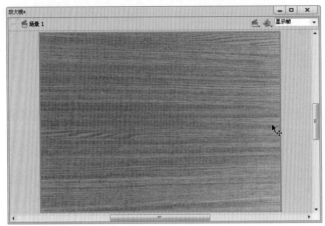

图9-21　导入背景

03 在时间轴中插入一个新的图层，在该图层中使用矩形工具绘制出一个白色的矩形作为纸张，如图9-22所示。

04 使用文本工具在白色的矩形上创建一个静态文本并输入一些文字，再调整好文字的大小、样式、版式等，然后将文本与矩形组合起来，如图9-23所示。

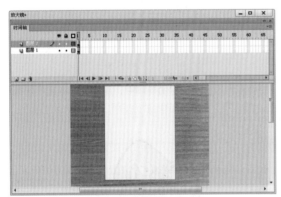

图9-22　绘制矩形

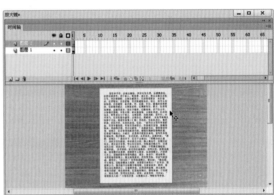

图9-23　编辑文字

05 插入一个新图层，将文字的组合复制并粘贴到这个新图层中，然后在"变形"面板中将新组合的比例修改为200%，如图9-24所示。

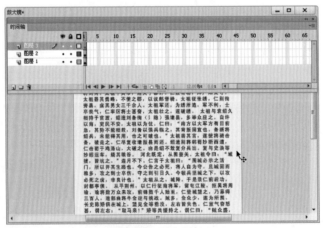

图9-24　放大比例

06 "新建图层"按钮，在一个新的图层中绘制一个正圆，这个圆将作为遮罩区域，如图9-25所示。

07 右键单击正圆所在的图层，在弹出的命令菜单中选择"遮罩层"命令，将该图层转换为遮罩层，这时就可以看见遮罩的效果了。圆形所在区域中的文字比其余地方的文字明显大出了许多，这是因为遮罩层的作用，使放大的文本只显示了圆形所遮罩的部分，这样就通过遮罩层的使用，模拟出了一个逼真的放大镜的效果，如图9-26所示。

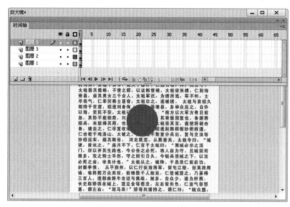

图9-25　绘制圆形

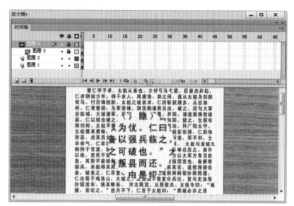

图9-26　遮罩效果

08 在遮罩层的上方新建一个图层，在该图层中配合使用各种图形绘制、编辑工具，对照下方的圆形绘制出一个放大镜的图形，使画面更加真实、美观，如图9-27所示。

09 按下"Ctrl+S"键保存文件，按下"Ctrl+Enter"键测试影片，如图9-28所示。

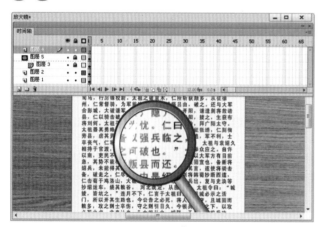

图9-27　导入背景

图9-28　测试影片

请打开本书配套光盘＼实践案例＼第 9 章＼放大镜＼目录下的"放大镜.fla"文件，查看本案例中遮罩图层的具体构造。

 ## 9.4　引导图层

引导层也是一种特殊的图层，在制作 Flash 动画影片时经常会应用的一种动画方式。使用引导层可以使指定的元件沿引导层中的路径运动。一条引导路径可以对多个对象同时作用，一个影片中也可以存在多个引导图层。引导图层中的内容通常只能是一条线段，并且在最后输出的影片文件中该线段不可见。

在时间轴中使用鼠标右键单击某个图层，在弹出的命令菜单中执行"添加传统运动引导层"命令就可以将该图层转换为引导图层，同时系统还会在引导图层自动创建一个被引导图层，如图 9-30 所示。

图9-29　引导动画

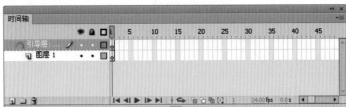

图9-30　创建引导层

与遮罩图层一样，在引导图层创建完毕后，用户还可以手动将图层拖曳到引导层的层级内，从而实现一个引导层对多个对象的引导，如图 9-31 所示。

此外，用户还可以在图层的右键菜单中执行"引导层"命令，只将选中的图层转换为引导层，而不添加任何被引导层，如图 9-32 所示。

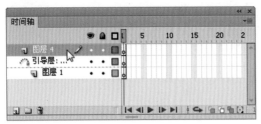

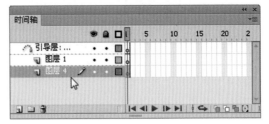

图9-31　拖曳图层

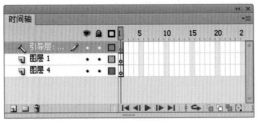

图9-32　空引导层

与引导图层的抛物线图标 ⚲ 不同，空引导图层的图标 ✎ 是一把榔头，用户可以普通图层拖曳到空引导图层的层级中，从而将其转换为引导与被引导图层。

F L A S H　知识与技巧

因为引导图层中的内容在最后的输出影片中不可见，因此用户可以创建一个空引导图层，在该图层中存放一些作者信息等资料，也可以在空引导图层中绘制一些定位辅助线，辅助用户进行绘制或对象进行定位等。

关于引导动画的创建、编辑方式等方面的知识，用户可以参考本书第 10 章第 3 节中的详细介绍。

第10章

动画的创建与编辑

通过前面的学习、制作，相信读者对 Flash 中的动画已经有了一个初步的认识。在 Flash 中，一般包含两种基本的动画：逐帧动画与补间动画。其中补间动画又包含了很多类型，从动画效果划分，又可以分为普通动画、遮罩动画、引导动画等。下面就对 Flash 中的动画进行一个系统的介绍。

F L A S H

10.1 逐帧动画

动画就是利用人眼睛的延迟效应，将一张张静态的图片连续播放，从而得到连贯的动作效果等，因此逐帧动画就是一张张绘制静态图片而得到的动画。

逐帧动画是一种传统的动画制作形式，动画影片产生之初，几乎所有的动画都是逐帧动画。而在 Flash 中，逐帧动画就是在时间轴中逐个建立具有不同内容属性的关键帧，在这些关键帧中的图形将保持大小、形状、位置、色彩等的连续变化，便可以在播放过程中形成连续变化的动画效果，如图 10-1 所示。

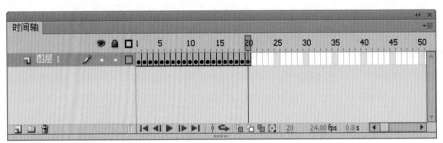

图10-1　逐帧动画

虽然逐帧动画的制作原理非常简单，但是制作过程是十分繁琐的，需要一帧一帧依次绘制图形，并要注意每帧之间图形的变化，这对绘制者的要求也比较高，通常要求其对解剖学、动力学等都要有一定程度的了解，否则就不能编辑出自然、流畅的动画效果。在进行逐帧动画的编辑时，用户可以采用将之前的关键帧复制、粘贴并作适当修改的方法，来保持动画内容的连贯，有效地进行动画编辑工作，如图 10-2 所示。

图10-2　跑步的逐帧动画

在动画效果的表现上，逐帧动画具有非常大的灵活性，可以表现出任何想表现的内容。随着 Flash 动画影片制作水平的不断提高，逐帧动画也被大量地运用到了 Flash 影片中，使 Flash 影片内容更加逼真、生动。在 Flash 中，逐帧动画一般有两种创建方式：导入逐帧动画与绘制逐帧动画。

10.1.1　导入逐帧动画

在前面的章节中介绍了导入位图的相关知识，这里可以试想一下，如果导入的位图是一个连续的序列，并且每张位图之间的差距都很小，这样在影片播放时，就可以得到一个连贯的动画影片了。

由于 Flash 本身的限制，在制作一些 3D 动画或复杂的例子动画时就越显吃力。这时，通常可以在第 3 方软件中编辑出需要的动画效果，然后输出 jpg、png、bmp 位图序列文件，将这些位图序列文件导入到 Flash 中，就能得到需要的 Flash 逐帧动画了，如图 10-3 所示。

Flash 不仅可以导入位图序列文件来得到逐帧动画，还可以直接导入 swf 格式的动画影片或包含动画内容的 gif 格式的位图文件，从而帮助用户快速创建出逐帧动画。下面就将通过一个实践案例帮助用户了解如何使用导入的逐帧动画进行影片制作。

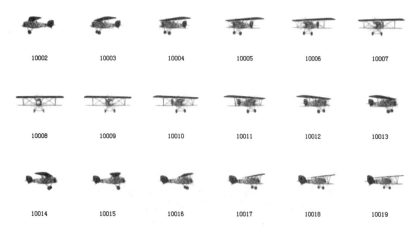

| 10002 | 10003 | 10004 | 10005 | 10006 | 10007 |

| 10008 | 10009 | 10010 | 10011 | 10012 | 10013 |

| 10014 | 10015 | 10016 | 10017 | 10018 | 10019 |

图10-3 飞机旋转的序列图

10.1.2 实践案例：烟花

请打开本书配套光盘 \ 实践案例 \ 第 10 章 \ 烟花 \ 目录下的"烟花 .swf"文件，观看本案例的完成效果，如图 10-4 所示。

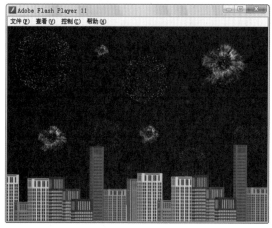

图10-4 完成的文件

01 开启Flash CS6进入到开始界面，在开始界面中单击"ActionScript 3.0"文档类型，创建一个新的文档，然后将其保存到本地的文件夹中。

02 在场景中绘制一个与舞台同样大小的黑色矩形，并使其正好覆盖住舞台，如图10-5所示。

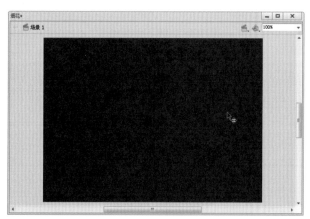

图10-5 绘制背景

　　这里用户可以直接在"属性"面板中将舞台的颜色修改为黑色,这样在 Flash 播放器中也能得到类似的效果。但是,当该影片文件放置于网页文件中时,则可能出现背景透明的错误效果,因此,通常需要创建一个与舞台同样大小的矩形作为影片的背景。

03　插入一个新的图层,然后在该图层中使用"Deoc"工具中的建筑物刷子绘制出一排高楼大厦,这样就完成了一个简单的都市夜空场景,如图10-6所示。

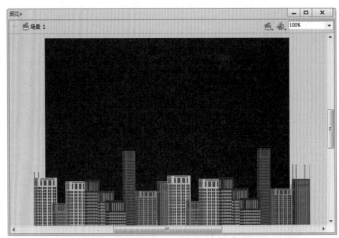

图10-6　绘制大楼

04　执行"插入→新建元件"命令,创建一个新的影片剪辑,如图10-7所示。

图10-7　创建元件

05　在该影片剪辑的编辑窗口中执行"文件→导入→导入舞台"命令,将本书配套光盘\实践案例\第10章\烟花\目录下的"p001.gif"文件导入,如图10-8所示。

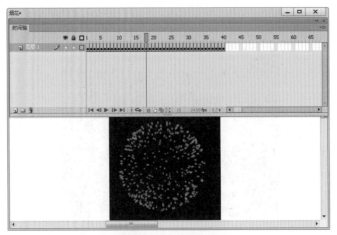

图10-8　创建元件

当完成 gif 文件的导入后，用户可以看见时间轴上出现了一排关键帧，这就是 gif 文件中包含的逐帧动画，Flash 会自动根据其时间长度、播放速度生成相应的帧，这样就导入成为了 Flash 中的逐帧动画。

06 执行"插入→新建元件"命令，再创建一个新的影片剪辑；然后在该影片剪辑的编辑窗口中执行"文件→导入→导入舞台"命令，将本书配套光盘\实践案例\第10章\烟花\目录下的"p002.gif"文件导入，这样就得到了第2种烟花，如图10-9所示。

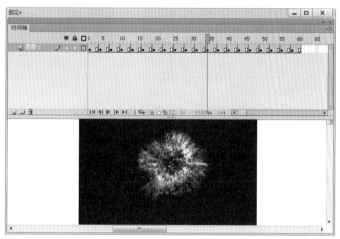

图10-9 创建元件

与上一张 gif 图片导入的情况对比，可以发现这张 gif 每个关键帧的长度是 3 帧，这是由于制作这个 gif 时设置的帧频与当前 Flash 的帧频不一致造成的，这样该动画在播放时就可能出现过慢或者过快的情况，因此，用户需要对这个逐帧动画的播放速度进行调整。

07 选中第3帧并单击鼠标右键，在弹出的命令菜单中执行"删除"命令，将第3帧删除，如图10-10所示。

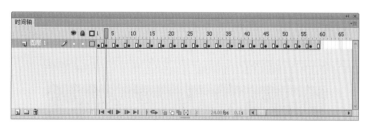

图10-10 删除帧

08 参照上面的方法，依次将每个关键帧的第3帧删除，这样每个关键帧只显示两帧，从而提高了逐帧动画的播放速度，如图10-11所示。

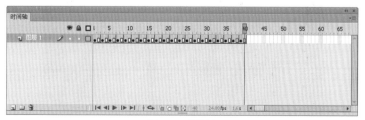

图10-11 删除帧

09 按下场景左上角的"场景1"按钮，回到主场景中，并将图层2锁定，以便接下来的编辑。

10 按下"Ctrl+L"键打开"库"面板，将里面的影片剪辑拖曳到舞台中，如图10-12所示。

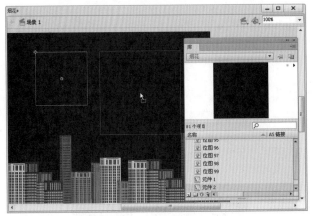

图10-12 拖曳元件

11 将图层1设置为轮廓显示，然后对其中的影片剪辑进行复制，并调整好其大小、位置，这样就得到了各种大小不一的烟花，如图10-13所示。

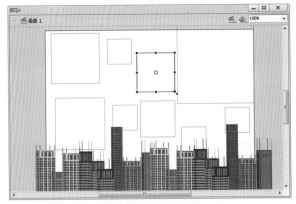

图10-13 调整元件

12 按下"Ctrl+S"键保存文件，按下"Ctrl+Enter"键测试影片，如图10-14所示。

图10-14 测试影片

请打开本书配套光盘\实践案例\第10章\烟花\目录下的"烟花.fla"文件,查看本案例的具体设置。

10.1.3 绘制逐帧动画

导入素材虽然十分方便,但不是所有的影片内容都能找到相应的素材,同时还需要考虑影片的整体风格与素材是否一致等方面的问题。因此,要制作出精彩的动画影片,影片中的一切最好都自己绘制,包括影片中的逐帧动画。

逐帧动画的制作是相对麻烦的,通常还会涉及到解剖学、动力学等方面的知识。因此,对于一般初学者可以采用导入视频或其他动画文件,然后逐帧对照其中的动画进行绘制。下面,就通过一个狗奔跑的逐帧动画案例制作,帮助读者掌握一些关于逐帧动画制作的基础知识和技巧。

10.1.4 实践案例:奔跑的狗

请打开本书配套光盘\实践案例\第10章\奔跑的狗\目录下的"奔跑的狗.swf"文件,观看本案例的完成效果,如图10-5所示。

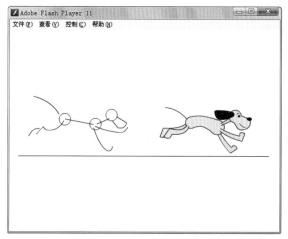

图10-15 完成的文件

01 开启Flash CS6进入到开始界面,在开始界面中单击"ActionScript 3.0"文档类型,创建一个新的文档,然后将其保存到本地的文件夹中。

02 在"属性"面板中将影片的帧频修改为12。通常影片的帧频越高,动画就越自然、流畅,单位时间内帧的数量也会相应增加,逐帧动画的绘制工作量就会大大增加。因此,用户需要根据制作需要合理设置影片的帧频。

03 在图层1中绘制一条水平的直线,作为影片的地面参考线,然后延长图层1的显示帧至第5帧并锁定该图层,如图10-16所示。

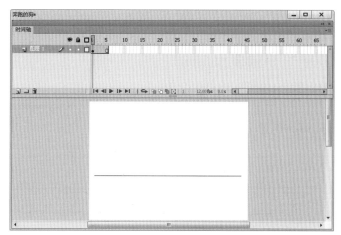

图10-16 绘制直线

04 插入一个新的图层，在该图层中绘制出两个直径为23的正圆，并分别将它们组合起来，如图10-17所示。

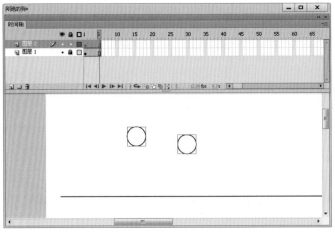

图10-17 绘制圆形

05 使用"圆形"工具和"矩形"工具绘制出一个简单的狗头的图形，然后将其组合起来，如图10-18所示。

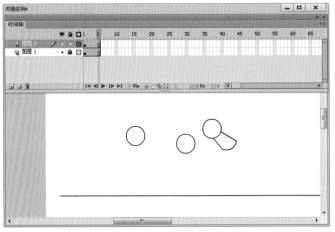

图10-18 绘制狗头

06 调整好各组合的大概位置，然后使用"铅笔"工具绘制一些线条，将这些图形连接起来，从而得到一只狗的结构线条图，如图10-19所示。

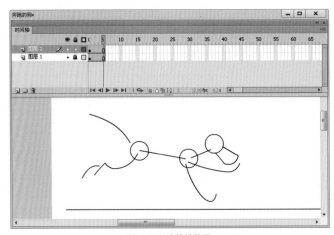

图10-19 狗的结构图

在制作一些人物、动物的逐帧动画时，通常都需要先绘制出简单的结构图，并使用结构图绘制逐帧动画。这样，可以快速完成逐帧动画的绘制，以观察动画是否正确、流畅，并且能很方便的对逐帧动画进行修改，当一切修改完成后，就可以对照结构图绘制出需要的动画了。

07 将第2帧转换为关键帧，删除其中的线条，然后调整各组合的相对位置、角度，再使用"铅笔"工具绘制一些线条勾勒出狗的结构，如图10-20所示。

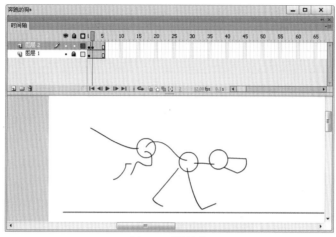

图10-20　绘制直线

在绘制狗的结构图时，要先对狗的关节结构有个大致了解。在该实例中，两个圆形分别代表了狗跑动时产生运动的主要关节，因此其他线条都是以它们为基准进行绘制的。用户还可以为狗的四肢等处设置更多的关节，以得到更准确的动画效果。此外，用户在绘制时还可以开启 Flash 的辅助线和绘图纸功能辅助逐帧动画的绘制如图10-21 所示。

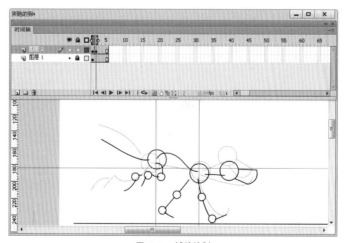

图10-21　辅助绘制

08 将第3帧至第5帧转换为关键帧，然后参照第2帧的编辑方法，编辑出这几帧中狗的结构图，如图10-22所示。

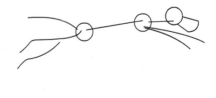

图10-22　第3、4、5帧中的图形

09 依次按下时间轴上的"循环"按钮和"播放"按钮，观看动画是否流畅，如果不流畅，可依次对各图进行适当的调整，直至效果满意为止。

10 将图层2锁定，然后插入一个新的图层。

11 在新图层的第1帧中创建一个组合，在该组合中对照下方狗的结构图，绘制出狗的身体，如图10-23所示。

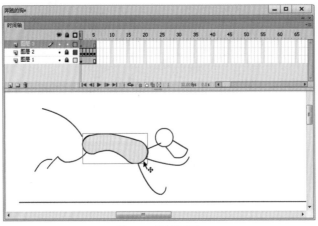

图10-23　绘制狗身体

12 参照上面的绘制方法，在各自单独的组合中依次绘制出狗头、颈子、四肢，如图10-24所示。

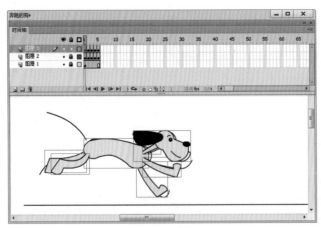

图10-24　绘制狗

13 参照第1帧中狗的编辑方法，在第2帧至第5帧中绘制出狗奔跑的其余形态，如图10-25所示。

图10-25　狗奔跑的逐帧图

14 将图层2隐藏，按下时间轴上的"播放"按钮，查看最后完成的效果是否满意，如果不满意就继续调整至满意。

15 按下时间轴上的"编辑多个帧"按钮，选中图层3中的所有对象并将其平移至舞台的右边，如图10-26所示。

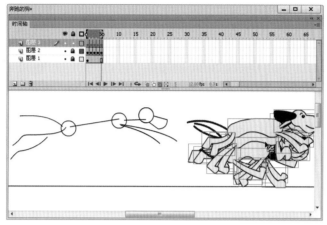

图10-26 移动狗

16 按下"Ctrl+S"键保存文件，按下"Ctrl+Enter"键测试影片，如图10-27所示。

图10-27 测试影片

请打开本书配套光盘 \ 实践案例 \ 第 10 章 \ 奔跑的狗 \ 目录下的"奔跑的狗 .fla"文件，查看本案例的具体设置。

 补间动画

补间动画就是在两个有实体内容的关键帧间建立动画关系后，Flash 将自动在两个关键帧之间补充动画图形来显示变化，从而生成连续变化的动画效果。与逐帧动画的编辑相比，补间动画的制作就简单多了，但补间动画的局限性也比较大，通常只能用于对象的移动、旋转、缩放、属性变化等动画的制作。

10.2.1 创建传统补间

传统补间是指在时间轴的一个图层中，为一个元件创建在两个关键帧之间的位置、大小、角度等变化的动画效果，是 Flash 影片中比较常用的动画类型。在创建传统补间时，用户只需要在舞台中绘制完成图形，然后在时间轴上插入一帧关键帧，移动该帧中的图形，再为第 1 帧创建传统补间，就能得到图形移动的动画效果，如图 10-28 所示。

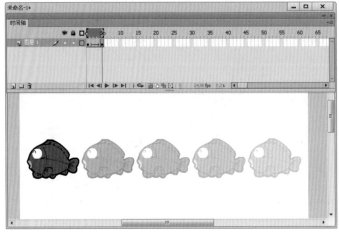

图10-28　传统补间

在 Flash 中创建传统补间时，可以用鼠标框选时间轴中的两个关键帧并按下鼠标右键，在弹出的命令菜单中选择"创建传统补间"命令，即可快速地完成传统补间的创建，如图 10-29 所示。

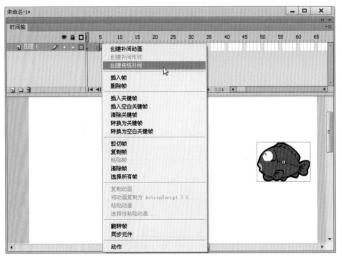

图10-29　创建传统补间

此外，用户还可以在选择要创建动画的关键帧后，执行"插入→时间轴→传统补间"命令，也能为选中的关键帧创建传统补间。

当用户为关键帧添加了传统补间后，"属性"面板中会出现"补间"卷展栏，用户可以对补间的"缓动"、"旋转"等属性进行设置，如图 10-30 所示。

图10-30　"补间"卷展栏

☆缓动：用以设置图形运动时的加速度，可以使图形移动越来越快或越来越慢。当数值为正时图形做减速运动，数值为负时图形做加速运动。按下"编辑缓动"按钮，可以打开"自定义缓入 / 缓出"对话框，如图 10-31 所示。

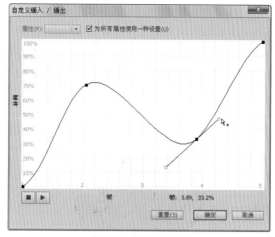

图10-31　调整传统补间

在该对话框中通过调整曲线，可以使图形的移动忽慢忽快，得到一个变速运动的效果，如图 10-32 所示。使用该对话框还可以对图形颜色、旋转、缩放等变化进行调整，从而使变化更加精彩。

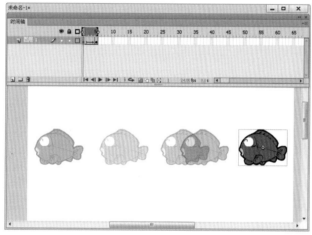

图10-32　调整后的效果

☆旋转：用于定义图形在移动时是否旋转及旋转的方向，当用户选择"顺时针"或"逆时针"时，可以激活后面的旋转次数输入框，在这里可以输入旋转的次数完成图形旋转动画的设置，如图 10-33 所示。

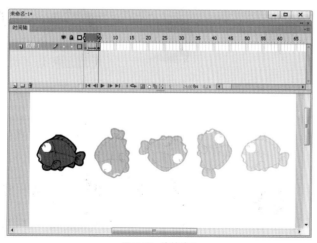

图10-33　旋转效果

当传统补间创建完毕后，按下"F11"键开启元件库面板，可以看见两个图形元件，如图 10-34 所示，它们是 Flash 在直接用图形创建传统补间时自动建立的动画元件，分别代表两个关键帧中的图形。由此可见，传统补间必须是在动画元件之间才可以建立的，如果是为已经绘制好了的元件创建传统补间，则不会产生多余的元件。

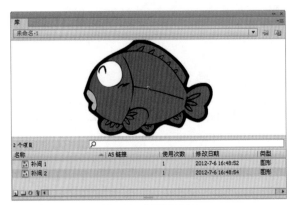

图10-34　此时的元件库

10.2.2　创建补间形状

传统补间主要针对的是同一元件在位置、大小、角度等方面的变化效果，而补间形状则是针对所选两个关键帧中的图形块在形状、色彩等方面发生变化的动画效果。在补间形状中，两个关键帧中的图形内容必须是处于分离状态的矢量图形，如果是图形组合或者影片元件，则补间形状不能被创建。

创建补间形状时，用户可以在帧的右键菜单中执行"补间形状"命令创建，也可以执行"插入→时间轴→补间形状"命令创建。与传统补间不同，补间形状创建完成后会在"属性"面板中将出现一个"混合"选项，用于调整形状变化的混合模式，如图 10-35 所示。

图10-35　创建补间形状

☆分布式：默认的混合方式，关键帧之间的动画形状会比较平滑和不规则，如图 10-36 所示。

图10-36　分布式渐变

☆角形：关键帧之间的动画形状会保留有明显的角和直线，如图 10-37 所示。

图10-37　角形渐变

在形状补间动画的创建过程中，通常会因为图形间形状差异太大，造成生成的补间动画错误。这时用户可以使用"形状提示"功能来对形状的变化进行控制。

01 在场景中创建形状补间动画后，选中第1帧并执行"修改→形状→添加形状提示"命令，就可以在图形上出现一个编号为"a"的红色形状提示点，如图10-38所示。

图10-38　形状提示点

02 在形状补间动画的两个关键帧中，依次将形状提示点拖曳到图形相应的顶点上。当位置正确时，关键帧中的形状提示点将分别变为黄色和绿色，如图10-39所示。

图10-39　调整形状提示点

03 执行"修改→形状→添加形状提示"命令，还可以为形状补间动画设置更多的形状提示点，如图10-40所示。

 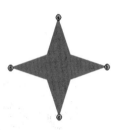

图10-40　添加提示点

10.2.3　创建补间动画

补间动画的作用与传统补间的作用相同，都是用于对元件动画的创建，不同的是补间动画可以支持背骼动画和3D动画的创建，并且用户还可以使用"动画编辑器"面板便捷地对补间动画进行线性调整，因此，可以认为补间动画就是传统补间的升级版本，如图10-41所示。

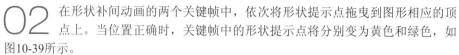

图10-41　"动画编辑器"面板

从上图可以看出"动画编辑器"面板由"属性、值、缓动、关键帧、曲线图、底部播放器"六部分组成。

属性：用于显示可以进行调整的元件属性，用户可以单击属性名称前面的小三角将该属性展开或收缩起来。

☆值：设置各种属性的值。

☆缓动：设置动画的缓动情况，可以通过下方的"缓动"卷展栏对缓动的值进行调整。此外，用户还可以通过"缓动"卷展栏右上角的"添加颜色、滤镜或缓动"按钮➕快速为对象添加不同的缓动效果。

☆关键帧：用于在曲线图中添加、删除、选择关键帧。

☆曲线图：以曲线的形式显示对象的运动情况，并且用户可以对曲线的节点、位置等进行调整。

☆图形大小▤：用于调整各卷展栏中，每个属性栏的高度。

☆扩展图形大小▤：用于调整各卷展栏中，选中属性栏的高度。

☆可查看的帧▥：用于调整曲线图的显示长度。

下面就通过一个综合案例的制作，帮助读者了解传统补间、补间形状、补间动画如何在影片中创建、编辑的方法。

10.2.4 实践案例：行驶的大货车

请打开本书配套光盘\实践案例\第10章\行驶的大货车\目录下的"行驶的大货车.swf"文件，观看本案例的完成效果，如图10-42所示。

图10-42 完成的文件

01 开启Flash CS6进入到开始界面，在开始界面中单击"ActionScript 3.0"文档类型，创建一个新的文档，然后将其保存到本地的文件夹中。

02 在图层1中配合使用各种绘制、编辑工具在舞台中绘制出天空和路面的图形作为影片的背景，如图10-43所示。

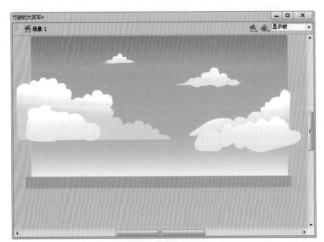

图10-43 绘制影片背景

03 在图层1的第150帧处按下F5键，延长图层的显示帧到第150帧，然后插入一个新的图层。

04 在新图层中绘制一个白色的矩形，并将其移动到舞台的左边，作为路面上的标线，如图10-44所示。

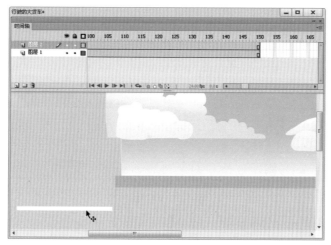

图10-44 绘制矩形

05 按下"F8"键将矩形转换为一个影片剪辑，名称为"路标"，如图10-45所示。

图10-45 创建影片剪辑

06 用鼠标左键双击该影片剪辑，进入该影片剪辑的编辑窗口，在时间轴的第30帧处插入一帧关键帧，然后将第30帧的矩形移动到舞台的右边，如图10-46所示。

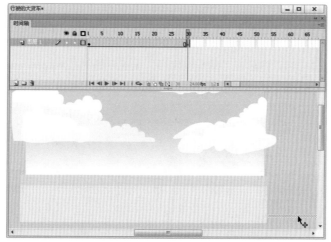

图10-46 编辑元件

07 使用鼠标右键单击第1帧，在弹出的命令菜单中执行"创建补间形状"命令，为矩形创建补间形状动画，这样就得到了矩形从左向右移动的动画效果，如图10-47所示。

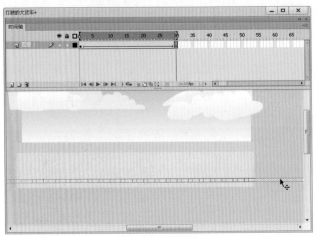

图10-47　创建动画

08 回到主场景中，插入一个新的图层，在该图层中使用"Deoc"工具中的建筑物刷子绘制出一排高楼大厦，并将其转换为一个影片剪辑"楼房"，如图10-48所示。

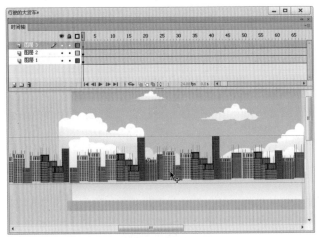

图10-48　创建楼房

09 在图层3的时间轴上单击鼠标右键，在弹出的命令菜单中执行"创建补间动画"命令，为楼房创建补间动画。

10 选中图层3的第150帧，然后在"动画编辑器"面板中将"基本动画"卷展栏中x轴的值修改为350，这样就得到了楼房从左向右移动的动画效果，如图10-49所示。

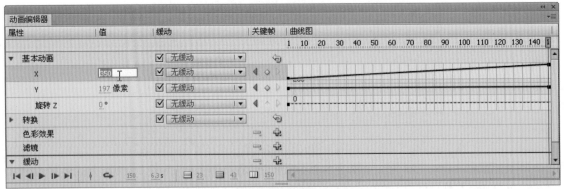

图10-49　编辑动画

11 在图层3的上方再插入一个图层，在该图层中绘制一片草丛的图形，然后将其转换为一个影片剪辑"草丛"，如图10-50所示。

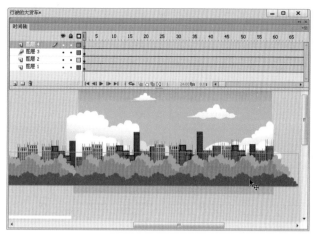

图10-50　编辑草丛

12 在图层4的第150帧处按下"F6"键,插入一帧关键帧,然后将舞台中的影片剪辑"草丛"向右拖曳,如图10-51所示。

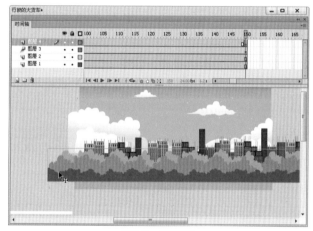

图10-51　编辑草丛

13 右键单击图层4的第1帧,在弹出的命令菜单中选择"创建传统补间"命令,就得到了草丛从左向右移动的动画效果。从这里可以看出,使用传统补间和补间动画,在某些时候可以取得一样的动画效果,因此,这些时候用户可以根据自己的习惯,任意选择创建传统补间还是补间动画。

14 插入一个新图层5,在该图层中配合使用各种绘制、编辑工具在舞台中绘制出一辆大货车的图形,并且将其各组成部分分别组合起来,如图10-52所示。

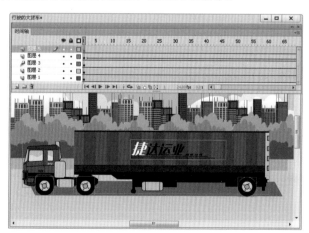

图10-52　绘制大货车

15 选中大货车的1个轮胎并按下"F8"键，将其转换为一个图形元件"停止的轮胎"，如图10-53所示。

16 再次按下"F8"键，将图形元件"停止的轮胎"转换为一个新的影片剪辑，名称为"转动的轮胎"，如图10-54所示。

图10-53 转换为图形元件　　　　　　　　　　　　图10-54 转换为影片剪辑

17 用鼠标左键双击影片剪辑"转动的轮胎"进入其编辑窗口，在第21帧处插入一个关键帧，然后为第1帧创建传统补间 动画。

18 在"属性"面板中将"旋转"设置为逆时针1次，如图10-55所示。

19 在第20帧处插入一个关键帧，然后将第21帧删除，这样就在第1帧至第20帧间得到了轮胎正好逆时针旋转一周的动画，如图10-56所示。

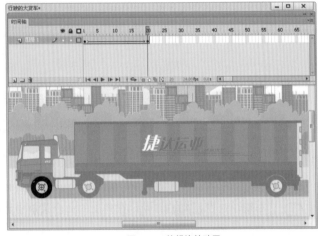

图10-55 设置旋转　　　　　　　　　　　图10-56 编辑旋转动画

20 回到主场景中，删除掉其他的轮胎组合，然后对影片剪辑"转动的轮胎"进行复制，使每个轮胎都能转动，如图10-57所示。

图10-57 复制轮胎

21 这样就使用三种不同的补间动画，编辑完成了一辆大货车向左行驶的动画影片。按下"Ctrl+S"键保存文件，按下"Ctrl+Enter"键测试影片，如图10-58所示。

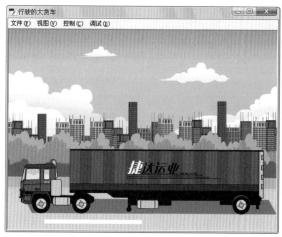

图10-58　测试影片

请打开本书配套光盘 \ 实践案例 \ 第 10 章 \ 行驶的大货车 \ 目录下的"行驶的大货车 .fla"文件，查看本案例的具体设置。

10.3　动画预设

10.3.1　使用预设的动画

在 Flash 中用户还可以使用预设的补间动画快速为对象创建出一些常用的动画效果。单击绘图工作区左边面板栏上的"预设动画"按钮 ，或者执行"窗口→动画预设"命令可以打开"动画预设"面板，如图 10-59 所示。

"动画预设"面板由动画预览框和预设动画列表两部分组成，在下部的预设动画列表中包含了许多已经编辑好的补间动画模板，当用户单击某个预设动画时，动画预览框中就会播放该预设动画的展示效果，选择到合适的预设动画后，只需要单击"动画预设"面板右下脚的"应用"按钮，即可为舞台中的元件添加该动画效果，如图 10-60 所示。

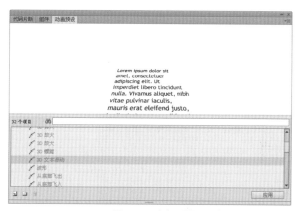

图10-59　"动画预设"面板

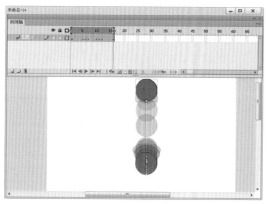

图10-60　添加动画

此外，用户还可以右键单击需要的预设动画，在弹出的命令菜单中选择"在当前位置应用"或"在当前位置结束"命令也可以为对象添加动画效果。

☆在当前位置应用：对象从当前的位置开始变化。

☆在当前位置结束：对象变化至当前的形态。

10.3.2 使用预设的动画

当用户编辑完一个补间动画时，可以选取舞台中的对象，然后按下"动画预设"面板右下角的"将选区另存为预设"按钮 ，打开"将预设另存为"对话框，将编辑完成的补间动画保存，以便以后制作动画时调用，如图 10-61 所示。

图10-61　保存动画

当按下"确定"按钮后，在"动画预设"面板中的"自定义预设"文件夹中就会出现自定义添加的预设动画，如图 10-62 所示。

此外，用户还可以通过"新建文件夹"按钮 在列表中创建新的文件夹，以对自定义的预设动画进行更准确的分类。用户可以使用拖曳的方式将自定义的预设动画移动到不同的文件夹中，如图 10-63 所示。

图10-62　保存动画

图10-63　移动预设动画

对于不再需要的自定义预设动画，用户可以通过"删除项目"按钮 将其从列表中删除。

10.4 编辑遮罩动画

10.4.1 遮罩层动画

在上一章的学习中，我们介绍了遮罩图层的使用方法、原理及能编辑的效果，灵活地使用遮罩图层可以帮助用户制作出许多精彩的动画效果。

☆遮罩层动画：就是在遮罩层中创建动画，通过遮罩层中图形轮廓的变化，使被遮罩层显示出不同的内容，如图 10-64 所示。

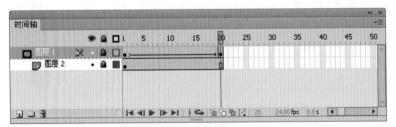

图10-64　遮罩层动画

☆被遮罩层动画：就是在被遮罩层中创建动画，而遮罩层中的内容保持不变，如图 10-65 所示。

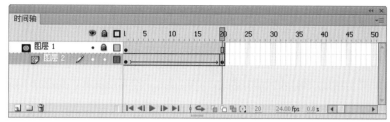

图10-65　被遮罩层动画

☆遮罩多层：就是一个遮罩层对多个图层进行遮罩的动画，如图 10-66 所示。

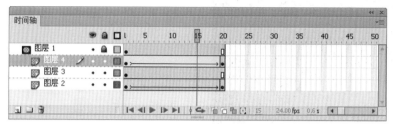

图10-66　遮罩多层动画

此外，用户还可以将上面介绍的几种遮罩动画效果一起使用，以得到更加精彩的动画效果，如图 10-67 所示。

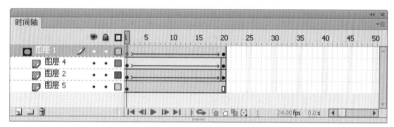

图10-67　综合遮罩动画

10.4.2　实践案例：清明上河图

请打开本书配套光盘＼实践案例＼第 10 章＼清明上河图＼目录下的"清明上河图 .swf"文件，观看本案例的完成效果，如图 10-68 所示。

01 开启Flash CS6进入到开始界面，在开始界面中单击"ActionScript 3.0"文档类型，创建一个新的文档，然后将其保存到本地的文件夹中。

02 在"属性"面板中将舞台的大小修改为长640、宽480，如图10-69所示。

图10-68　完成的文件

图10-69　调整舞台大小

03 在图层1中配合使用矩形工具绘制一个覆盖住舞台的黑色矩形，作为影片的背景。

04 在舞台的左上角使用适当的字体、字号创建一个黄色的静态文本"清明上河图"，如图10-70所示。

05 将图层1的显示帧延长到150帧后并锁定，然后插入一个新的图层，如图10-71所示。

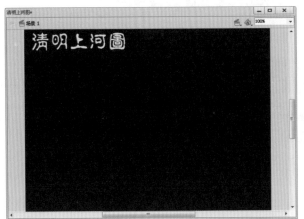

图10-70　绘制影片背景

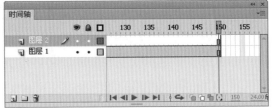

图10-71　插入图层

06 执行"文件→导入→导入库"命令，将本书配套光盘\实践案例\第10章\清明上河图\目录下的所有位图文件导入到元件库中。

07 按下绘图工作区左侧面板栏中的"库"按钮 ，打开"库"面板，将位图元件"P001.JPG"拖曳到新图层中，如图10-72所示。

08 按下"Ctrl+B"键将位图分离，然后使用鼠标框选中卷轴中间的部分并按下"Ctrl+G"键将其组合起来，如图10-73所示。

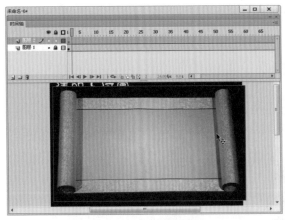

图10-72　拖曳位图到层中

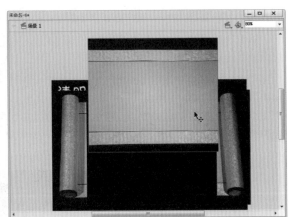

图10-73　编辑位图

F L A S H

　　Flash 的位图编辑功能使用户可以不依靠任何第 3 方软件，就能直接对位图进行需要的编辑，从而消除了软件间切换的繁琐操作，简化了制作工序。但是，如果是很复杂的位图效果处理，建议还是使用专门的位图处理软件，因为这毕竟不是 Flash 的强项，处理起来会相对吃力。

09 使用鼠标左键双击该组合，进入其编辑窗口，然后使用鼠标依次框选中纸张上下多余的黑色部分并将其删除，如图10-74所示。

10 回到主场景中，选取左边的卷轴并将其组合起来。然后进入该组合中，使用"套索工具"下的"多边形模式"，根据卷轴的轮廓依次将其点选，如图10-75所示。

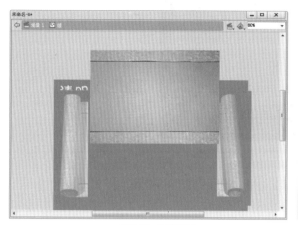

图10-74 编辑位图

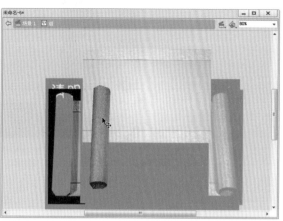

图10-75 选取卷轴

F L A S H 知识与技巧

当选取完成后，用户还可以使用"选择工具"对卷轴的轮廓进行再次的调整，就如同调整矢量图形的轮廓一样，从而得到更加满意的效果。

11 选中多余的部分，按下"Delete"键将其删除，然后会到主场景中，如图10-76所示。

12 参照左卷轴的编辑方法，编辑好右卷轴并将其转换为一个影片剪辑，名称为"卷轴B"，如图10-77所示。

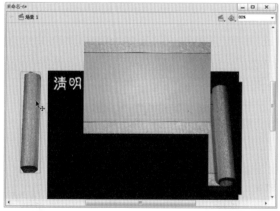

图10-76 选取卷轴

图10-77 编辑右卷轴

13 使用半透明的黑色在左卷轴的下方绘制一个无边框的矩形，作为卷轴的阴影，然后根据卷轴的轮廓对其进行适当的调整，最后将阴影和卷轴转换为一个影片剪辑，名称为"卷轴A"，如图10-78所示。

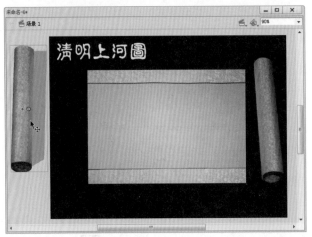

图10-78 编辑右卷轴

14 选中图层2中的所有元素并右键单击这些元素，在弹出的命令菜单中执行"分散到图层"命令，将这些元素分散到各种的图层中，如图10-79所示。

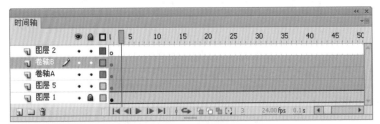

图10-79 分散到图层

15 打开"库"面板，将位图元件"P002.JPG"拖曳到图层5中并调整好其大小位置，如图10-80所示。

16 将图层2拖曳到图层5的上方，然后在该图层中绘制一个矩形，并将其移动至舞台的正中，如图10-81所示。

图10-80 拖曳位图

图10-81 绘制矩形

17 将图层2的第100帧转换为关键帧，然后使用"缩放"工具将该帧中的矩形沿水平方向拉伸，直至覆盖住下方的图形，如图10-82所示。

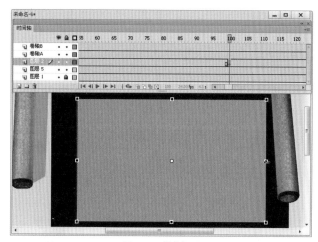

图10-82 拉伸矩形

18 右键单击为图层2的第1帧，在弹出菜单中选择"创建补间形状"命令，为其创建补间形状，这样就得到了矩形慢慢展开的动画效果。

19 右键单击图层2，在弹出菜单中选择"遮罩层"命令，将其转换为遮罩图层，这时就可以在舞台中观察遮罩效果的动画了，如图10-83所示。

图10-83 创建遮罩层

20 选中影片剪辑"卷轴A"并将其移动到舞台的中央，如图10-84所示。

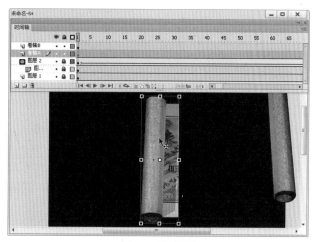

图10-84 移动元件

21 在图层"卷轴A"的第100帧处按下"F6"键，插入一帧关键帧，然后将该帧中的影片剪辑"卷轴A"移动到舞台的左端，如图10-85所示。

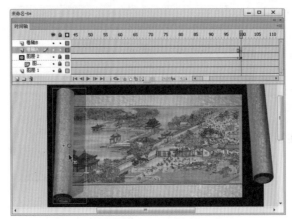

图10-85　移动元件

22 右键单击为图层"卷轴A"的第1帧，在弹出菜单中选择"创建传统补间"命令，为其创建传统补间，这样就得到了清明上河图随左卷轴展开的动画效果。

23 参照左边卷轴动画的编辑方法，编辑出右边卷轴卷起的动画，如图10-86所示。

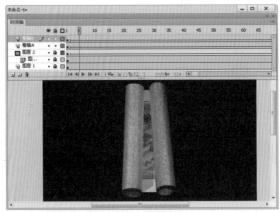

图10-86　编辑右卷轴

24 按下"Ctrl+S"键保存文件，按下"Ctrl+Enter"键测试影片，如图10-87所示。

图10-87　测试影片

从上面的这个案例中可以看出，灵活使用遮罩图层并结合各种不同的动画类型，就能编辑出十分真实、精彩的动画效果。请打开本书配套光盘\实践案例\第10章\清明上河图\目录下的"清明上河图.fla"文件，查看本案例的具体设置。

10.5 编辑引导动画

10.5.1 创建引导动画

引导动画也可以分为"单层引导动画"和"多层引导动画"两种。

☆单层引导动画：就是一个引导图层的引导层级内只有一个图层，如图10-88所示。

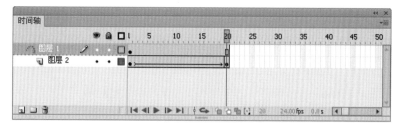

图10-88 单层引导动画

☆多层引导动画：就是一个引导图层的引导层级内包含了多个被引导图层，如图10-89所示。

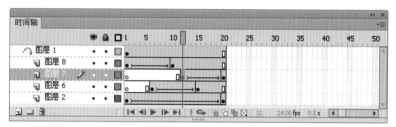

图10-89 多层引导动画

在引导层的使用中要注意，引导层中的线段通常只能是一段连续的线段，而且线段必须要有明确的起点和终点。同时，在一个影片中可以包含多个不同的引导图层，它们之间不会出现相互的干扰，如图10-90所示。

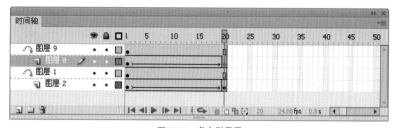

图10-90 多个引导层

10.5.2 实践案例：毛毛虫

请打开本书配套光盘\实践案例\第10章\毛毛虫\目录下的"毛毛虫.swf"文件，观看本案例的完成效果，如图10-91。

01 开启Flash CS6进入到开始界面，在开始界面中单击"ActionScript 3.0"文档类型，创建一个新的文档，然后将其保存到本地的文件夹中。

02 在"属性"面板中将舞台的大小修改为长640、宽480，如图10-92所示。

图10-91 完成的文件

图10-92 调整舞台大小

03 执行"文件→导入→导入到舞台"命令，将本书配套光盘\实践案例\第10章\毛毛虫\目录下的位图文件导入到舞台，并调整好其大小和位置，将其作为影片的背景，如图10-93所示。

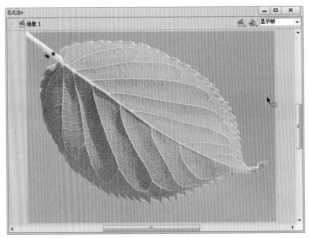

图10-93 导入背景

04 延长图层1的显示帧到第300帧，然后插入一个新的图层，如图10-94所示。

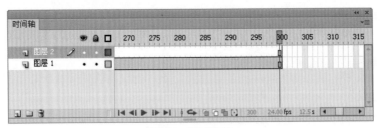

图10-94 插入新图层

05 在图层2中根据下方树叶的轮廓绘制出一条曲线，然后执行"修改→形状→平滑"命令，使其更加平滑，如图10-95所示。

06 在图层1与图层2直接插入一个图层，在该图层中绘制出一个简单的毛毛虫头部，如图10-96所示。

图10-95 编辑引导线

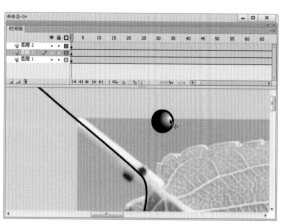

图10-96 编辑引导线

07 将毛毛虫的头转换为一个影片剪辑"虫头",然后将其中心点与线条对齐,如图10-97所示。

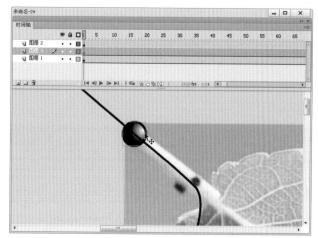

图10-97 移动元件

　　在编辑引导动画时,用户可以执行"窗口→工具栏→主工具栏"命令开启主工具栏,然后按下其中的"紧贴至对象"按钮,这样在移动对象时,对象就会自动吸附到引导线上。

08 将图层2转换为引导层,然后将图层3拖曳到其引导层级内,如图10-98所示。

图10-98 创建引导层

09 将图层3的第300帧转换为关键帧,然后将该帧中的影片剪辑"虫头"移动到引导线的末端,如图10-99所示。

10 为第1帧创建传统补间,并勾选"属性"面板中的"调整到路径"选项,如图10-100所示。

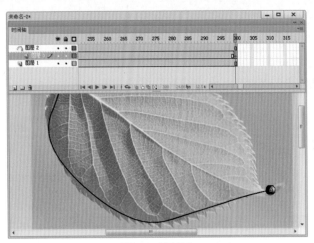

图10-99　移动元件

图10-100　编辑动画

"调整到路径"选项用于设置引导对象是否根据引导线的走向而自动变换角度，当勾选该选项时，移动对象的角度会改变，反之，元件则始终朝向一个方向不变。

11 通过上面的编辑就完成了毛毛虫的头沿引导线运动的动画，下面就开始身体动画的编辑。插入一个新的图层，然后将其拖曳到图层3下方，如图10-101所示。

图10-101　插入图层

12 在该图层中配合使用各种绘制、编辑工具在舞台中绘制出毛毛虫的一段身体，然后将其转换为一个影片剪辑"虫身"，如图10-102所示。

13 用鼠标左键双击该元件进入其编辑窗口，延长图层的显示帧到第4帧，然后将第3帧转换为关键帧，如图10-103所示。

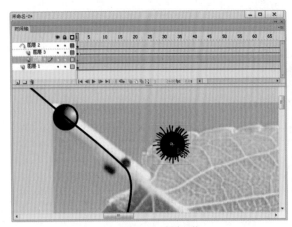

图10-102　创建元件

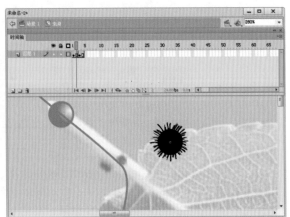

图10-103　编辑元件

14 使用"任意变形工具"将第3帧的图形沿水平方向稍稍压缩，这样在影片中就得到毛毛虫蠕动身体的动画效果了，如图1-104所示。

图10-104 调整图形

15 回到主场景中，将影片剪辑"虫身"移动至影片剪辑"虫头"的后方，如图10-105所示。

16 将图层4的第300帧转换为关键帧，然后将该帧中的影片剪辑"虫身"移动到引导线的末端影片剪辑"虫身"的后面，如图10-106所示。

图10-105 移动元件

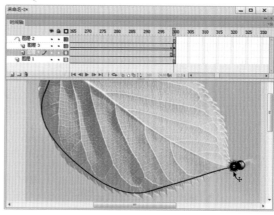

图10-106 移动元件

17 为该图层的第1帧创建传统补间，并勾选"属性"面板中的"调整到路径"选项。

18 参照第1段身体的编辑方法，编辑毛毛虫其他身体，设置成依次沿引导线运动的传统补间动画，如图10-107所示。

19 按下"Ctrl+S"键保存文件，按下"Ctrl+Enter"键测试影片，如图10-108所示。

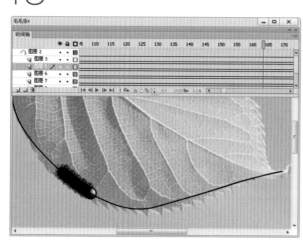

图10-107 编辑动画

图10-108 测试影片

请打开本书配套光盘\实践案例\第10章\毛毛虫\目录下的"毛毛虫.fla"文件，查看本案例的具体设置。

脚本编程与互动应用篇

第11章
影片元件的编辑

　　制作一部 Flash 动画影片，就好比拍摄一部电影。演员什么时候上场、使用什么道具、场景怎么布置等，都需要导演统一调度。因此，一个好的电影导演要对影片中的组成元素很清楚、全面的了解。同样，要完成一部 Flash 动画影片的制作，也需要对影片中的所有元素建立有效的管理机制，才能很好地完成对各个元素的动画创建和编排。

F L A S H

11.1 元件的创建

Flash 动画影片中的元件，是如同电影中角色、道具一样，是有着独立身份的元素，它是 Flash 动画影片的构成主体。在 Flash 动画影片中，根据内容特性和用途的不同，分为三种行为类型的元件：图形元件、按钮元件和影片剪辑。

在 Flash 动画影片中，一个元件可以被多次使用在影片的不同位置，可以是场景中，也可以是其他元件中。各个元件之间可以相互嵌套，不论元件的行为类型如何，都可以以一个独立的部分存在于另一个元件中，使制作的 Flash 动画影片有更丰富的变化。

在 Flash 动画影片的制作工作中，用户可以使用多种不同的方法创建元件。

☆执行"插入→新建元件"命令（快捷键为"Ctrl+F8"），开启"创建新元件"对话框，如图 11-1 所示。输入元件名称并选择需要创建的元件类型，按下"确定"按钮就可以创建新元件并进入该元件的编辑窗口中。

☆执行"窗口→库"命令（快捷键为"F11"或"Ctrl+L"），开启 Flash 的元件库面板，如图 11-2 所示。按下库面板左下角的"新建元件"按钮，可以开启"创建新元件"对话框，开始新元件的创建。

图11-1　创建新元件

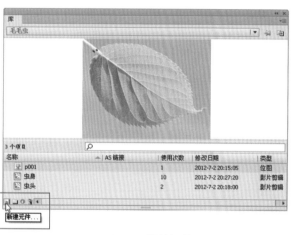

图11-2　创建新元件

☆在电影的编辑过程中，用户可以直接选中绘制完成的图形，执行"修改→转换为元件"命令（快捷键为 F8），即可在弹出的"转换为元件"对话框中将图形转换为一个新元件。或者，用户可以将图形拖曳到库面板中，即可弹出"转换为元件"对话框，将图形转换为元件，如图 11-3 所示。

"创建新元件"对话框与"转换为元件"对话框中的内容是相同的，在创建元件时，用户不仅可以通过它们对元件的类型、注册点、元件库中的位置进行设置，还能展开"高级"设置栏，对元件进行更详细的设置，如图 11-4 所示。

图11-3　转换为元件

图11-4　高级设置

11.1.1 图形元件

　　图形元件是 Flash 动画影片中最基本的组成元件，主要用于建立和储存独立的图形内容或动画内容，如图 11-5 所示。当图形元件中包含动画内容时，图形元件里的时间轴将与主时间轴同步运行。所有动作代码对图形元件都不发生作用，而图形元件中也不能添加声音文件，否则声音将不会被播放。

图11-5　图形元件的内部

11.1.2 创建影片剪辑元件

　　影片剪辑主要用于创建具有一段独立的动画片段，如图 11-6 所示。与图形元件不同，影片剪辑拥有自己独立于主时间轴的时间轴，使影片剪辑中的动画内容可以与主时间的播放不同步，如当影片停止时，影片剪辑可以继续播放。影片剪辑是 Flash 动画影片中最常用的元件类型。在影片剪辑中，可以包含各种动作代码、声音事件等，并且影片剪辑还可以被动作代码控制，这些特性使其可以大量运用于互动程序的编辑中。

　　在 Flash 中，还为影片剪辑元件新增了滤镜和混合功能，可以方便地为影片剪辑添加一些特殊效果，提高画面质量。

图11-6　影片剪辑的内部

11.1.3 按钮元件

　　按钮元件是 Flash 影片中创建互动功能的重要组成部分，使用按钮元件可以在影片中响应鼠标单击、滑过或其他动作，然后将响应的事件结果传递给互动程序进行处理。按钮元件由四个关键帧组成，如图 11-7 所示。

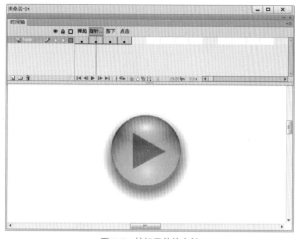

图11-7 按钮元件的内部

☆弹起：该帧中的图形是按钮在正常状态时显示的内容。

☆指针经过：该帧中的图形是鼠标经过按钮，但没有按下时显示的内容。

☆按下：该帧中的图形是鼠标按下时显示的内容。

☆单击：该帧中的图形是鼠标的响应区域，可以是前面三帧中的图形，也可以另外绘制其他的图形，该帧中的内容将不在输出的影片中显示，如图11-8 所示。

弹起　　　　　　　　　　　　指针经过　　　　　　　　　　　　按下

图11-8 按钮元件

按钮元件在使用时，必须配合动作代码才能响应事件的结果。用户还可以在按钮元件中嵌入影片剪辑、声音等元素，从而编辑出变换多端的动态按钮。

11.1.4 元件间的转换

在 Flash 动画影片的编辑过程中，用户可以方便地根据制作需要，使用"属性"面板对舞台中的元件进行类型转换，使之成为制作需要的元件。例如，可以将图形元件转换成影片剪辑，使之具有影片剪辑元件的属性，如图 11-9 所示。

图11-9 转换单个元件类型

使用这种方法只能对当前选中元件的类型进行转换，而不会改变舞台中其他同名元件的类型及元件库中该元件的类型。要修改元件库中元件的类型，可以按下"F11"键开启元件库，在元件列表中选择要转换的元件并按下鼠标右键，在弹出的命令菜单中展开"属性"菜单，打开"元件属性"对话框，即可对元件的类型进行修改。当修改完成后，再从元件库中拖曳出的元件就将以新的类型出现在舞台中。

11.1.5 实践案例：鼠标特效

通过上面的介绍，相信读者对各种元件有了一个大概的认识，下面就通过一个鼠标特效的案例，帮助读者更深一步了解元件的相关知识，掌握如何在影片中配合使用各种元件制作出精彩的效果。请打开本书配套光盘 \ 实践案例 \ 第 11 章 \ 鼠标特效 \ 目录下的"鼠标特效 .swf"文件，观看本案例的完成效果。这是一个类似擦玻璃的效果，鼠标经过的地方图形就会慢慢变清楚，如图11-10所示。

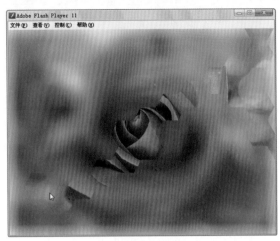

图11-10 完成的文件

01 开启Flash CS6进入到开始界面，在开始界面中点击"ActionScript 2.0"文档类型，创建一个新的文档，然后将其保存到本地的文件夹中。

02 在"属性"面板中将舞台的大小修改为长640、宽480，如图11-11所示。

03 执行"文件→导入→导入到舞台"命令，将本书配套光盘\实践案例\第11章\鼠标特效\目录下的位图文件导入到舞台，并调整好其大小和位置，将其作为影片的背景，如图11-12所示。

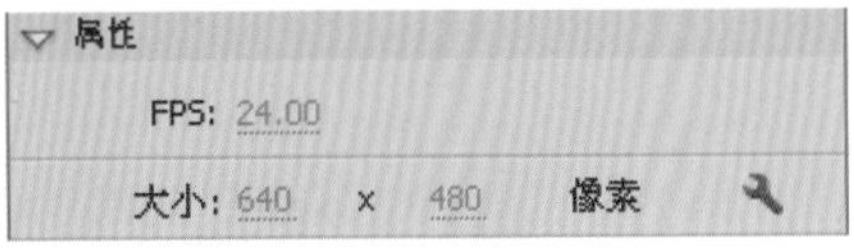

图11-12 导入背景

图11-11 调整舞台大小

04 选中位图将其转换为一个影片剪辑"模糊图"，如图11-13所示。

图11-13 创建影片剪辑

05 通过"属性"面板为影片剪辑添加一个模糊的滤镜效果，分别设置模糊XY为50，如图11-14所示。

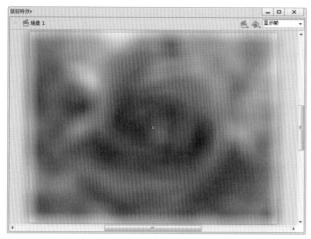

图11-14　添加模糊效果

06 插入一个新的图层，从元件库中将位图"p001.jpg"拖曳到新图层中并调整好其位置和大小，如图11-15所示。

图11-15　编辑新图层

07 在所有图层的顶部插入一个新的图层，在该图层中使用"多角星形工具"绘制一个正六边形，然后将其转换为一个图形元件"六边形"，如图11-16所示。

图11-16　创建图形元件

FLASH 知识与技巧

在这里因为只需要一个元件用于保存六边形的图形和创建动画，因此这里选择创建图形元件即可满足上述的制造要求。

08 按下“F8”键将该图形元件再转换为一个影片剪辑，另称为“六边形动画”，如图11-17所示。

09 用鼠标左键双击影片剪辑“六边形动画”进入其编辑窗口，将第2帧转换为关键帧，如图11-18所示。

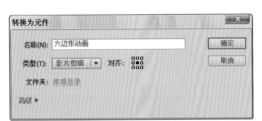

图11-17 创建影片剪辑

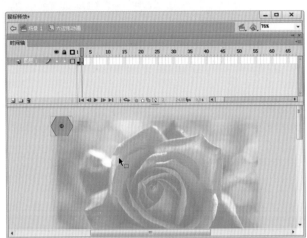

图11-18 编辑影片剪辑

FLASH 知识与技巧

在这里因为需要为元件中编辑动画和添加动作代码，因此只有选择创建影片剪辑可以满足这两点制造要求。

10 选中第1帧里的图形元件“六边形”并按下“F8”键，将其转换为一个按钮元件“六边形按钮”，如图11-19所示。

11 用鼠标左键双击按钮元件“六边形按钮”进入其编辑窗口，将第1帧直接拖曳到第4帧上，如图11-20所示。

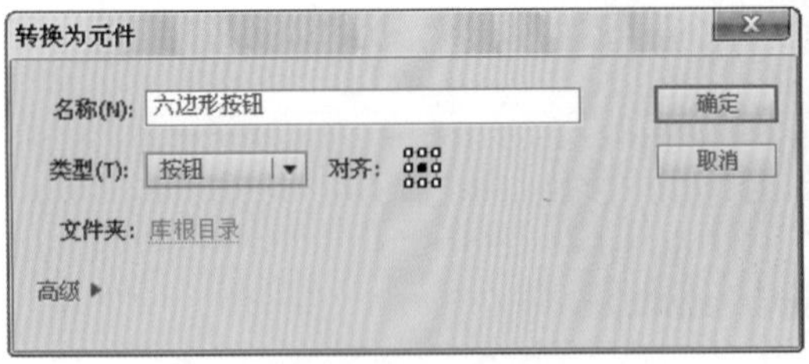

图11-19 转换为按钮

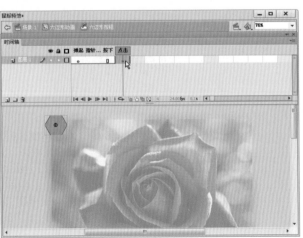

图11-20 编辑按钮

从上图可以看出，这个按钮元件的弹起、指针经过、按下三帧为空白帧，只有单击帧中有一个图形元件作为按钮的响应区域，这样该按钮在完成的影片中将不可见，但确能发生作用，从而成为一个隐形按钮。

12 单击舞台左上角的"六边形动画"图标，回到影片剪辑"六边形动画"的编辑窗口，然后依次将第25、105、125帧转换为关键帧，如图11-21所示。

图11-21 插入关键帧

13 将第2、125帧中的影片剪辑"六边形动画"的比例修改为10%，然后分别为第2、105帧创建传统补间动画，这样就得到了六边形放大出现后，再缩小的动画效果，如图11-22所示。

14 选中第2帧，在"属性"面板中修改动画的旋转为"顺时针"3次，如图11-23所示。

图11-22 创建动画

图11-23 修改旋转

15 参照上面的方法，为第105帧添加旋转的动画效果。

16 选中第1帧，为其添加停止的动作代码。

```
Stop();
// 影片剪辑"六边形动画"停止播放。
```

17 为按钮元件"六边形按钮"添加播放的动作代码。

```
on (rollOver) {
    play();
}
// 影片剪辑"六边形动画"开始播放。
```

18 回到主场景中，对影片剪辑"六边形动画"进行复制，使其覆盖住整个舞台，如图11-24所示。

19 选中所有的影片剪辑"六边形动画"并按下"F8"键，将它们转换为一个新的影片剪辑，名称为"遮罩"，如图11-25所示。

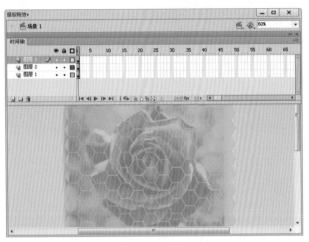

图11-24　复制元件

图11-25　创建影片剪辑

20 将图层3转换为遮罩层，图层2转换为被遮罩层，如图11-26所示。

21 按下"Ctrl+S"键保存文件，按下"Ctrl+Enter"键测试影片，如图11-27所示。

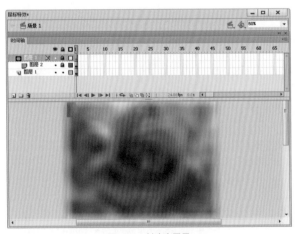

图11-26　创建遮罩层

图11-27　测试影片

本案例是通过按钮元件控制影片剪辑播放，然后结合遮罩层效果编辑得到。可以发现在 Flash 中灵活使用一些简单的动画效果，也可以编辑出很好的影片。请打开本书配套光盘＼实践案例＼第 11 章＼鼠标特效\目录下的"鼠标特效 .fla"文件，查看本案例的具体设置。

 11.2 在"库"面板中管理元件

元件库是在 Flash 中管理所有独立元素的重要面板，用于储存、管理、查看、调用各种元件，还可以完成元件的创建、编辑、修改、删除等操作，如图 11-28 所示。

图11-28　元件库

11.2.1　元件的基本操作

从上图中可以看出"库"面板分为预览区域和元件列表两大部分，预览区域中将展示用户在元件列表中选取的元件内容。用户还可以右击预览区域，在弹出的命令菜单中设定预览区域的背景显示情况：

☆影片背景：以影片的背景色作为预览区域的背景。该选项是 Flash 的默认选项。

☆白色背景：无论影片是那种背景色，预览区域只显示白色背景。

☆显示网格：在预览区域中显示网格背景。

用户可以通过面板顶部的"库"列表选择打开当前编辑中 FLA 文件的元件库。预览区的下方显示了当前影片中一共包含了多少个项目，并可以通过输入名称快速在元件库中查找该元件。

在元件列表中，用户可以通过点击"名称、AS链接、使用次数、修改日期、类型"标签，快速调整列表中元件的排列顺序，从而快速查找需要的元件。

当选中声音元件或包含动画内容的影片剪辑时，预览区域的右上角会出现一个播放控制按钮组，方便用户对声音或动画进行预览，如图 11-29 所示。

图11-29　预览动画

当用户选中需要的元件后，只需要按住鼠标并拖曳至绘图工作区，然后释放鼠标，即可将该元件添加到影片中，这时该元件的使用次数也会增加 1 次。

11.2.2 元件的复制

在元件库中选中需要复制的元件并按下鼠标右键，在弹出的命令菜单中选择"直接复制"命令，即可开启"直接复制元件"对话框，在该对话框中就可以完成新元件的设置，如图 11-30 所示。

图11-30　复制元件

通过对元件库中的元件直接进行复制，可以快捷地得到一个新的元件，对该元件进行编辑，可以在原来的图形基础上很快地编辑出新的图形。

在制作时还会遇见将一个 FLA 文件中的元件复制到另一个 FLA 文件中的情况，这时用户可以选中元件并单击鼠标右键，在弹出的命令菜单中选择"复制"命令，然后将"库"面板切换至目标 FLA 文件的元件库，最后右键单击元件列表，在弹出的命令菜单执行"粘贴"命令，即可将元件粘贴到另一个元件库中。

11.2.3 元件的删除

在日常的制作中，用户常会删除掉舞台中的元件，但删除舞台中的元件，元件库中的元件依然存在，不会被删除，用户还需要在元件库中将其删除，才能将该元件从 FLA 文件中彻底删除。打开"库"面板并选中多余的元件，再按下鼠标右键，从弹出命令菜单中选择"删除"命令，或按下"库"面板下边的"删除"按钮，即可将选中的元件删除，如图 11-31 所示。

图11-31　删除元件

对元件库中多余的元件进行删除，可以有效地减小 Flash 制作文件和播放文件的体积。当影片制作完成后，按下元件库右上角的"下拉"按钮，在弹出的命令菜单中选择"选择未用项目"命令可以选中多余的元件，然后进行删除。如果错误地删除了有用的元件，还可以通过"编辑→撤消"命令或历史面板对其进行恢复。

11.2.4　设置元件属性

在"库"面板中选择一个元件后,按下面板下边的"属性"按钮 ,或在右键菜单中选择"属性"命令,即可开启该元件在 Flash 中相应的的属性窗口,通过这些属性面板,用户可以方便地对元素进行更新、导入等编辑操作,如图 11-32 所示。

图11-32　各种"属性"面板

11.2.5　创建文件文件夹

在大型的 Flash 制作过程中,通常会使用许多不同类型的动画元件,为了提高工作效率,避免不必要的麻烦,用户可以对元件库中的各类元件进行分类管理。

单击元件"库"面板下方的"新建文件夹"按钮 ,即可快速在"库"面板中创建一个元件文件夹,输入元件文件夹的名称,然后使用鼠标将相应的元件拖曳到该文件夹中,这样就可以使元件库中的元件井然有序,便于以后的调用、编辑,如图 11-33 所示。

此外,用户还可以在创建、转换元件时,在面板中的"文件夹"选项中直接设置新元件放置于元件库中的位置,如图 11-34 所示。

图11-33　管理元件

图11-34　创建新元件

11.3 打开其他文档的库资源

　　随着 Flash 制作的复杂化，一个大型的 Flash 影片往往需要多人合作完成。当他们处于不同地域的时候，Flash 的共享库功能，可以帮助他们实现对彼此元件库中的资源共享，从而协同完成影片的制作工作。

11.3.1　运行时共享库

　　按下元件库右上角的"下拉"按钮，在弹出的命令菜单中选择"运行时共享库 URL"命令，打开"运行时共享库"面板，在输入栏中输入共享库所在的网址，如图 11-35 所示。按下"确认"按钮，再将 Flash 制作源文件上传到该网址，就可以实现该文件元件库的网络共享。

图11-35　共享资源库

　　用户还可以在"元件属性"面板中，逐个对元件进行相关的共享设置。

11.3.2　创作时共享

　　在新建元件时，按下高级"创建新元件"对话框中的"源文件"按钮，可以打开选中的 FLA 文件并开启"选择元件"面板从中选择共享的元件，如图 11-36 所示。

图11-36　管理元件

　　当选中需要的元件后，按下"确定"按钮，该元件就将以一个新元件的形式出现在当前 FLA 文件的元件库中。

11.3.3　调用其他影片的库元件

　　每个 Flash 制作文件都有自己独立的元件库，但用户可以通过"文件→导入→打开外部库"命令直接打开其他文件的元件库，而不需要打开其制作文件。"外部库"打开后，用户就可以将其中的元件拖曳到当前的制作文件中，如图 11-37 所示。

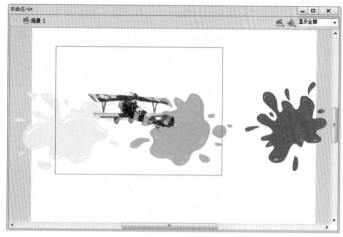

图11-37 外部库中的位图

11.4 编辑元件的色彩样式

在进行影片编辑的过程中，用户可以通过属性面板修改元件的颜色，使元件表现为不同的色彩，运用于影片的不同地方，从而节约制作时间，减小了文件大小。例如，绘制好一个楼房图形后，将其色调改为深蓝色后，就可以得到一个夜幕下的楼房图形。

11.4.1 修改元件的颜色

要修改元件的颜色，可以通过"属性"面板中"色彩效果"卷展栏的"样式"下拉菜单，选择要修改的颜色项目，如图 11-38 所示。

☆亮度：调节元件的相对亮度或暗度，度量范围为从黑（-100%）到白（100%）。

☆色调：定义元件所表现出的色相。

☆ Alpha：调节实例的透明度，从透明（0%）到完全饱和（100%）。

☆高级：选择该选项，可以分别调节元件红、绿、蓝和透明度的值，如图 11-39 所示。对于在诸如位图这样的对象上创建和制作具有微妙色彩效果的动画时，该选项非常有用。

图11-38 选择色彩样式

图11-39 "高级"对话框

在前面的章节中，还介绍了"滤镜"效果和"混合"效果，实际制作时，巧妙的配合运用这些效果可以得到意想不到的画面。

11.4.2 实践案例：霓虹灯

请打开本书配套光盘\实践案例\第11章\霓虹灯\目录下的"霓虹灯.swf"文件，观看本案例的完成效果，如图 11-40 所示。

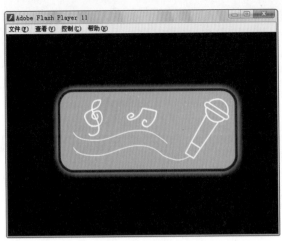

图11-40　完成的文件

01 开启Flash CS6进入到开始界面，在开始界面中单击"ActionScript 3.0"文档类型，创建一个新的文档，然后将其保存到本地的文件夹中。

02 在绘图工作区中绘制一个覆盖住舞台的黑色矩形作为影片的背景，然后将图层的显示帧延长到第70帧，如图11-41所示。

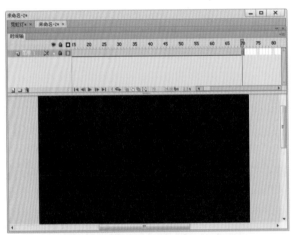

图11-41　绘制背景

03 插入一个新的图层，在该图层中绘制出一个白色的圆角矩形，然后将其转换为一个影片剪辑"底板"，如图11-42所示。

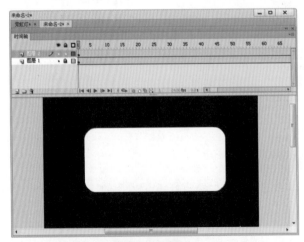

图11-42　创建元件

04 在"属性"面板中为其添加一个"发光"的滤镜效果，设置模糊XY为30，强度为180%，颜色为白色，如图11-43所示。

05 在"属性"面板中"色彩效果"卷展栏的"样式"下拉菜单中选择"色调"，然后将影片剪辑"底板"的色调调整为翠绿色，如图11-44所示。

图11-43　添加滤镜　　　　　　　　　　　图11-44　修改色调

06 依次将图层2的第10、20、30、40、50、60、70帧转换为关键帧，然后参照上面的方法，依次将第10、20、30、40、50、60帧中影片剪辑的色调修改为蓝、橙、绿、黄、青、红，如图11-45所示。

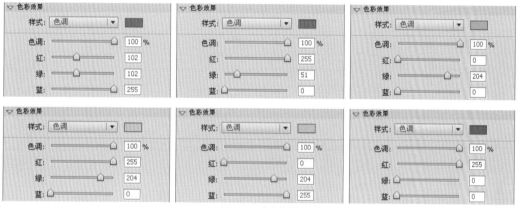

图11-45　修改色调

07 框选中图层2中所有的关键帧，然后单击鼠标右键，在弹出的命令菜单中选择"创建传统补间"命令，为它们创建补间动画，就得到了底板颜色不停变化的动画效果，如图11-46所示。

08 锁定所有图层，然后插入一个新的图层，在该图层中绘制一个红色的圆角矩形线框，并调整好其大小、位置，如图11-47所示。

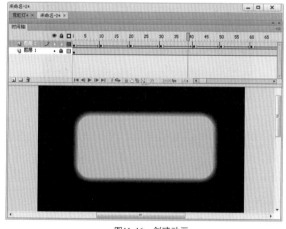

图11-46　创建动画

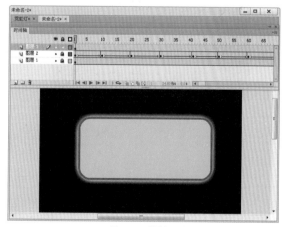

图11-47　绘制图形

09 将其转换为一个影片剪辑"边框"，然后将该图层的第20、40、70帧转换为关键帧，如图11-48所示。

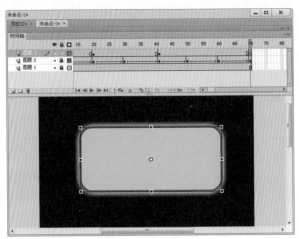

图11-48　插入关键帧

10 将第20帧中影片剪辑的"亮度"修改为100，第40帧中影片剪辑的"亮度"修改为-100，如图11-49所示。

图11-49　调整亮度

11 为该图层创建传统补间动画，就得到了边框闪烁的动画效果。

12 在所有图层的顶端插入一个新的图层，在该图层中选择适当的字体创建静态文本"皇城KTV"，如图11-50所示。

13 选中文本并按下"F8"键，将其转换为影片剪辑，名称为"名称"，然后将其所在图层的第25、35、60、70帧转换为关键帧，如图11-51所示。

图11-50　创建文本

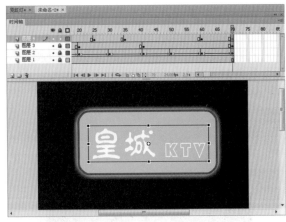

图11-51　插入关键帧

14 分别将第35、60帧中影片剪辑"名称"的Alpha值修改为0，如图11-52所示。

图11-52　调整透明度

15 依次为第25、60帧创建传统补间动画，就得到了文字渐渐消失又渐渐出现的动画效果，如图11-53所示。

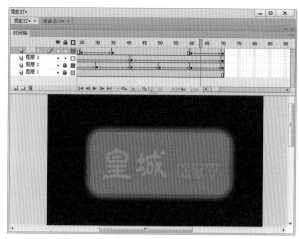

图11-53　创建动画

16 在一个新的图层中绘制出话筒和音符的图案，然后将其转换为一个影片剪辑，名称为"图案"，再将该图层的第25、35、60、70帧转换为关键帧，如图11-54所示。

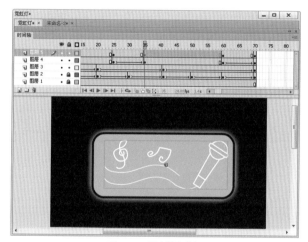

图11-54　创建影片剪辑

17 分别将第25、70帧中影片剪辑"图案"的Alpha值修改为0，然后依次为第25、60帧创建传统补间动画，就得到了图案渐渐消失又渐渐出现的动画效果，如图11-55所示。

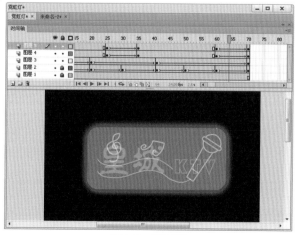

图11-55　创建动画

18 按下"Ctrl+S"键保存文件，按下"Ctrl+Enter"键测试影片，如图11-56所示。

图11-56 测试影片

请打开本书配套光盘\实践案例\第11章\霓虹灯\目录下的"霓虹灯.fla"文件，查看本案例的具体设置。

第12章

制作行为交互式动画

　　Flash 中的 Action Script 动作脚本有着十分强大编辑功能，可以实现很多复杂的互动程序编辑。但是如果你并不是一个专业的编程人员，面对这么大一堆的动作代码，想必会无从入手、头疼不已。体贴周到的 Flash 也为不同层次的用户考虑到了这一点，从 Flash MX 2004 开始"行为"功能便出现在 Flash 中，为广大初级用户进行互动编辑提供了一条便捷之路。

F L A S H

12.1 "行为"面板的应用

　　Flash 中的行为命令，其实就是整合了一段具有特定互动控制功能的 Action Script 动作脚本，以一个单独命令的形式，存放于"行为"面板中。使用行为命令，可以帮助你在不输入任何 Action Script 动作脚本的情况下，只使用很少几个简单的步骤就可以得到专业的编程代码和效果。

12.1.1 "行为"的添加

　　执行"窗口→行为"命令（快捷键为"Shift+F3"）开启行为面板，行为面板由顶部的行为添加栏和下方的行为列表栏组成。当选中对象时，行为添加栏中就会出现选中的对象，按下面板左上角的"添加行为"按钮，就可以通过弹出的菜单为对象添加行为命令。在 Flash 的行为面板中，包括了 6 类共 20 个行为命令，如图 12-1 所示。

 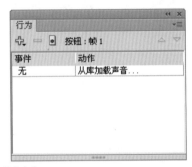

图12-1　添加行为命令

　　当完成添加行为命令的操作后，在行为面板的行为列表栏中就出现了一条行为命令。如果此时选中对象为按钮元件或影片剪辑，可以用鼠标单击行为命令对应的"事件"栏，在下拉菜单中选择事件的触发种类，如图 12-2 所示。

　　事件的触发种类，包括以下几种。

　　☆外部释放时：当鼠标按下按钮并在按钮以外区域松开时触发。

　　☆拖离时：当鼠标在拖曳状态下从按钮上移出时触发。

　　☆拖过时：当鼠标在拖曳状态下移动到按钮上时触发。

　　☆按下时：当鼠标按下按钮时触发。

　　☆按键时：当键盘上某个有效键被按下时触发。

　　☆移入时：当鼠标移动到按钮上时触发。

　　☆移出时：当鼠标从按钮上移出时触发。

　　☆释放时：当鼠标按下后松开按钮时触发。

图12-2　选择触发种类

12.1.2 "行为"的编辑

　　使用鼠标左键双击行为命令对应的"动作"栏，可以弹出该行为命令对应的编辑对话框，在对话框中可以完成对该行为命令路径、实例名等属性的编辑，如图 12-3 所示。

　　在执行为对象添加的行为命令时，Flash 将根据其被添加行为在行为面板的上下位置顺序依次执行。当在一个对象上添加了多个行为命令时，可以通过面板右上角的"上移"按钮、"下移"按钮 调整它们的相对位置，使其排列顺序更加合理，如图 12-4 所示。

图12-3　编辑行为命令

图12-4 调整行为命令的顺序

12.1.3 "行为"的删除

在行为命令添加错误时，用户可以在行为列表栏中选择该行为命令，然后按下面板左上角的"删除行为"按钮 ，删除掉该条行为命令，如图 12-5 所示。

图12-5 删除行为命令

在了解行为面板的使用方法以后，先来对 Flash 中各个行为命令的用途及使用方法进行一个简单的了解，然后再通过学习一个应用多种行为命令制作的互动影片实例，来帮助读者完成对行为命令的练习和掌握。

12.2 "行为"的应用

尽管 Flash 中的行为命令相当有限，但还是包含了一些最基本的互动、网络应用命令，用行为命令制作一些简单的程序还是绰绰有余的。下面就来了解下 Flash 的各条行为命令。

12.2.1 Web行为的应用

选中需要添加行为命令的对象，在行为面板中按下"添加行为"按钮，在弹出的命令菜单中选择"Web→转到Web 页"行为命令，为对象添加行为命令，如图 12-6 所示。

在弹出的"转到 URL"对话框中，单击"URL"选项后的输入栏，输入需要链接的网址，如 http://www.macromedia.com。然后在"打开方式"下拉选单中选择链接目标的打开方式，再按下"确定"按钮。

图12-6 "转到URL"对话框

☆ _self：从目前窗口或目前框架中开启。

☆ _blank：开启一个新窗口。

☆ _parent：从目前框架的父级框架中开启。

☆ _top：从目前窗口中的顶级框架中开启。

完成了对对象行为命令的添加后，在影片播放中当符合触发条件时，影片就将打开相关的网页链接。

12.2.2 声音行为的应用

利用行为面板中提供的声音行为，可以完成对声音文件的调用和控制的设置，使用户对影片中的声音控制更加准确。

1. 从库加载声音

先将声音文件导入到元件库中，然后将其选中并单击鼠标右键，在弹出的命令菜单中选择"属性"命令，打开"声音属性"对话框，点击"ActionScript"标签，然后勾选"为 Action Script 导出"选项，在"标识符"中为其输入"music1"，如图 12-7 所示。

图12-7 "声音属性"对话框

标识符：用于为动作代码调用元件库中对象，使用的路径名称。在进行程序的编辑时，该功能会经常使用。

打开行为面板并按下"添加行为"按钮，在弹出的命令菜单中选择"声音→从库加载声音"行为命令，打开"从库加载声音"对话框，在"键入库中要播放的声音的链接 ID"栏中输入"music1"，然后修改声音的实例名为"a"，如图 12-8 所示。

通过上面的编辑，可以使影片在播放过程中执行到符合该行为的触发条件时，就从元件库中调用相应的声音进行播放。

2. 停止声音

选择该行为命令，可以停止播放相应的声音文件。按下"添加行为"按钮，在弹出的命令菜单中选择"声音→停止声音"行为命令，打开"停止声音"对话框，在"键入要停止的库中声音的链接 ID"栏中输入"music1"，然后修改要停止声音的实例名"a"，如图 12-9 所示。

图12-8 "从库加载声音"对话框

3. 停止所有声音

与"停止声音"行为命令不同，该行为命令针对的对象是全部的声音，当在影片中执行该命令时将起到静音的作用。按下"添加行为"按钮，在弹出的命令菜单中选择"声音→停止所有声音"行为命令，在弹出的"停止所有声音"对话框中单击"确定"按钮，为选定对象添加该行为命令，如图 12-10 所示。

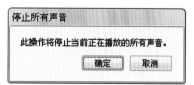

图12-9　"停止声音"对话框　　　　　　　　　图12-10　"停止所有声音"对话框

4. 加载MP3流文件

　　该行为是将 Flash 外部的 MP3 声音文件以数据流的形式加载到 Flash 中的命令。按下行为面板中"添加行为"按钮，在弹出的命令菜单中选择"声音→加载 MP3 流文件"行为命令，弹出"加载 MP3 流文件"对话框，在该对话框中输入需要加载声音的链接地址和实例名，就可以完成对该声音文件的加载，如图12-11 所示。如果需要加载网络中的音乐，则要输入完整的网络地址，如 "http://www.hotmouse.com/new/wodeai.mp3"。

5. 播放声音

　　与"停止声音"行为命令相反，该行为是用于播放相应声音文件的命令。按下"添加行为"按钮，在弹出的命令菜单中选择"声音→播放声音"行为命令，打开"播放声音"对话框，在"键入要播放的声音实例的名称"栏中输入声音文件的实例名"a"，这样在影片中当条件满足时将播放该声音文件，如图12-12 所示。

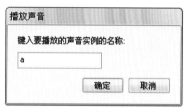

图12-11　"加载MP3流文件"对话框　　　　　　图12-12　"播放声音"对话框

12.2.3　媒体行为的应用

　　媒体行为命令主要用于完成多媒体类组件中控制器与显示器之间的关联，将单个的媒体组件组合为一个功能完整的媒体播放器。

　　执行"窗口→组件"命令（快捷键为"Ctrl+F7"）开启"组件"面板，将 MediaController 控制器组件、MediaDisplay 显示组件拖曳到舞台中，然后按下"添加行为"按钮，分别在命令菜单中选择"媒体→关联控制器"、"媒体→关联显示"行为命令，为它们创建关联，如图 12-13 所示。关于 Flash 中组件的知识，将在后续的章节中做详细讲解。

图12-13　创建关联

12.2.4 嵌入的视频行为的应用

Flash 强大的多媒体支持功能，使其可以轻松导入多种视频文件，并通过行为命令对其进行播放、停止等的控制。

1. 停止

选中需要添加行为命令的按钮元件，单击行为面板中的"添加行为"按钮，在弹出的命令菜单中选择"嵌入的视频→停止"行为命令，在弹出的"视频停止"对话框中选择视频文件。这时会弹出一个询问对话框，询问是否修改实例名。按下"重命名"按钮，打开"实例名称"对话框将实例名改为"video"，如图 12-14 所示。

如果用户在添加行为命令前，已经通过属性面板修改了视频文件的实例名，则不会弹出询问对话框，视频文件将直接被选中，如图 12-15 所示。

图12-14　修改实例名

图12-15　"停止视频"对话框

通过上面的编辑，影片在播放过程中按下"停止"按钮元件，就可以将该视频返回到视频内容的第 1 帧并停止播放。

2. 播放

该行为命令可以使停止播放的目标视频文件开始播放，其编辑方法与"停止"行为命令相同，如图 12-16 所示。

3. 显示

使用该行为命令可以使目标视频显示在舞台中，其编辑方法与"停止"行为命令相同。

4. 暂停

该行为命令与"停止"行为命令不同，使用该行为命令时，目标视频不会返回第 1 帧并停止，而是就在当前帧处停止视频的播放。

图12-16　"播放视频"对话框

5. 隐藏

与"显示"行为命令的作用相反，该行为命令可以将目标视频在舞台中隐藏，从而变为不可见。用户可以通过"显示"行为命令，恢复其显示状态。

12.2.5 影片剪辑行为的应用

在影片中添加"影片剪辑"行为命令，可以在影片中完成对目标影片剪辑的控制，从而实现一些简单的互动效果。

1. 上移一层与下移一层

使用这两条行为命令，可以调整目标影片剪辑与其他影片剪辑间的层次关系，如图 12-17 所示。

图12-17　影片中的执行效果

2.　开始拖动影片剪辑与停止拖动影片剪辑

在影片剪辑或按钮元件上添加"开始拖动影片剪辑"行为命令，可以控制鼠标开始拖动目标影片剪辑。而使用"停止拖动影片剪辑"行为命令，则将停止所有鼠标对影片剪辑的拖动，如图 12-18 所示。

3.　加载图像

按下行为面板中"添加行为"按钮并选择"影片剪辑→加载图像"行为命令，在弹出的"加载图像"对话框中输入需要加载图像的地址，然后选择要加载的目标影片剪辑，按下"确定"按钮完成设置，如图12-19 所示。

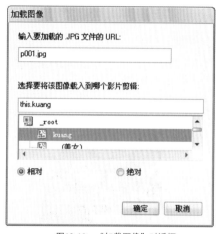

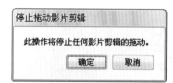

图12-18　"停止拖动影片剪辑"对话框　　　　　　　　图12-19　"加载图像"对话框

4.　加载外部影片剪辑与卸载影片剪辑

选择"图像外部影片剪辑"行为命令，在弹出的"加载图像"对话框中输入需要加载外部影片剪辑的地址，然后选择要加载的目标影片剪辑，按下"确定"按钮完成设置。

"卸载影片剪辑"行为命令，可以使已经加载了外部影片剪辑的目标影片剪辑停止加载,如图 12-20 所示。

图12-20　"加载外部影片剪辑"、"卸载影片剪辑"对话框

5. 直接复制影片剪辑

使用这条行为命令，可以完成对目标影片剪辑的复制，并将其复制的结果展现在舞台中。按下行为面板中"添加行为"按钮，选择"影片剪辑→直接复制影片剪辑"行为命令，在弹出的"直接复制影片剪辑"对话框中选择目标影片剪辑，然后在对话框下方的"偏移"栏中设置新影片剪辑与目标影片剪辑的距离，按下"确定"按钮完成设置，如图 12-21 所示。

图12-21　直接复制影片剪辑

6. 移到最前与移到最后

与"上移一层"、"下移一层"不同，使用这两条行为命令，将使目标影片剪辑移动到所有影片剪辑的前面或最后面，如图 12-22 所示。

图12-22　影片中的执行效果

7. 转到帧或帧标签并在该处停止/转到帧或帧标签并在该处播放

分别在各自弹出的对话框中选择目标影片剪辑，然后在其下方的输入栏中输入帧号或帧标签，按下"确定"按钮，使影片中可以对影片剪辑的跳转、播放等进行控制，如图 12-23 所示。

图12-23　对话框

12.2.6 数据行为的应用

按下行为面板中"添加行为"按钮，选择"数据→触发数据源"行为命令，在弹出的"触发数据源"对话框选定目标元件并按下"确定"按钮完成设置，如图12-24所示。使用该行为命令可以从影片剪辑、数据传输链接组件和服务器链接组件中获取触发数据源。

图12-24　"触发数据源"对话框

12.2.7 实践案例：点歌台

本案例是一个简单的互动音乐点播器，在影片播放时，单击相应的歌曲名，就可以播放该歌曲。请打开本书配套光盘\实践案例\第12章\点歌台\目录下的"点歌台.swf"文件，观看本案例的完成效果，如图12-25所示。

图12-25　完成的文件

01 开启Flash CS6进入到开始界面，在开始界面中单击"ActionScript 2.0"文档类型，创建一个新的文档，然后将其保存到本地的文件夹中。

F L A S H　知识与技巧

Flash 的行为功能只适用于 ActionScript 2.0 版本的文档类型，如果创建 ActionScript 3.0 的文档，"行为"面板将被锁定，不能使用。

02 执行"修改→文档"命令，在"文档设置"对话框中将文档的尺寸改为宽640px、高480px，如图12-26所示。

03 将图层1改名为"背景"，在该图层的绘图工作区中绘制一个可以覆盖舞台的矩形，然后将其填充色修改为"黑色→红色"的线性渐变填充方式，并使用"渐变变形工具"对其进行适当的调整，如图12-27所示。

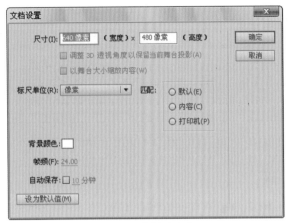

图12-26　调整舞台大小

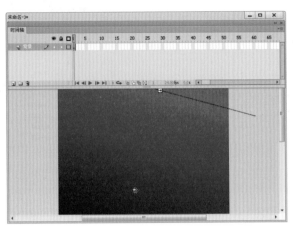

图12-27　编辑背景颜色

04 取消对矩形的选取，然后按下"Ctrl+G"键创建一个空白的组合，在该组合中绘制出一些放射状线条，如图12-28所示。

05 使用透明度为16%的白色对其进行填充，然后删除掉所有的线条，如图12-29所示。

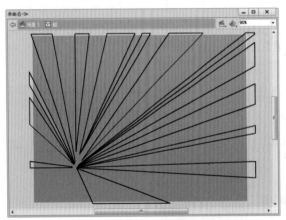

图12-28　绘制放射状线条

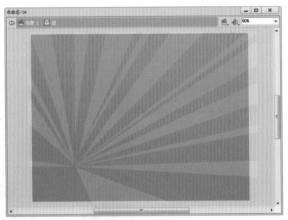

图12-29　绘制放射状图形

06 回到主场景中，再次创建一个空组合，在该组合中绘制出一个橙色的波浪形图形，并使用白色线条进行描边，如图12-30所示。

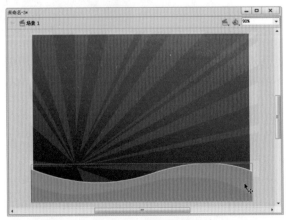

图12-30　绘制波浪图形

07 在舞台的右下角创建一个红色的静态文本"点歌台"，调整好其字体、大小，如图12-31所示。

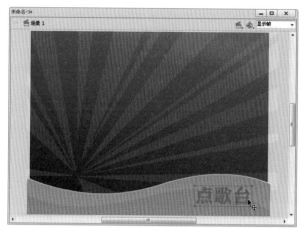

图12-31　创建文字

08 通过"属性"面板依次为文字添加3种白、橙、黑不同的"发光"滤镜效果，使文字更加美观，具体参数设置如图12-32所示。

图12-32　发光滤镜

09 在一个新的组合绘制一些同心圆的图形，并使用不同透明度的白色对其进行填充，如图12-33所示。

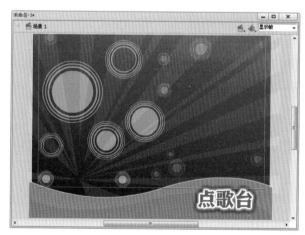

图12-33　绘制同心圆

在绘制同心圆的图形时，设置同心圆不同的大小，不同的透明度可以使画面效果更加美观、丰富、更具层次感。

10 插入一个新的图层，并将其名称修改为"人物"，然后配合使用各种绘图、编辑工具绘制出一个正在唱歌的时尚美女，将其转换为一个新的影片剪辑"女孩"，如图12-34所示。

11 通过"属性"面板为影片剪辑"女孩"添加一个"投影"的滤镜效果，设置模糊为20，强度为50%，角度为129，距离为30，颜色为黑色，如图12-35所示。

图12-34　绘制女孩

图12-35　设置滤镜效果

12 插入一个名为"按钮"的新图层，在该图层中创建一个白色的静态文本"一千零一夜的浪漫"，然后将其转换为一个影片剪辑，名称为"歌曲名1"，调整好其大小、位置，如图12-36所示。

13 进入影片剪辑"歌曲名1"的编辑窗口，将第2帧转换为关键帧，在该帧中为静态文本"一千零一夜的浪漫"绘制一个翠绿色的底板，然后将文字的填充色改为白色并添加一个"发光"的滤镜效果，设置模糊为5，强度为200%，颜色为绿色（#99CC00），如图12-37所示。

图12-36　创建元件

图12-37　编辑元件

14 回到主场景中，参照影片剪辑"歌曲名1"的编辑方法编辑出其他歌曲的影片剪辑，然后调整好它们的大小和位置，如图12-38所示。

15 在"属性"面板中依次修改它们的实例名为"sound1"、"sound2"……"sound6"，如图12-39所示。

16 在歌曲名称的前面绘制一个圆形带耳机的图案，然后按下"F8"键将其转换为一个按钮元件，名称为"按钮"，如图12-40所示。

17 双击鼠标左键进入该按钮元件的编辑窗口中，在"点击"帧处按下"F5"键，延长图层的显示帧到"点击"帧，然后插入一个新的图层，并将"指针经过"、"按下"帧转换为空白关键帧，如图12-41所示。

图12-38 调整位置

图12-39 修改实例名

图12-40 创建按钮

图12-41 创建按钮

18 在图层2的"指针经过"帧中绘制一个白色的圆圈，然后将其转换为一个影片剪辑，名称为"音波"，如图12-42所示。

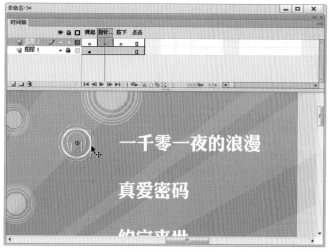

图12-42 创建影片剪辑

在按钮的"指针经过"、"按下"中放入包含动画的影片剪辑，当鼠标触发时，对应帧中的动画就会播放，这样就得到了一个动态的按钮。用户还可以在"指针经过"、"按下"中添加声音，从而得到有声按钮。

19 进入影片剪辑"音波"的编辑窗口，将第20帧转换为关键帧，然后将该帧中的圆圈放大200%，并将其颜色修改为透明的白色。

20 选中第1帧创建形状补间动画，并在"属性"面板中修改"缓动"为50，这样就得到了圆圈放大消失的动画效果，就好像一个音波扩散的效果，如图12-43所示。

21 回到主场景中，对按钮元件"按钮"进行复制，再调整它们的位置如图12-44所示。

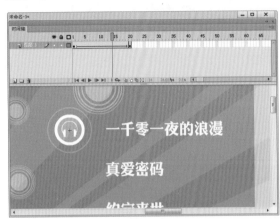
图12-43 编辑元件

图12-44 复制按钮元件

22 执行"文件→导入→导入到库"命令，将本书配套光盘\实践案例\第12章\点歌台\目录下的所有声音文件导入到元件库中。

23 按下"F11"键开启元件库，选中声音文件"一千零一夜的浪漫"并单击鼠标右键，执行"属性"命令，打开"声音属性"对话框，单击"ActionScript"标签，然后勾选"为Action Script导出"项，在"标识符"中为其输入"music1"，如图12-45所示。

24 使用同样的方法为其他的声音文件添加链接标识符，添加完成后，"库"面板的"AS链接"栏中，就可以看见各声音文件的链接标识符，如图12-46所示。

图12-45 "声音属性"对话框

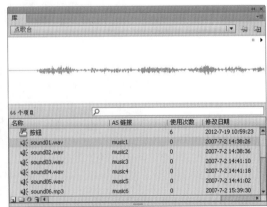
图12-46 元件库

25 执行"窗口→行为"命令（快捷键"Shift+F3"）开启行为面板，选中第1个按钮元件，然后按下"添加行为"按钮，选择"影片剪辑→转到帧或帧标签并在该处停止"行为命令，开启"转到帧或帧标签并在该处停止"对话框，选中目标影片剪辑为"sound1"，在输入栏中输入2，如图12-47所示。这样，当释放该按钮时，影片剪辑"sound1"将转到第2帧并停止播放，即表现为正在播放状态。

26 按下"添加行为"按钮，选择"影片剪辑→转到帧或帧标签并在该处停止"行为命令，开启"转到帧或帧标签并在该处停止"对话框，选中目标影片剪辑为"sound2"，在输入栏中输入1，如图12-48所示。

图12-47　编辑行为命令　　　　图12-48　编辑行为命令

27 参照上面这一条行为命令，再为该按钮添加几条行为命令，使释放该按钮时影片剪辑为"sound3"、"sound4"、"sound5"、"sound6"也转到第1帧并停止播放。这样在影片中始终只显示一首歌处于播放状态，如图12-49所示。

28 按下"添加行为"按钮，在弹出的命令菜单中选择"声音→从库加载声音"行为命令，开启"从库加载声音"对话框，输入链接ID为"music1"，实例名为："a"，如图12-50所示。

图12-49　添加行为命令　　　　图12-50　编辑行为命令

29 按下"添加行为"按钮，在弹出的命令菜单中选择"声音→停止所有声音"行为命令，将其添加到按钮元件上。然后在行为面板中，修改该行为命令的触发事件为"按下时"，如图12-51所示。

30 参照第1个按钮上添加行为命令的方法，为其它按钮元件也添加相应的行为命令。

31 在主场景中选择第1帧，为其添加一个"从库加载声音"的行为命令，然后任意选定一首作为影片开始时播放的背景音乐，如图12-52所示。

图12-51 编辑行为命令　　　　　　　图12-52 添加行为命令

32 按下"添加行为"按钮，选择"影片剪辑→转到帧或帧标签并在该处停止"行为命令，开启"转到帧或帧标签并在该处停止"对话框，选中目标影片剪辑为"sound1"，在输入栏中输入1，如图12-53所示。

33 参照上面的方法，依次添加影片剪辑"sound2"、"sound3"、"sound4"、"sound5"、"sound6"，停止到第1帧的行为命令，这样影片开始时，这些影片剪辑都将停止在第1帧处，如图12-54所示。

图12-53 添加行为命令

图12-54 添加行为命令

34 按下"Ctrl+S"键保存文件，按下"Ctrl+Enter"键测试影片，如图12-55所示。

图12-55 测试影片

请打开本书配套光盘\实践案例\第12章\点歌台\目录下的"点歌台.fla"文件，查看本案例的具体设置。

在舞台中选定一个按钮元件，然后按下"F9"键打开"动作"面板，这时可以看见该按钮元件上是写满了动作代码，如图12-56所示。

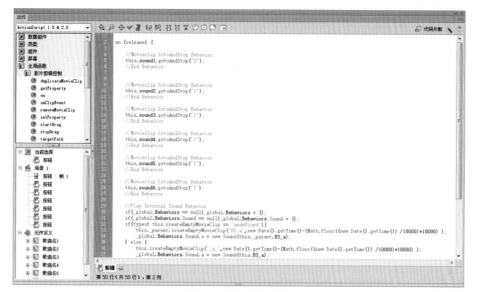

图12-56　按钮上的动作代码

　　这里我们可以认识到，其实行为就是"傻瓜式"的 ActionScript 动作代码，只是通过简单、通俗的编辑方式使用户更容易掌握、使用，但其局限性也是相对大的，对于一些复杂的程序，行为命令就不能胜任了，因此，要使用 Flash 制作出更加精彩的互动程序，还必须掌握 ActionScript 动作代码。

第13章
ActionScript脚本编辑

　　Flash 之所以优越于其他的动画制作软件，不只是因为它具备完善的图形编辑功能，更是因为它无与伦比的互动编辑功能。使用 Flash 中的 Action Script 动作代码进行编程，可以轻松制作出绚丽的影片特效、功能齐全的互动程序、趣味十足的游戏……

F L A S H

13.1 "动作"面板的使用

13.1.1 "动作"面板的结构

执行"窗口→动作"命名或在键盘上按下"F9"键，开启 Flash 的动作面板，如图 13-1 所示。

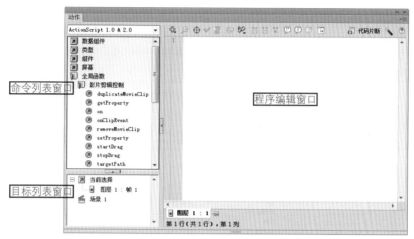

图13-1 动作面板

从上图可以看出，动作面板主要由命令列表窗口、目标列表窗口和程序编辑窗口三大部分组成，其中：

☆命令列表窗口：位于面板的左上角，是用于放置各种 Action Script 动作代码的窗口；在该窗口中使用鼠标选择需要添加的动作代码，然后用鼠标左键双击该动作代码，将其添加到程序编辑窗口中，在程序编辑窗口中的动作代码就将在影片中产生作用。单击命令列表窗口上方的下拉菜单，可以选择在命令列表窗口中显示的多种 Action Script 动作代码种类，即"Action Script1.0&2.0"、"Flash Lite 1.0 ActionScript"、"Flash Lite 1.1 ActionScript"等。

☆目标列表窗口：位于面板的左下角，在该窗口中可以快速的选择需要添加动作代码的目标元件或关键帧，从而节省了在场景中寻找及切换编辑窗口的步骤，大大的提高了工作效率，如图 13-2 所示。

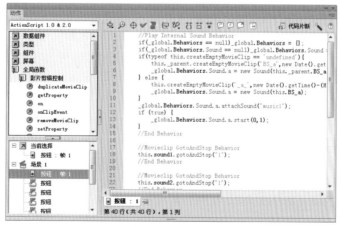

图13-2 选择对象

☆程序编辑窗口：是动作面板的主要组成部分，是用于程序编写的地方，在该窗口中的动作代码将直接作用于影片，从而使影片产生互动效果。

☆工具栏：在程序编辑窗口的上方，由一排功能按钮组成，使用该工具栏可以辅助用户方便的进行程序的编写。如图 13-3 所示。

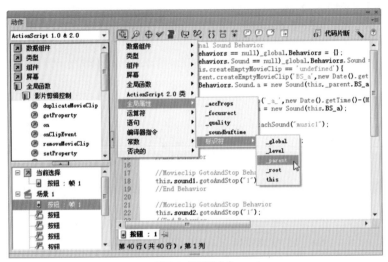

图13-3　工具栏

13.1.2　动作代码的添加

当用户在场景中或者目标列表窗口中选定了要添加动作代码的对象后，在"动作"面板中添加动作代码，通常有以下3种方式。

☆直接在程序编辑窗口中输入动作代码，该方法通常是对于较高级的用户，对动作代码十分熟悉的情况下使用。

☆在命令列表窗口中选择需要的动作代码，然后双击鼠标左键，该动作代码将会添加到程序编辑窗口中。

☆按下程序编辑窗口左上角的"将新项目添加到脚本中"按钮➕，可以在弹出的命令菜单中，快速地选择要添加的命令项目，如图13-4所示。

图13-4　添加新命令

13.1.3　查找、替换动作代码

当程序编辑窗口中已经编写了大量动作代码时，单击"查找"按钮🔍，可以开启"查找和替换"对话框，如图13-5所示。在该对话框中，可以对动作代码的关键字进行查找，输入替换内容并按下"替换"按钮时，将对此时查找到的关键字进行替换操作。按下"全部替换"按钮时，将对动作代码中所有的目标关键字进行替换操作。

图13-5　"查找和替换"对话框

13.1.4　目标路径的使用

使用"插入目标路径"按钮⊕可以帮助用户快速的选定目标并指明路径，从而提高工作效率。单击该按钮，打开"插入目标路径"对话框，用户可以在元件列表中选择目标元件，然后指定其路径，按下"确定"按钮完成插入目标路径操作，如图13-6所示。

图13-6　"插入目标路径"对话框

☆相对：指该行为命令只对与按钮处于同一级中的目标有效。

☆绝对：指该行为命令对处于任何一级中的目标都有效。

在进行插入目标路径操作时，如果选中的元件没有实例名，则将弹出"是否重命名"对话框，询问是否重命名该元件，如图 13-7 所示。

实例名是用于为动作代码指定目标影片剪辑或按钮元件的路径名称。在 Flash 影片中一个舞台可以包含多个相同的元件，使用实例名就可以准确地区分他们。

在"是否重命名"对话框中按下"重命名"按钮，打开"实例名称"对话框，对目标元件的实例名称进行修改，如图 13-8 所示。

图13-7 "是否重命名"对话框

图13-8 "实例名称"对话框

13.1.5 语法的检查

当编辑完成时，按下"语法检查"按钮 ，可以对程序编辑窗口中的动作代码进行检查，查找是否出现语法错误。如果存在语法错误，则将弹出警告对话框，并打开"编译器错误"面板输出错误出现的地方及错误的数量，如图 13-9 所示。

图13-9 "编译器错误"面板

按下"自动套用格式"按钮 ，可以将程序编辑窗口中杂乱无章的动作代码，按标准的使用格式重新排列，使动作代码一目了然，便于用户进行修改和再编辑，如图 13-10 所示。

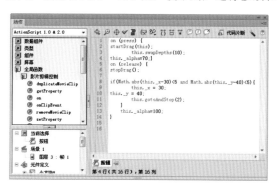 

图13-10 调整前与调整后对比

13.1.6 语法的使用提示

对于一些接触 Action Script 动作代码时间不长的用户，可以按下"显示代码提示"按钮 ，使当在程序编辑窗口中添加动作代码后，在其后面出现对该动作代码的格式和用法的提示，如图 13-11 所示。

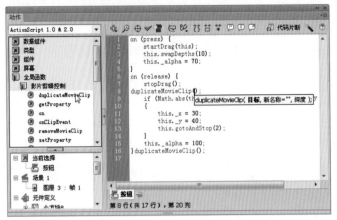

图13-11　显示代码提示

13.1.7　断点的使用

在"调试选项"按钮 的下拉菜单中选择"设置断点"命令，可以在光标所在行的前面设置一个红色的断点标记。断点可以将选中行的程序中止，通常来测试代码中可能的错误点。例如，编写了一组动作代码出现错误，便可以在语句前添加断点，然后在"调试器"面板中逐句检查这些语句。在"调试器"面板和"动作"面板中设置的断点不会保存在 FLA 文件及生成的影片中，只在当前的调试操作中有效，如图13-12 所示。

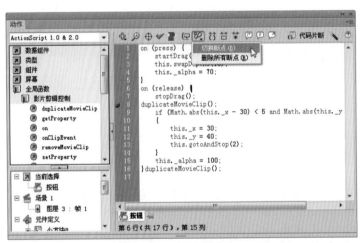

图13-12　设置断点

执行"删除所有断点"命令，则将此时动作面板中设置的所有断点删除。

F L A S H 知识与技巧

在进行程序编辑时，用户还可以使用鼠标单击动作代码前面的行号，从而快速创建断点。再用鼠标单击，删除相应的断点。

13.1.8　折叠动作代码

按下"折叠成对大括号"按钮 ，可以将光标所在大括号内的内容折叠为一对很短的深灰色大括号，如图 13-13 所示。

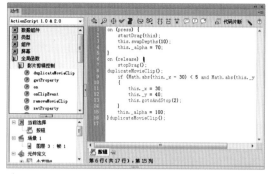 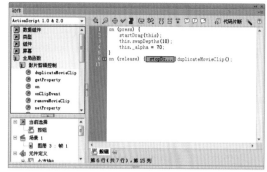

图13-13 折叠成对大括号

与"折叠成对大括号"按钮不同,"折叠所选"按钮🖿可以将用户框选中的动作代码进行折叠,如图13-14所示。

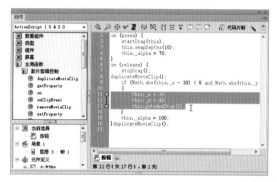 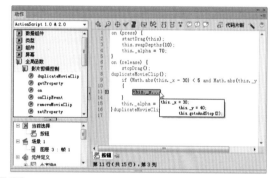

图13-14 折叠所选

在按下"折叠所选"按钮🖿时,如果同时按住"Alt"键可以将选中代码以外的其他代码折叠,如图13-15所示。

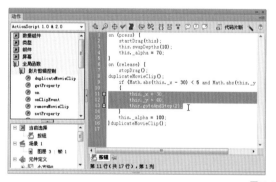 

图13-15 反选折叠

当折叠了动作代码后,使用鼠标左键双击折叠后的深灰色方块,就可以将折叠的动作代码展开,如果按下"展开全部"按钮❋,则可以将当前对象上所有折叠的动作代码展开。

F L A S H 知识与技巧

在用户框选动作代码时,程序编辑窗口左侧的排数栏中就会出现两个减号🗖,使用鼠标单击任意一个减号,两个减号间的动作代码就将被折叠,而减号也将变为一个加号🔁,单击该加号,则可以将折叠的动作代码展开。

13.1.9 添加注释

按下"应用块注释"按钮🗔或"应用行注释"按钮🗔,可以快速为选中的动作代码添加注释标记为"/*……*/"和"//……"。其中"/*……*/"注释通常用作屏蔽某段动作代码的作用,而"//……"注释常用于动作代码后，对动作代码进行说明、备注等，如图 13-16 所示。

图13-16　应用块注释与应用行注释

注释的内容在程序编辑窗口中将表现为灰色，用户可以直接在程序编辑窗口中删除"/*……*/"或"//……"取消注释，也可以单击"删除注释"按钮，将选中的注释标记删除。

13.1.10　动作代码的帮助功能

按下"代码片段"按钮可以开始"代码片段"面板，用来为对象快速添加 Action Script 3 动作代码，对于"代码片段"面板的使用将在下面的章节中进行详细的介绍。

按下动作面板左上角的"脚本助手"按钮，开启"脚本助手"功能，如图 13-17 所示。该功能可以帮助用户以动作代码标准的格式、正确的写法进行编辑，从而使对 Action Script 动作代码不熟悉的用户，也能很方便地编写出正确的运行程序。

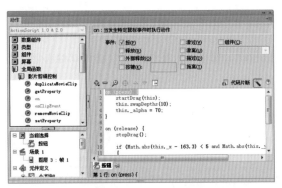

图13-17　开启"脚本助手"功能

按下"帮助"按钮，可以开启"帮助"面板。在该面板中有 Flash 使用的各种知识，有 Action Script 动作代码的相关知识和各种 Action Script 语言参考，用户可以在这里查询所有 Action Script 动作代码的含义、用法等内容，如图 13-18 所示。

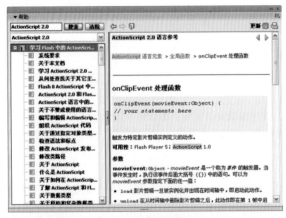

图13-18　帮助面板

在命令列表窗口和程序编辑窗口中，可以使用鼠标框选需要查询的动作代码，然后单击鼠标右键，在弹出的菜单中选择"查看帮助"命令，可以直接开启该动作代码的"帮助"面板。此外右键菜单中还包含了许多命令，用户可以通过右键菜单快速选择并执行这些命令，如图 13-19 所示。

按下程序编辑窗口下方的"固定活动脚本"按钮<span></span>，可以将目前编辑的动作代码暂时固定，然后可以在目标列表窗口中再选择其他目标进行编辑，并可以通过名称标签完成编辑对象间的切换，如图 13-20 所示。

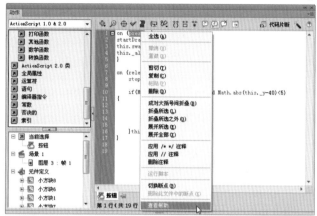

图13-19　右键菜单

图13-20　切换编辑对象

常用的ActionScript 2动作代码

Action Script 动作代码是 Flash 特有的编程语言，主要作用是为影片添加互动功能。用户可以在编辑过程中，将 Action Script 动作代码（如动作、运算符、对象）添加到影片里，再设置影片中的感应事件（如单击按钮和按下键盘），从而触发这些动作代码。Flash 中的 Action Script 2 动作代码是以 Action Script 1 为基础，经过不断完善、发展而来的，结构上更加科学、合理，编辑功能也更加强大。

在命令列表窗口中的所有命令就是动作编程的代码，通过将它们添加到影片中，就可以使影片产生互动效果，下面就来认识一下这些功能强大的动作代码。

13.2.1　函数

函数是可以向脚本传递参数，并能够返回值的可重复使用的代码块。Action Script 中的函数，包含了各种各样的常见编程任务，如处理数据类型、生成调试信息以及与 Flash Player 或浏览器进行通讯。

函数根据其适用对象的不同，又分为时间轴控制、浏览器/网络、打印函数、其他函数、数字函数、转换函数、影片剪辑控制 7 种类型，如图 13-21 所示。

常用的函数类型，包括以下几种。

1. 时间轴控制

顾名思义，该类函数是用来控制时间轴的，可以完成对场景、场景中时间轴、影片剪辑里时间轴的播放、停止以及跳转等控制。其中最为常用的有。

图13-21　Action Script中的函数类型

play

执行该命令时，影片或影片剪辑开始播放。

stop

当播放到含有该动作代码的关键帧时，停止播放；或者通过按钮触发该动作，使影片停止。

gotoAndPlay

影片转到帧或帧标签处并开始播放，如果未指定场景，则播放头将转到当前场景中的指定帧。

gotoAndStop

影片转到帧或帧标签处并停止播放，如果未指定场景，则播放头将转到当前场景中的指定帧，如图 13-22 所示。

stopAllSounds

停止播放影片中所有的声音。

图13-22　添加动作代码

2. 浏览器/网络

该类函数中的动作代码，主要针对的是 Flash 播放器及其他外部文件产生作用的命令。使用该类中的动作代码，可以开启 Flash 动画影片以外的应用程序或网络链接，获取外部信息，调用外部图片文件等。

fscommand

使 Flash 动画影片文件与 Flash Player 播放器，或承载 Flash Player 的程序（如 IE 浏览器）进行通讯。还可以使用该函数，将消息传递给 Macromedia Director，或者传递给 Visual Basic (VB)、Visual C++ 和其他可承载 ActiveX 控件的程序，从而完成全屏播放、关闭放映文件，开启外部应用程序等操作。

getURL

将来自特定 URL 的文件加载到窗口中，或将变量传递到位于所定义 URL 的另一个应用程序。若要使用此函数，请确保要加载的文件位于指定的位置。该函数最常见的用法，就是打开相应的网页链接。

loadMovieNum

在播放 Flash 动画影片时，可以将 SWF、JPEG、GIF 或 PNG 文件加载到该动画影片指定的影片剪辑中。

loadVariablesNum

用于从外部文件（例如文本文件，或由 ColdFusion、CGI 脚本、Active Server Page (ASP)、PHP 或 Perl 脚本生成的文本）中读取数据，并修改目标影片剪辑中变量的值，如图 13-23 所示。

图13-23　添加动作代码

3. 影片剪辑控制

用来对影片剪辑进行控制的相关动作代码的集合，使用该类中的动作代码，可以实现调整影片剪辑属性、复制影片剪辑、移除影片剪辑、拖曳影片剪辑等操作。

duplicateMovieClip

当 Flash 动画影片播放时，对目标影片剪辑进行复制，从而在影片中得到新的影片剪辑实例，使用 removeMovieClip() 函数或方法可以删除用 duplicateMovieClip() 创建的影片剪辑实例。

setProperty

用于更改影片剪辑属性值的动作代码，使用该动作代码可以修改目标影片剪辑的大小、位置、角度、透明度等属性。

on

添加在按钮元件上，通过鼠标事件或按键触发该函数中包含的内容，如图 13-24 所示。

☆ Press：当鼠标指针滑到按钮上时按下鼠标。

☆ Release：当鼠标指针滑到按钮上时释放鼠标。

☆ releaseOutside：当鼠标指针滑到按钮上时按下鼠标，然后在按钮区域外释放鼠标。

☆ rollOut：鼠标指针滑出按钮区域。

☆ rollOver：鼠标指针滑到按钮上。

☆ dragOut：当鼠标指针滑到按钮上时按下鼠标，然后滑出此按钮区域。

图13-24　添加动作代码

☆ dragOver：当鼠标指针滑到按钮上时按下鼠标，然后滑出该按钮区域，接着滑回到该按钮上。

☆ keyPress "< key > "：在键盘按下指定的键。

onClipEvent

添加在影片剪辑上，用于触发为特定影片剪辑实例定义的动作，如图 13-25 所示。

☆ load：影片剪辑一旦被实例化并出现在时间轴中，即启动此动作。

☆ Unload：在影片中删除影片剪辑之后，启动此动作。

☆ enterFrame：以影片的帧频连续触发该动作。

图13-25　添加动作代码

☆ mouseMove：每次移动鼠标时启动此动作。

☆ mouseDown：当按下鼠标左键时启动此动作。

☆ mouseUp：当释放鼠标左键时启动此动作。

☆ keyDown：当按下某个键时启动此动作。

☆ keyUp：当释放某个键时启动此动作。

☆ Data：在 loadVariables() 或 loadMovie() 动作中接收到数据时启动该动作。

startDrag

使影片剪辑在影片播放过程中可以被鼠标拖曳。一次只能拖动一个影片剪辑，使用 stopDrag() 动作代码停止拖曳，或者其他影片剪辑调用了 startDrag() 动作代码停止拖曳。

13.2.2　变量

变量是程序编辑中重要的组成部分，用来对所需的数据资料进行暂时储存。只要设置变量名称与内容，就可以产生出一个变量。变量可以用于记录和保存用户的操作信息、输入的资料，记录动画播放时间和剩余时间，或用于判断条件是否成立等。

当首次定义变量时，需要为该变量指定一个初始值，然后一切变化就将以此值为基础开始变化，这就是所谓的初始化变量。而加载变量初始值，通常是在 Flash 动画影片的第一帧中完成的，这样有助于在播放 SWF 文件时跟踪和比较变量的值。

变量可以存储包括数值、字符串、逻辑值、对象等任意类型的数据，如 URL、用户名、数学运算的结果、事件发生的次数，以及是否单击了某个按钮等。

变量的命名，必须符合以下规则。

☆必须以英文字母 a——z 开头，没有大小写的区别。

☆不能有空格，可以使用底线 "_"。

☆不能与 Actions 中使用的命令名称相同。

☆在它的作用范围内必须是惟一的。

变量的作用范围，是指脚本中能够识别和引用指定变量的区域。Action Script 中的变量可以分为全局变量和局部变量。全局变量可以在整个影片的所有位置产生作用，其变量名在影片中是惟一的。局部变量只在它被创建的括号范围内有效，所以在不同元件对象的脚本中可以设置同样名称的变量而不产生冲突，作为一段独立的代码，独立使用。

变量可添加在时间轴上的任何一帧关键帧中，也可以添加到按钮或影片剪辑中，通过触发事件产生作用，如图 13-26 所示。

图13-26 定义变量

13.2.3 运算符

运算符是指定如何组合、比较或修改表达式值的字符。具体包括按位运算符、比较运算符、赋值、逻辑运算符、其他运算符、算术运算符这六种类型，其中常用的包括以下几类。

1. 比较运算符

用于进行变量与数值间、变量与变量间大小比较的运算符。包含了"！＝"不等于运算符、"！＝＝"不全等运算符、"＜"小于运算符、"＜＝"小于或等于运算符、"＝＝"等于运算符、"＝＝＝"全等运算符、"＞"大于运算符、"＞＝"大于过等于运算符构成。

2. 赋值

执行变量赋值的运算符。在该类运算符中,最常用的就是"－＝"减法赋值运算符和"＋＝"加法赋值运算符,它们是就 A 与 B 减或加的值，返回给 A，如：

i=1;
// 变量 i 的初始值为 1。
i+=3;
// 变量 i 的值递加 3。

执行上面的动作代码，变量 i 的值将表现为：1、4、7、10、13、16、19、22、25……

3. 逻辑运算符

对数字、变量等进行比较，然后得出它们的交集或并集作为输出结果，如图 13-27 所示。

&&（and）

当条件同时满足该运算符左右两边的表达式时，触发事迹，即它们的交集。

||（or）

当条件满足该运算符左右任意一边的表达式时，触发事迹，即它们的并集。

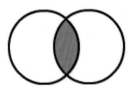

执行&&的结果

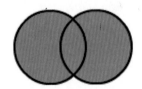

执行||的结果

图13-27 逻辑运算符

4. 算术运算符

用于对数值、变量进行计算的各种算术运算符号，如"+、-、*、/、%"。

13.2.4 实践案例：拼图游戏

Action Script 动作代码涉及的对象广泛，数量繁多。但在进行程序编辑时，不是每一条动作代码都要使用的，用户只需要根据制作要求使用相应的动作代码，就能编辑出功能完善的互动影片了。下面就使用

Flash 中最常用的动作代码制作一个拼图游戏，使读者对动作代码的使用有更具体的认识，也对各种动作代码的使用及作用有初步的认识。请打开本书配套光盘\实践案例\第 13 章\拼图游戏\目录下的"拼图游戏 .swf"文件，观看本案例的完成效果，如图 13-28 所示。

01 开启Flash CS6进入到开始界面，在开始界面中单击"ActionScript 2.0"文档类型，创建一个新的文档，然后将其保存到本地的文件夹中。

02 在"属性"面板中将舞台的大小修改为长640、宽480，如图13-29所示。

图13-28　完成的文件

图13-29　调整舞台大小

03 将图层1改名为"黑框"，在该图层中绘制一个大过舞台的黑色矩形，再绘制一个正好可以覆盖住舞台的白色矩形，然后删除掉白色矩形和所有的线条，这样就得到一个只显示出舞台的大黑框，如图13-30所示。

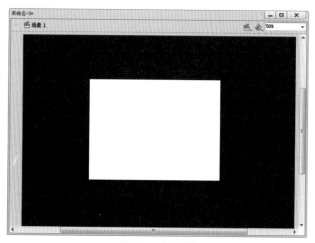

图13-30　绘制黑框

F L A S H　知识与技巧

　　在所有图层的上层放置这样一个黑框，可以遮挡住舞台以外多余的部分。另外将该图层锁定并将图层视为轮廓，可以在不影响用户编辑的前提下，实现取景框的作用，提高用户对镜头感的掌控能力。

04 将"黑框"图层锁定，然后设置为轮廓显示，如图13-31所示。

05 插入一个新的图层，将其命名为"背景"，然后将其拖曳到"黑框"图层的下方，如图13-32所示。

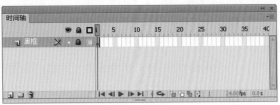

图13-31 此时的图层

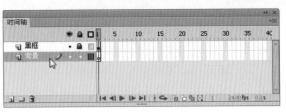

图13-32 插入图层

06 在"背景"图层中绘制一个浅蓝色的矩形,然后创建一个组合,在该组合中绘制一条半透明的白色长条,如图13-33所示。

07 对长条图形进行复制,然后使用"对齐"面板使所有的长条整齐排列,这样就编辑完成了影片的背景,如图13-34所示。

图13-33 编辑背景

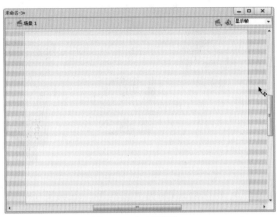

图13-34 完成的背景

08 在舞台的右边依次创建3个静态文本"智力拼图"、"已经完成:"、"You Win",然后调整好它们的颜色、字体、大小、位置,如图13-35所示。

09 通过"属性"面板为文本添加多层发光的滤镜效果,使文字效果更加美观,如图13-36所示。

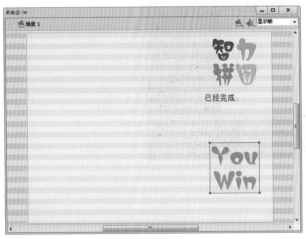

图13-35 创建文本

图13-36 添加滤镜

10 在静态文本"已经完成:"的后面创建一个动态文本,在"属性"面板中设置其变量为"_root.wanc",如图13-37所示。

11 选中静态文本"You Win"并按下"F8"键将其转换为一个影片剪辑,名称为"胜利"。

12 执行"文件→导入→导入到库"命令,将本书配套光盘\实践案例\第13章\拼图游戏\目录下的所有声音、位图文件导入到元件库中,如图13-38所示。

图13-37 设置变量

图13-38 元件库

13 将位图文件"p001.jpg"拖曳到舞台中，修改其大小为长400、宽400，然后调整好其位置，如图13-39所示。

图13-39 放置位图

14 按下"F8"键将位图转换为一个影片剪辑，名称为"对照图"，然后为其添加多层发光滤镜效果，使画面效果更加立体，如图13-40所示。

图13-40 编辑元件

15 在"属性"面板中将影片剪辑"对照图"的色彩效果修改为70%的白色色调，使画面不那么清晰，如图13-41所示。

16 锁定"背景"图层，然后在其上方插入一个新的图层为"图块"，再将位图文件"p001.jpg"拖曳到该图层中，修改其大小为长400、宽400，如图13-42所示。

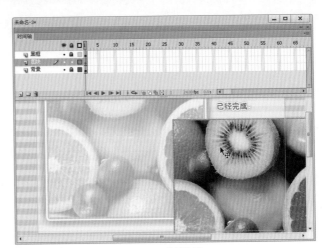

图13-42 放置位图

图13-41 修改色彩效果

17 按下"F8"键将其转换为一个影片剪辑，名称为"小方块1"，并将其对齐点修改为左上角，如图13-43所示。

18 进入影片剪辑"小方块1"的编辑窗口，延长图层的显示帧到第2帧，然后插入一个新的图层，在该图层中绘制一个边长为133.3的正方形，如图13-44所示。

图13-44 绘制正方形

图13-43 创建影片剪辑

这里我们只是制作一个 3×3 的拼图游戏，因此每个小图块的尺寸就应该是 400÷3=133.3。如果要制作 4×4 的拼图游戏，则每个小方块的尺寸就该是 400÷4=100……以此类推。这里用户还可以制作一些不规则图形的小图块，这样就使拼图游戏玩起来更加复杂。

19 将图层2转换 为遮罩图层，这样就得到了第1块小图块，如图13-45所示。

20 插入一个新的图层，在该图层中绘制一个边长为133.3的正方形，调整其位置，使其正好覆盖下方的图形，如图13-46所示。

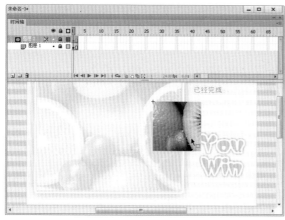

图13-45　创建遮罩层

图13-46　绘制正方形

21 拖曳到"点击"帧下，这样就得到了一个隐形按钮，如图13-47所示。

22 回到影片剪辑"小方块1"的编辑窗口，将图层3的第2帧转换为空白关键帧，然后为其添加声音"sound"，如图13-48所示。

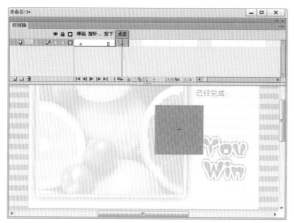

图13-47　编辑按钮

图13-48　添加声音

23 选中图层3的第1帧，然后按下"F9"键开启"动作"面板，为其添加如下动作代码。

```
stop();
// 影片剪辑"小方块1"停止在第1帧。
```

24 选中第1帧里的按钮元件"按钮"，为其添加如下动作代码：

```
on(press){
// 鼠标按下。
 startDrag(this);
// 开始拖曳影片剪辑"小方块1"。
 this.swapDepths(10);
// 影片剪辑"小方块1"的层次调整为最顶层。
 this._alpha = 70;
// 影片剪辑"小方块1"的透明度为70%。
}
on(release){
```

```
// 释放鼠标。
 stopDrag();
// 停止拖曳。
 if (Math.abs(this._x - 30) < 5 and Math.abs(this._y - 40) < 5)
```
// 如果影片剪辑"小方块1"的XY坐标位置离正确位置的距离都小于5，说明该影片剪辑的位置已经大致正确，则执行大括号中的内容。

```
  {
        this._x = 30;
        this._y = 40;
```
// 影片剪辑"小方块1"的X轴坐标为30,Y轴坐标为40;即影片剪辑"小方块1"自动移动到正确位置。

```
        _root.wanc += 1;
```
// 变量 _root.wanc 的值加1。

```
        this.gotoAndStop(2);
```
// 影片剪辑"小方块1"跳转到第2帧,由于第2帧中没有按钮元件,因此该影片剪辑将不能再被拖曳。

```
  }
 this._alpha = 100;
```
// 影片剪辑"小方块1"的透明度恢复为100%

```
}
```

F L A S H知识与技巧

对于影片剪辑"小方块1"的正确坐标位置，用户可以通过简单的数学运算获取，也可以直接将影片剪辑"小方块1"移动到正确位置后，从"属性"面板中直接查看其坐标值。

25 回到主场景中，按住"Ctrl"键并拖曳鼠标对影片剪辑"小方块1"进行复制，然后右击复制得到的影片剪辑，在弹出的命令菜单中执行"直接复制元件"命令，得到一个新的影片剪辑"小方块2"，如图13-49所示。

26 鼠标左键双击影片剪辑"小方块2"进入其编辑窗口，将图层1中位图文件的x轴坐标修改为-133.3，如图13-50所示。

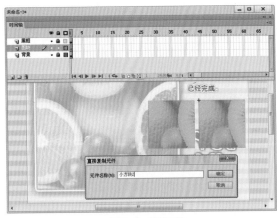

图13-49 复制元件

图13-50 移动位图

27 然后选中第1帧里的按钮元件"按钮"，将其动作代码修改如下。

```
on(press){
 startDrag(this);
 this.swapDepths(10);
 this._alpha = 70;
```

```
}
on (release) {
 stopDrag();
 if (Math.abs(this._x - 163.3) < 5 and Math.abs(this._y - 40) < 5)
 {
    this._x = 163.3;
    this._y = 40;
// 根据该元件的正确位置，对相应的值进行修改。
    _root.wanc += 1;
    this.gotoAndStop(2);
    }
this._alpha = 100;
}
```

28 回到主场景中，参照影片剪辑"小方块2"的创建方法，依次创建出其他7个小图块的影片剪辑，并依次修改好它们的动作代码，如图13-51所示。

29 通过"属性"面板依次修改影片剪辑"小方块1"、影片剪辑"小方块2"…… 影片剪辑"小方块9"的实例名称为"pt1"、"pt2"…… "pt9"，如图13-52所示。

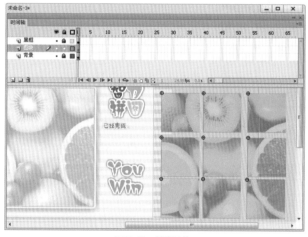

图13-51 创建元件

图13-52 修改实例名

30 选中"黑框"图层的第1帧，为其添加如下动作代码。

```
for (i=1; i<=10; i++) {
// 定义变量 i 在 1 至 10 之间循环。
    _root["pt"+i]._x = random(50)+460;
// 影片剪辑影片剪辑"小方块 1"…… 影片剪辑"小方块 9"的 x 轴坐标为 460 至 509 间的随机数。
    _root["pt"+i]._y = random(200)+160;
// 影片剪辑影片剪辑"小方块 1"…… 影片剪辑"小方块 9"的 y 轴坐标为 160 至 359 间的随机数。
}
// 这样影片开始时，这些小图块就会在舞台的右下角随机分布。
_root.wanc=0;
// 定义变量 _root.wanc 的初始值为 0。
```

31 选中影片剪辑"胜利"，为其添加如下动作代码。

```
onClipEvent (enterFrame) {
```

```
// 按帧频反复执行以下动作代码。
 if (_root.wanc<9) {
// 如果变量 _root.wanc 的值小于 9，即 9 个小图块没有放置正确。
    this._visible = false;
// 该元件将不显示。
 } else {
// 否则，即变量 _root.wanc 的值大于或等于 9 时，表示 9 个小图块都已经放置正确。
    this._visible = true;
// 该元件将显示。
 }
}
```

32 按下 "Ctrl+S" 键保存文件，按下 "Ctrl+Enter" 键测试影片，如图13-53所示。

图13-53　测试影片

请打开本书配套光盘 \ 实践案例 \ 第 13 章 \ 拼图游戏 \ 目录下的 "拼图游戏 .fla" 文件，查看本案例的具体设置。

13.3　ActionScript 3动作代码

13.3.1　ActionScript 3动作代码

ActionScript 2 动作代码是对 ActionScript 1 的升级、完善，而 ActionScript 3 则是一种全新的 Flash 编程语言，与 JavaScript 语言有些相似，是一种面向对象编程语言，ActionScript 3 的脚本编写功能超越了 ActionScript 的早期版本，它的构造更加科学、合理，旨在方便创建拥有大型数据集和面向对象的可重用代码库的高度复杂应用程序，因此，ActionScript 3 动作代码的执行速度可以比早期 ActionScript 动作代码快 10 倍左右。

ActionScript 3 为用户提供了可靠的编程模型，具备面向对象编程的基本知识的开发人员对此模型会感到似曾相识。ActionScript 3 中的一些主要功能包括。

☆新增的 ActionScript 虚拟机，称为 AVM2，它使用全新的字节码指令集，可使性能显著提高。

☆更为先进的编译器代码库，更为严格地遵循 ECMAScript (ECMA 262) 标准，并且相对于早期的编译器版本，可执行更深入的优化。

☆扩展并改进了应用程序编程接口 (API)，拥有对对象的低级控制和真正意义面向对象的模型。

☆基于即将发布的 ECMAScript (ECMA-262) 第 4 版草案语言规范的核心语言。

☆基于 ECMAScript for XML (E4X) 规范（ECMA-357 第 2 版）的 XML API。E4X 是 ECMAScript 的一种语言扩展，它将 XML 添加为语言的本机数据类型。

☆基于文档对象模型 (DOM) 第 3 级事件规范的事件模型。

ActionScript 3 动作代码中的 Flash Player API 包含许多允许用户在低级别控制对象的新类。语言的体系结构是全新的并且更加直观。与 ActionScript 2 动作代码一样，ActionScript 3 动作代码也是很复杂的，不可能一一讲解，下面也将通过比较、配合实例等，对 ActionScript 3 一些常用代码、使用方法进行讲解。

13.3.2　ActionScript 3与ActionScript 2的区别

前面介绍了 ActionScript 2 动作代码是对 ActionScript 1 的升级、完善，而 ActionScript 3 动作代码则是一种全新的 Flash 编程语言，是一种面向对象编程语言，而 ActionScript2 动作代码则只能算类似面向对象的编程。因此，ActionScript 3 动作代码就更为高级、规范，与 JavaScript、VB 和 C# 语言的结构、使用更为接近。

ActionScript 2 动作代码与 ActionScript 3 动作代码可以说是两种完全不同的编程语言，因此区别很多，主要包含以下几部分：

☆运行时异常机制处理：在编译阶段，ActionScript 2 动作代码采用的 AVM1（actionScript vitual machine），而 ActionScript 3 动作代码采用的是 AVM 2，因此 ActionScript 3 动作代码的运行速度更快。此外，ActionScript 3 动作代码还提供了异常情况的处理方案，ActionScript 2 动作代码出错时，AVM1 选择的是静默失败，让人不知道什么地方出错了，会浪费大量的时间去查错。而 AVM2 与目前主流的编译器一样，会对异常进行处理，输出错误提示，方便查找，从而大大提高工作效率。

☆事件机制：ActionScript 2 动作代码用户可以直接在影片剪辑、按钮、帧上直接编写程序，而 ActionScript 3 动作代码只能写在帧上，所有的事件都是需要触发器、监听器、执行器三种结构的，结构更加合理，执行效率将大大提升。

☆封装性：这是 ActionScript 2 动作代码与 ActionScript 3 动作代码最大的不同，ActionScript 3 动作代码引入了封装的概念，使得程序安全性大大提高，各个对象之间的关系也通过封装，访问控制得以确定，避免了不可靠的访问给程序带来的意外麻烦。

☆ XML：ActionScript 2 动作代码对 XML 的存取需要解析，而 AS3 则创新的将 XML 也视作一个对象，存取 XML 就像存取普通对象的属性一样方便，这点又大大提高了效率。

☆容器概念：ActionScript 3 动作代码引用了容器的概念，告别 ActionScript 2 动作代码一个 MovieClip 打天下的局面，使最后生成的文件较小，更为节省资源。

综上所述 ActionScript 3 动作代码相比 ActionScript 2 动作代码面向对象编程的特性更强了，语言编写更为规范，执行效果更高……因此，比较适合大型、结构复杂、数据交换频繁的程序。

尽管 ActionScript 3 动作代码的优势很明显，但也不能说 ActionScript 2 动作代码就完全没有可取之处。正是因为 ActionScript 3 动作代码的这些优点，使其相对 ActionScript 2 动作代码更加难以掌握，不像 ActionScript 2 动作代码那样能快速入门、轻松上手。就好像枪和刀的关系，枪虽然先进，但近距离搏斗时，还是刀比较实用。而且，使用 ActionScript 2 动作代码编辑一些小程序，其功能还是绰绰有余。因此，在进行程序编辑时，根据制作影片的要求，灵活选用适当的动作代码进行编程是最好的。

下面就通过一个简单的 ActionScript 3 动作代码的实例制作，使读者对 ActionScript 3 动作代码的使用、构造有一个初步的了解。

13.3.3　实践案例：动态导航菜单

网站导航菜单通常位于网站首页的顶端，用于建立该网站中各大版面的链接，方便用户快速的打开网站各大版面并进行浏览，其作用就好像书中的目录一样。请打开本书配套光盘 \ 实践案例 \ 第 13 章 \ 动态导航菜单 \ 目录下的 "动态导航菜单 .swf" 文件，观看本案例的完成效果，如图 13-54 所示。

图13-54　完成的文件

01 开启Flash CS6进入到开始界面，在开始界面中单击"ActionScript 3.0"文档类型，创建一个新的文档，然后将其保存到本地的文件夹中。

02 在"属性"面板中将舞台的大小修改为长720、宽60，如图13-55所示。

03 将图层1改名为"黑框"，在该图层中绘制一个大过舞台的黑色矩形，再绘制一个正好可以覆盖住舞台的白色矩形，然后删除掉白色矩形和所有的线条，这样就得到一个只显示出舞台的大黑框，如图13-56所示。

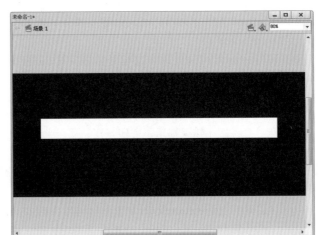

图13-55　调整舞台大小　　　　　　　　　　　　　图13-56　绘制黑框

04 执行"文件→导入→导入到库"命令，将本书配套光盘\实践案例\第13章\动态导航菜单\目录下的所有声音、位图文件导入到元件库中。

05 在"黑框"图层的下方插入一个新的图层为"背景"，然后从元件库中将位图文件拖曳到舞台中，调整好其大小、位置，如图13-57所示。

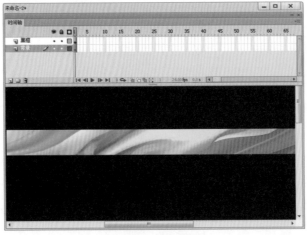

图13-57　调整位图

06 将位图转换为一个影片剪辑，名称为"背景"，并修改其实例名为"bj"。然后进入其编辑窗口，再将其中的位图转换为一个影片剪辑，名称为"图片"。

07 将第10、20、30帧转换为关键帧，然后通过"属性"面板分别修改第10、20帧中影片剪辑"图片"的色彩效果为"高级"，具体参数设置如图13-58所示。

图13-58　设置色彩效果

08 为该图层创建传统补间动画，这样就得到了位图色彩变化的动画效果。

09 依次为第1、10、20帧添加如下动作代码。

```
Stop();
```
// 影片剪辑分别会在第 1、10、20 帧处停止播放。

10 在主场景中插入一个新的图层"动画"，然后在该图层绘制出一个圆角矩形，并将其转换为一个影片剪辑，名称为"方块"，修改其实例名为"mc"，如图13-59所示。

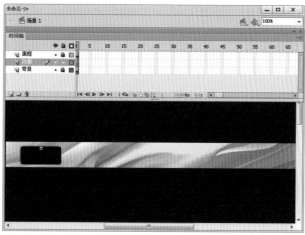

图13-59　创建影片剪辑

11 进入该元件的编辑窗口，将该元件的显示帧延长到第21帧，并在图层1的下方插入一个新的图层，然后将图层1转换为遮罩层，如图13-60所示。

图13-60　编辑影片剪辑

12 将图层2的第2帧转换为空白关键帧，然后在该帧中使用刷子工具绘制出液体流下的图形，如图13-61所示。

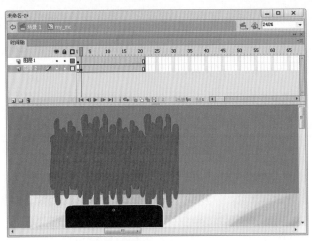

图13-61 绘制图形

13 将第11、21帧转换为关键帧，然后调整各帧中图形的位置。使第11帧时，图形的中间正好被遮罩，第21帧时，不被遮罩，如图13-62所示。

图13-62 第11、21帧时的情况

14 为图层2创建形状补间动画，这样就得到了液体流下的动画效果。

15 依次为第1、11、21帧添加如下动作代码。

```
Stop();
// 影片剪辑分别会在第 1、11、21 帧处停止播放。
```

16 在主场景的"动画"图层上方插入一个新的图层"文字"，然后在该图层中依次创建黑色的静态文本"公司首页"、"业务介绍"、"招聘信息"、"关于我们"、"售后服务"，并为其添加白色的"发光"滤镜效果，如图13-63所示。

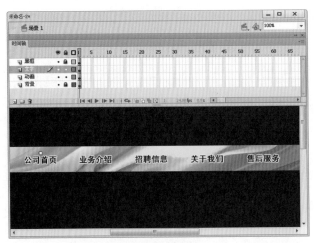

图13-63 创建文本

17 按下"Ctrl+G"键创建一个空组合，然后在该组合中绘制一个半透明的白色矩形，作为菜单的高光效果，是菜单效果更加美观，如图13-64所示。

18 回到主场景中，在"文字"图层的上方插入一个名为"按钮"的图层，然后在该图层中绘制一个矩形并将其转换为一个按钮元件，名称为"按钮"， 如图13-65所示。

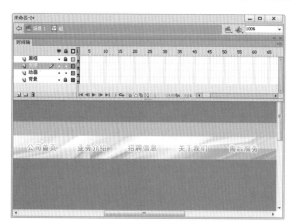

图13-64 编辑高光效果　　　　　　　　　　　图13-65 创建按钮

19 进入按钮元件的编辑窗口，将"弹起"帧拖曳到"点击"帧，这样就得到了一个隐形按钮。

20 将"指针经过"帧转换为空白关键帧，通过"属性"面板为该帧添加声音"sound"， 如图13-66所示。

图13-66 添加声音

21 回到主场景中，对按钮元件进行复制，使每个文本上方都有一个按钮元件，如图13-67所示。

22 依次修改各按钮元件的实例名为"a_btn、b_btn……e_btn"， 如图13-68所示。

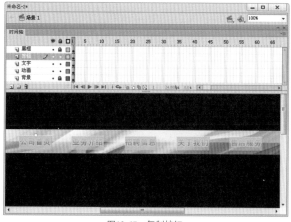

图13-67 复制按钮　　　　　　　　　　　图13-68 修改实例名

23 选中"黑框"图层的第1帧，为其添加如下动作代码。

```
import flash.events.MouseEvent;
// 导入鼠标响应类。
var colorArray:Array=new Array("0xFF3300","0xFF66FF","0x009900","0x660066",
"0x0099FF");
// 定义颜色数组，对于颜色的代码，用户可以通过"颜色"面板查看。
var posArray=[85,220,355,490,625];
// 定义位置数组。
var trans=new Transform(mc);
var my_color=new ColorTransform();
// 定义颜色函数。
a_btn.addEventListener("mouseOver",funA);
b_btn.addEventListener("mouseOver",funB);
c_btn.addEventListener("mouseOver",funC);
d_btn.addEventListener("mouseOver",funD);
e_btn.addEventListener("mouseOver",funE);
// 定义各按钮的鼠标经过事件。
a_btn.addEventListener("mouseOut",back);
b_btn.addEventListener("mouseOut",back);
c_btn.addEventListener("mouseOut",back);
d_btn.addEventListener("mouseOut",back);
e_btn.addEventListener("mouseOut",back);
// 定义各按钮的鼠标离开事件。
a_btn.addEventListener("mouseDown",rula);
b_btn.addEventListener("mouseDown",rulb);
c_btn.addEventListener("mouseDown",rulc);
d_btn.addEventListener("mouseDown",ruld);
e_btn.addEventListener("mouseDown",rule);
// 定义各按钮的鼠标单击事件。
function rula(me:MouseEvent){
 var url=new URLRequest("http://www.163.com");
navigateToURL(url);
}
function rulb(me:MouseEvent){
 var url=new URLRequest("http://www.165.com");
navigateToURL(url);
}
function rulc(me:MouseEvent){
 var url=new URLRequest("http://www.166.com");
navigateToURL(url);
}
function ruld(me:MouseEvent){
 var url=new URLRequest("http://www.167.com");
navigateToURL(url);
}
function rule(me:MouseEvent){
 var url=new URLRequest("http://www.168.com");
```

```
navigateToURL(url);
}
// 定义各按钮单击事件的链接。
function funA(me:MouseEvent){
 color(0);
 tween(0);
}
function funB(me:MouseEvent){
 color(1);
 tween(1);
}
function funC(me:MouseEvent){
 color(2);
 tween(2);
}
function funD(me:MouseEvent){
 color(3);
 tween(3);
}
function funE(me:MouseEvent){
 color(4);
 tween(4);
}
// 定义鼠标经过时，执行改变颜色、位置改变的函数。
function back(me:MouseEvent){
 mc.gotoAndPlay(11);
}
// 定义鼠标离开时，影片剪辑"方块"转到第11帧并播放，即液体流下的动画。
function color(i){
 my_color.color=colorArray[i];
 trans.colorTransform=my_color;
}
// 定义函数根据前面定义的数组改变颜色。
function tween(j){
mc.x=posArray[j];
 mc.gotoAndPlay(2);
bj.play();
}
// 定义鼠标经过时的函数，影片剪辑"方块"转到第2帧并播放，背景也开始播放。
```

24 　　按下"Ctrl+S"键保存文件，按下"Ctrl+Enter"键测试影片，如图13-69所示。

图13-69　测试影片

请打开本书配套光盘 \ 实践案例 \ 第 13 章 \ 动态导航菜单 \ 目录下的"动态导航菜单 .fla"文件，查看本案例的具体设置。

13.3.4 代码片段

前面介绍了，在使用 ActionScript 2 动作代码时，用户可以通过"行为"面板为对象添加行为命令，从而快捷的实现影片的互动功能，但行为命令不能用于 ActionScript 3 动作代码的影片，这对于一些初学者是一件遗憾。但是，ActionScript 3 动作代码的影片又为初学者提供了另一项便捷的功能，这就是"代码片段"。

执行"文件→代码片段"命令可以开启"代码片段"面板，在该面板中包含了许多常用的 ActionScript 3 动作代码的片段，如图 13-70 所示。

在使用时，用户可以选中需要的代码片段，

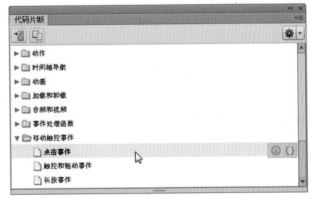

图13-70 "代码片段"面板

然后单击面板左上角的"添加到当前帧"按钮或用鼠标左键双击该代码片段，即可将其添加到影片中。按下"F9"键开启"动作"面板就可以看见添加的动作代码及其使用说明，如图 13-71 所示。

图13-71 代码片段及说明

当用户在"代码片段"面板中选取代码片段时，代码片段的后方会出现一个"显示说明"按钮和一个"显示代码"按钮，单击它们会出现一个说明对话框，分别显示该代码片段说明和内容，如图 13-72 所示。

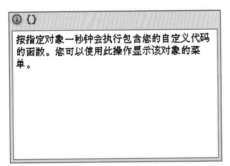

图13-72 代码说明和代码片段

与行为命令的使用有所不同，代码片段在添加完成后，通常还需要用户添加一些对应的动作代码或对已经添加的代码片段进行一定的修改，才能达到需要的效果。但不管怎么说，代码片段毕竟为用户开启了一条快速使用 ActionScript 3 动作代码的便捷通道。下面就通过一个简单的实例，帮助读者了解代码片段使用的方法。

13.3.5 实践案例：遥控坦克

请打开本书配套光盘\实践案例\第13章\遥控坦克\目录下的"遥控坦克.swf"文件，使用键盘上的方向键对坦克进行控制，如图 13-73 所示。

01 开启Flash CS6进入到开始界面，在开始界面中单击"ActionScript 3.0"文档类型，创建一个新的文档，然后将其保存到本地的文件夹中。

02 绘制一个可以覆盖舞台的绿色矩形作为影片的草坪背景。

03 在舞台中配合使用各种绘图工具，绘制出一辆黄色的小坦克，然后将其转换为一个影片剪辑"坦克"，如图13-74所示。

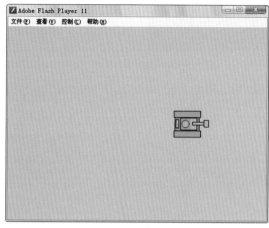

图13-73　完成的文件

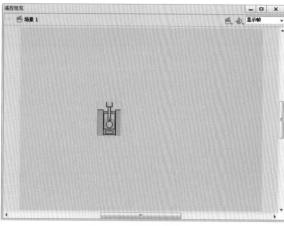

图13-74　创建影片剪辑

04 在"属性"面板中修改影片剪辑"坦克"的实例名为"tank"，如图13-75所示。

05 执行"文件→代码片段"命令开启"代码片段"面板，然后展开"动画"栏并选择"用键盘箭头移动"这条代码片段，按下"添加到当前帧"按钮，将其添加到帧上，如图13-76所示。

图13-75　创建影片剪辑

图13-76　添加代码片段

06 这时用户可以按下"Ctrl+Enter"键测试一下影片，发现坦克元件可以用方向键进行控制了，但只可以移动到舞台以外，而且角度不能改变，如图13-77所示。

07 要得到正确的效果，还需为其添加相应的动作代码，按下"F9"键打开"动作"面板。

08 选中第1帧，然后将第19行至41行的代码修改如下。

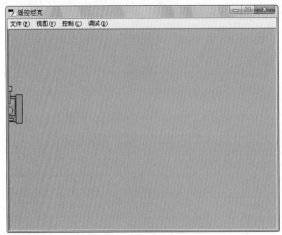

图13-77 测试影片

```
function fl_MoveInDirectionOfKey(event:Event)
{
    if (upPressed && tank.y>30)
    {
```
// 添加了 "&& tank.y>30"，这样按下向上键时，如果坦克的y轴坐标小于30，则下面的代码将不执行，即不能再向上移动了。
```
        tank.y -= 5;
        tank.rotation = 0;
```
// 添加了 "tank.rotation = 0"，这样按下向上键时，坦克的角度就为0度，即炮塔向上。
```
    }
    if (downPressed && tank.y<370)
    {
        tank.y += 5;
        tank.rotation = 180;
    }
    if (leftPressed  && tank.x>30)
    {
        tank.x -= 5;
        tank.rotation = -90;
    }
    if (rightPressed && tank.x<510)
    {
        tank.x += 5;
        tank.rotation = 90;
    }
}
```

09 按下"Ctrl+S"键保存文件，按下"Ctrl+Enter"键测试影片，如图13-78所示。

请打开本书配套光盘\实践案例\第13章\遥控坦克\目录下的"遥控坦克.fla"文件，查看本案例的具体设置。

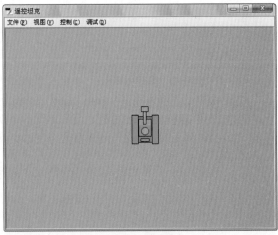

图13-78 测试影片

第14章

组件的应用与设置

Flash 是一款十分人性化的软件，不仅从编辑窗口的布局、程序编辑时的脚本助手、新建影片时准备好的模板等方面得到体现，在影片编辑时也提供了大量组件供用户选择，帮助用户轻松、快速的完成影片的制作。

FLASH

组件的用途

组件就是集成了一些特定功能的，并且可以通过设置参数来决定工作方式的影片剪辑。设计这些组件的目的，是为了让 Flash 用户轻松使用和共享代码，编辑复杂功能、简化工序，使用户无需重复新建元件、编写 ActionScript 动作代码，就能够快速实现需要的效果。

使用组件，即使用户对 ActionScript 动作代码没有深入的了解，也可以构建出复杂的 Flash 应用程序。用户不必重复创建自定义按钮、组合框和列表等，只需要将这些组件从组件面板中拖曳到舞台上，即可为 Flash 动画影片添加相应的功能。此外，用户还可以方便地自定义组件的外观等，从而满足对设计的需求。

最早出现在 Flash MX 中的组件，是基于 Web 标准的 UI 组件，因此该类组件大量被应用于人机互动的界面制作中。而随着 Flash 版本的升级，Flash 组件的种类也逐渐增多，涉及的领域也越来越广泛，由单一的界面设计发展到网站制作、多媒体使用等方面。而 Flash 强大的自定义组件功能及下载组件功能，使组件的种类更加繁多，适用的领域也更加宽阔，几乎覆盖了 Flash 所有可以涉及到的范围，因此组件不仅是 Flash 重要的组成部分，也是用户学习 Flash 需要掌握的部分。

 组件的分类

执行"窗口→组件"命令可以开启 Flash 的"组件"面板，在默认状态下组件根据其用途的不同可分为三类：Flex 组件（AS3）、Media 组件（AS2）、User Interface 组件、Video 组件，如图 14-1 所示。

 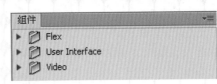

图14-1　组件面板

此外，用户还可以方便地为 Flash 添加各种功能不同的自定义组件，以便更加快捷地创建出各种精彩的影片。

14.2.1　Flex组件

为了吸引更多的 jsp、asp、php 等程序员，Macromedia 推出了 Flex，用非常简单的 mxml 来描述界面，这与 jsp、asp、php 程序人员使用 html 非常相似，但 mxml 更加规范化、标准化。Flex 为用户提供了一个高效、免费的开源框架，可用于构建具有表现力的 Web 应用程序，这些应用程序利用 Adobe Flash Player 和 Adobe AIR 运行时，可以跨浏览器、桌面和操作系统实现一致的部署。

在 Flash 中使用 ActionScript 3.0 和 Flex 组件可以建立起类似于 java swing 的类库和相应 component，通过 java 或者 net 等非 Flash 途径，解释 .mxml 文件组织 components，并生成相应的 swf 文件，并可以访问本地数据和系统资源。

14.2.2　Media组件

该类组件在使用 AS2 动作代码时可用，通过这些组件用户能够很方便地将流媒体文件加载到 Flash 影片中并控制播放，如图 14-2 所示。包括以下三种媒体组件。

☆ MediaDisplay 组件：用于处理视频和音频文件并将其播放出来，但在播放过程中用户无法对其进行控制。

☆ MediaController 组件：是用来控制媒体播放、暂停的标准用户界面控制器，但不能在该组件中显示出媒体内容。

☆ MediaPlayback 组件：是 MediaDisplay 组件和 MediaController 组件的结合，它以流媒体的方式播放视频和音频数据，并可以对其进行控制。

图14-2　Media组件

14.2.3　User Interface组件

该类组件是最常用的 Flash 组件，用于制作各类人机对话界面，包括了各种界面制作中需要的组成元素，如按钮、菜单、窗口、选择按钮、对话框、输入框等。

☆ Accordion 组件：该组件是包含一系列子项（一次显示一个）的浏览器，如图 14-3 所示。每个项目中可以包含不同的显示内容。通过属性面板可以完成对其项目名、实例名、显示内容等的设置。

☆ Alert 组件：该组件是一个信息对话框，向用户提供一条消息和响应按钮，可以通过使用 Alert. okLabel、Alert.yesLabel、Alert.noLabel 和 Alert.cancelLabel 动作代码更改按钮的标签和对话框中的内容，如图 14-4 所示。

图14-3　Accordion组件

图14-4　Alert组件

☆ Button 组件：该组件是一个可调整大小的矩形用户界面按钮，用户可以通过属性面板修改其中的文字内容，如图 14-5 所示。

图14-5　Button 组件

☆ CheckBox 组件：复选框组件是一个可以选中或取消选中形方框形组件，当它被选中后，框中会出现一个勾形标记，在属性面板中，可以设置复选框的内容，如图 14-6 所示。

☆ ColorPicker 组件（AS3）：该组件是一个颜色选取组件，使用该组件用户可以在影片中选取 216 个基本色，如图 14-7 所示。

图14-6　CheckBox 组件

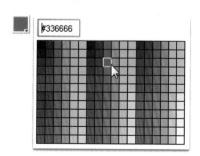

图14-7　ColorPicker组件

☆ ComboBox 组件：该组件是一个下拉菜单，通过属性面板可以设置它的菜单项目数及各项的内容，在影片中进行选择时既可以使用鼠标也可以使用键盘，如图 14-8 所示。

☆ DataGrid 组件：可以使用户创建强大的数据驱动显示和应用程序。使用 DataGrid 组件，可以实例化使用 Macromedia Flash Remoting 的记录集（从 Macromedia ColdFusion、Java 或 .Net 中的数据库查询中检索），然后将其显示在实例中。用户也可以使用它显示数据集或数组中的数据，该组件有水平滚动、更新的事件支持、增强的排序等功能。

☆ DateChooser 组件：是一个允许用户选择、查看日期的日历，并可以通过属性面板对其显示的风格进行修改，如图 14-9 所示。

图14-8　ComboBox 组件

☆ DateField 组件：该组件是一个带日历的文本字段，它将显示右边所带日历的日期。如果未选定日期，则该文本字段为空白。当用户用鼠标在日期字段边框内的任意位置单击时，会弹出一个日期选择器，供用户选择，如图 14-10 所示。

图14-9　DateChooser 组件

图14-10　DateField 组件

☆ Label 组件：一个 Label 组件就是一行文本，它的作用与静态文本的作用相似。

☆ List 组件：List 组件是一个可滚动的单选或多选列表框。该列表还可显示图形内容及其他组件，用户可以通过属性面板，完成对该组件中各项内容的设置，如图 14-11 所示。

☆ Loader 组件：好比一个显示器，可以显示 SWF 或 JPEG 文件。用户可以缩放组件中内容的大小，或者调整该组件的大小来匹配内容的大小。在默认情况下，将调整内容的大小来适应组件。

☆ Menu 组件：使用户可以从弹出菜点中选择一个项目，这与大多数软件应用程序的"文件"或"编辑"命令相似。当用户滑过或单击一个按钮时，会在应用程序中打开 Menu 组件。

图14-11　List组件

☆ MenuBar 组件：使用 MenuBar 组件，可以创建带有弹出菜单和命令的水平菜单栏，就像常见的软件应用程序中包含"文件"菜单和"编辑"菜单的菜单栏一样，如图 14-12 所示。MenuBar 组件是对 Menu 组件功能的完善。

☆ NumericStepper 组件：该组件允许用户逐个通过一组排序数字。分别单击向上、向下箭头按钮，文本框中的数字产生递增或递减的效果，该组件只能处理数值数据，如图 14-13 所示。

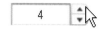

图14-12　MenuBar 组件　　　　　　　　　　图14-13　NumericStepper 组件

☆ ProgressBar 组件：是一个显示加载情况的进度条。通过属性面板，可以设置该组件中文字的内容及相对位置等，如图 14-14 所示。

☆ RadioButton 组件：该组件是一个单选按钮，用户只能选择同一组选项中的一项。每组中必须有两个或两个以上的 RadioButton 组件，当一个被选中，该组中的其他按钮将取消选择，如图 14-15 所示。用户可以设置 groupName 参数来划定数个单选按钮的组别。

图14-14　ProgressBar组件　　　　　　　　　图14-15　RadioButton组件

☆ ScrollPane 组件：在一个可滚动区域中显示影片剪辑、JPEG 文件和 SWF 文件，如图 14-16 所示。通过使用滚动窗格，可以限制这些媒体类型所占用屏幕区域的大小。滚动窗格可以显示从本地磁盘或 Internet 加载的内容。

☆ Slider 组件：该组件是一个滑块控制器组件，可以用来制作音量控制器等，如图 14-17 所示。

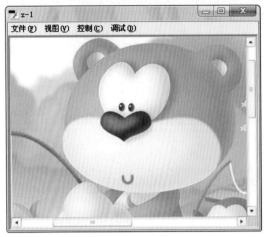

图14-16　ScrollPane组件 　　　　　　　　　　　　图14-17　Slider组件

☆ TextArea 组件：TextArea 组件的效果，等于对 ActionScript 的 TextField 对象进行换行。用户可以使用样式自定义 TextArea 组件。

☆ TextInput 组件：TextInput 组件是单行文本组件，其作用与动态文本、输入文本类似。

☆ Tree 组件：使用 Tree 组件，可以分层查看数据。在该组件中，项目将以"树"的形式展开，就如同 windows 的资源管理器展开效果一样。

☆ UIScrollBar 组件：UIScrollBar 组件允许将滚动条添加至文本字段。该组件的功能与其他所有滚动条类似，在它两端各有一个箭头按钮，按钮之间有一个滚动轨道和滚动滑块。它可以附加至文本字段的任何一边，既可以垂直使用也可以水平使用，如图 14-18 所示。

☆ Window 组件：Window 组件是一个可以在具有标题栏、边框和关闭按钮（可选）的窗口内显示影片剪辑内容的组件，如图 14-19 所示。

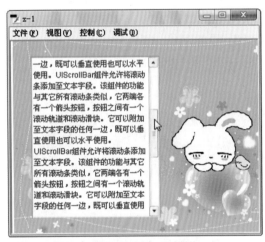

图14-18　UIScrollBar组件 　　　　　　　　　　　　图14-19　Window组件

14.2.4　Video组件

☆ FLVPlayback 组件：该组件可以轻松地在 Flash 影片中添加视频播放器，以便播放通过 HTTP 渐进式下载的 Flash 视频 (FLV) 文件，或者从 Flash Communication Server (FCS) 及 Flash Video Streaming Service (FVSS) 中播放 FLV 文件流。此外，用户还可以根据喜好，修改播放器的外观，如图 14-20 所示。

☆ FLVPlayback UI 系列组件：该系列组件由 BackButton、BufferingBar、ForwardButton、MuteButton、PauseButton、PlayButton、PlayPauseButton、SeekBar、StopButton 和 VolumeBar 等组件组成，如图 14-21 所示。使用这些组件，用户可以自定义界面，创建出风格独特的 FLV 视频播放器。

图14-20　修改播放器外观　　　　　　　　　　　　　图14-21　AS2和AS3的Video组件

 ## 14.3　组件的应用与设置

组件的应用是十分方便的，用户通常只需要将其拖曳到舞台中，然后通过"属性"面板或"组件检查器"面板对其参数进行设置，或者在"动作"面板中按其固有的格式添加动作代码，就能在影片中使用组件了。

14.3.1　在影片中加入组件

执行"窗口→组件"命令或按下"Ctrl+F7"快捷键，开启 Flash 的"组件"面板，然后在面板中选择要使用的组件，对其双击鼠标左键或将其拖曳到绘图工作区中。这时按下"F11"键开启元件库，就可以看见刚才添加的组件都已经出现在影片的元件库中了。

根据制作需要，用户还可以使用"任意变形工具"调整好组件的大小和它们的位置，这样就完成了在影片中添加组件的操作，如图 14-22 所示。

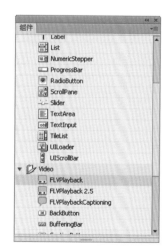

图14-22　添加组件

14.3.2　组件的参数设置

当向影片中添加组件的工作完成后，依次选择舞台中的组件，通过"属性"面板上的"组件参数"卷展栏中的控件就可以完成对组件的参数设置。

选择不同的组件其"组件参数"卷展栏中显示的内容也不同，这是因为每一种组件都有其特定的参数设置。用户选中要更改的参数，用鼠标左键双击该参数后的输入框，就可以直接输入、或在下拉菜单中选择、或在弹出的对话框中设置，完成对该参数的修改。通过对组件参数的设置，可以实现对组件实例名、显示文字、项目数、项目显示文字、项目值、读取路径、组件样式等的修改。

例如，将一个 ComboBox 下拉菜弹组件放置到舞台中，然后将属性面板切换到"组件参数"卷展栏，如图 14-23 所示。

图14-23　"组件参数"卷展栏

　☆ data：设置 ComboBox 组件中每项的值。

　☆ editable：确定 ComboBox 组件是可编辑 (true)，还是只能选择 (false)。

　☆ labels：定义 ComboBox 组件中每项的显示内容。

　☆ rowCount：设置下拉菜单中最多可以显示的项数。

　☆ restrict：用与限制下拉菜单的某些功能。

　☆ enabled：用于激活项目能否被选取。

　☆ visible：用于是否显示该组件。

　☆ minHeight、minWidth：用于设置组件的最小长和宽。

用鼠标单击 data 参数后面的中括号，打开"值"对话框，然后按下加号按钮，填加 7 个新项目，依次设置它们的值为 1~7，如图 14-24 所示。

用鼠标左键双击 labels 参数后的中括号，在弹出的"值"对话框中，设置各项的显示内容，如图 14-25 所示。

图14-24　添加项目

图14-25　添加项目

最后直接将 rowCount 参数修改为 7，使该菜单最大可以显示 7 项，如图 14-26 所示。

值为5时　　　　值为7时

图14-26　对比效果

勾选"editable"项，并设置好其最小显示的长和宽，这样 ComboBox 组件，将添加到影片中了。但实际的制作中，用户还需要通过动作代码获取该组件值的变化，并进行相应的处理，才能使其真正产生作用。

14.3.3　组件的绑定

在对一些组件进行复杂设置时，如两个组件间的数据绑定。用户还可以执行"窗口→组件检查器"命令（快捷键为"Alt+F7"）开启组件检查器面板，在该面板中完成相关的设置，如图 14-27 所示。

图14-27　设置绑定

为了使读者对组件的使用有一个具体的认识，下面就通过一个完整的实践案例，对组件的使用、参数的设置进行更深入的讲解。

14.3.4　实践案例：电子日历

请打开本书配套光盘 \ 实践案例 \ 第 14 章 \ 电子日历 \ 目录下的"电子日历 .swf"文件，观看本案例的完成效果，如图 14-28 所示。

图14-28　实例完成效果

在本实例的制作过程中，一共使用了 3 种不同的组件，并对它们进行了数据绑定，实现了它们间的数据共享，并通过动作代码实现了数据的输出，使日历能根据其数据的改变而变化。

01 开启 Flash CS6 进入到开始界面，在开始界面中单击"ActionScript 2.0"文档类型，创建一个新的文档，然后将其保存到本地的文件夹中。

02 在"属性"面板中修改文档的尺寸为宽 800 像素、高 600 像素，帧频为 120，如图 14-29 所示。

03 执行"文件→导入→导入到库"命令，将本书配套光盘\实践案例\第 14 章\电子日历\目录下的所有声音文件和位图文件导入到影片的元件库中，便于后面制作时调用。

04 执行"窗口→组件"命令（快捷键为"Ctrl+F7"），开启的组件面板，如图 14-30 所示。

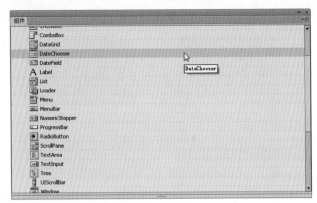

图14-29　修改文档尺寸　　　　　　　　图14-30　组件面板

05 从组件库中分别将DateChooser组件、Label组件、TextInput组件拖曳到绘图工作区中，然后通过属性面板依次修改它们的实例名为："DataChooser、YY_choose、month"，如图14-31所示。

06 调整好各组件的位置和大小，使其如图14-32所示。

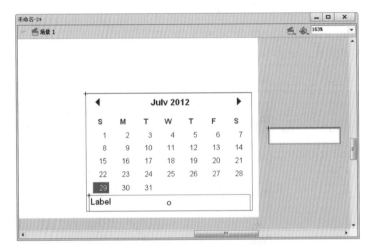

图14-31　设置实例名　　　　　　　　　　图14-32　调整大小

07 选中DateChooser组件，在"属性"面板的"组件参数"卷展栏中就可以看见该组件的各项参数了，如图14-33所示。

08 单击"dayNames"选项后的内容，弹出"值"对话框，在该对话框中依次修改第0项至第6项的值为："日、一……六"，如图14-34所示。

图14-33　各项参数　　　　　　　　　　　图14-34　修改星期显示参数

dayNames：用于设置一星期中各天的显示名称。

disabledDays：指示一星期中禁用的各天。

firstDayOfWeek：指示一星期中的哪一天是显示在日期选择器的第一列中，既可决定星期排列的顺序。

monthNames：设置日历标题行中月份名称的显示内容。

showToday：指示是否要加亮显示今天的日期。

enabled：用于激活选项能否被选取。

visible：用于是否显示该组件。

minHeight、minWidth：用于设置组件的最小长和宽。

09　单击"monthNames"项目后的内容，弹出"值"对话框，在该对话框中依次修改第0项至第11项的值为"一月、二月……十二月"， 如图14-35所示。

10　选中舞台中的Label组件，通过属性面板修改autoSize项的值为"center"，html项的值为"true"，text项的值为"请选择日期："，如图14-36所示。

图14-35　修改月显示参数

图14-36　修改Label组件参数

autoSize：指定文字的对齐方式。

html：指示标签是否采用 HTML 格式。

text：设置标签文本的显示内容。

11　在选定DateChooser组件的情况下，执行"窗口→组件检查器"命令（快捷键"Shift+F7"），开启的组件检查器面板。

12　单击组件检查器面板顶部的"绑定"标签，切换到绑定面板，然后单击左上角的"添加绑定"按钮，弹出"添加绑定"对话框并选择"selectedDate:Date"选项，按下确定按钮，完成绑定项目的添加，如图14-37所示。

图14-37　添加绑定项目

13 用鼠标左键双击绑定面板中的"bound to"选项，弹出"绑定到"对话框，在该对话框中选定绑定对象为Label组件，然后按下"确定"按钮，这样就实现了对日期数据的绑定，如图14-38所示。

图14-38 选择绑定对象

14 参照上面的编辑方法，再为DateChooser组件、TextInput组件创建一个月份的数据绑定，如图14-39所示。

图14-39 编辑绑定

15 将图层1改名为"组件"并锁定，然后在该图层的下方插入一个新的图层，从元件库中将所有的位图文件拖曳到绘图工作区中，再根据位图的编号，分别将它们转换为影片剪辑："p01"、"p02"、"p03"……"p12"。

16 框选它们并单击鼠标右键，在弹出的命令菜单中选择"分散到图层"命令，将所有的位图文件分散到单独的图层中，然后依次调整好它们的大小、位置，使各影片剪辑正好覆盖住舞台，如图14-40所示。

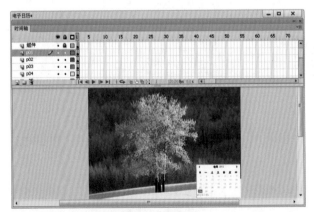

图14-40 调整位置

17 使用鼠标选中影片剪辑"p01"，通过动作面板为其添加如下动作代码。

```
onClipEvent (load) {
// 载入帧。
    this._alpha = 0;
// 该元件的透明度为 0，既不可见。
}
onClipEvent (enterFrame) {
// 以帧频加载。
    if (_root.month.text == 0) {
// 如果从 TextInput 组件中获取的月份值为 0，既表示一月份。
        this._alpha += 10;
// 该元件的透明度递加 10，既产生淡入效果。
    } else {
// 否则。
        this._alpha -= 10;
// 该元件的透明度递减 10，既产生淡出效果。
    }
    if (this._alpha>100) {
// 当该元件的透明度大于或等于 100 时。
        this._alpha = 100;
// 该元件的透明度为 100，即可见。
    }
    if (this._alpha<0) {
// 当该元件的透明度小于 0 时。
        this._alpha = 0;
// 该元件的透明度为 0，既完全透明。
    }
}
```

18 在时间轴上将"p01"图层设置为不可见，然后选择影片剪辑"p02"，为其添加如下动作代码。

```
onClipEvent (load) {
    this._alpha = 0;
}
// 设置该元件的初始状态为透明。
onClipEvent (enterFrame) {
    if (_root.month.text == 1) {
// 如果从 TextInput 组件中获取的月份值为 1，既表示二月份。
        this._alpha += 10;
    } else {
        this._alpha -= 10;
    }
    if (this._alpha>100) {
        this._alpha = 100;
    }
    if (this._alpha<0) {
```

```
                this._alpha = 0;
        }
    // 根据月份的数据判断该影片剪辑是否显现。
    }
```

19 参照影片剪辑"p01、p02"上的动作代码,为其他的影片剪辑添加相应的动作代码。

20 在所有图层的上方插入一个新的图层,将其命名为"文字",在该图层绘图工作区的左上角输入文字"电子相册",设置字号为40,然后依次将文字的颜色改为蓝、绿、橙、黄,以象征四季,如图14-4所示。

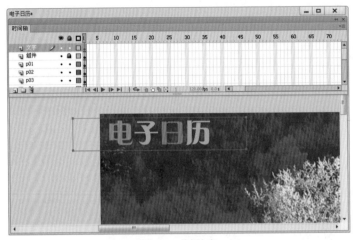

图14-41 编辑文字

21 通过属性面板为其添加一个白色的发光效果,设置模糊为10,强度为1000%。然后再为其添加一个白色的发光效果,设置模糊为20,强度为100%,从而使效果更加美观,如图14-42所示。

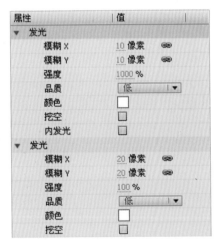

图14-42 编辑文字效果

22 选中"文字"图层的第1帧,为其添加如下动作代码。

```
_quality = "LOW";
// 设置影片的质量为差。
time = new Date();
// 创建一个新的时间。
_root.yue=time.getMonth();
```

// 定义变量"_root.yue"等于系统当前的月份。

_root.month.text=_root.yue;

// 定义变量"_root.month.text"等于变量"_root.yue"，这样就可以获取变量"_root.month.text"的初始值，使影片一开始就显现出当前月份的图片。

_global.styles.TodayStyle.setStyle("color",0xFFFF00);

// 定义日历组件，今天的数字显示为黄色。

23 选中"组件"图层的第1帧，通过属性面板为其添加一个声音文件sound01，设置同步为事件、循环，如图14-43所示。

24 按下"Ctrl+S"键保存文件，按下"Ctrl+Enter"键测试影片，如图14-44所示。

图14-43 添加声音   图14-44 测试影片

请打开本书配套光盘\实践案例\第 14 章\电子日历\目录下的"电子日历 .fla"文件，查看本案例的具体设置。

第15章
影片测试与发布

　　影片制作完成后，用户可以通过 Flash 的测试功能对影片进行测试，并进行合理的调试。通过发布设置功能来优化影片，并通过输出、发布功能获取各种不同格式的文件，以便不同的软件、平台使用。

F L A S H

15.1 影片的测试

通常情况下,执行"控制→测试影片→测试"命令或者按下"Ctrl+Enter"键,就可以打开测试播放器对影片进行测试,同时还可以生成一个对应的 swf 文件。测试影片能帮助用户及时发现影片中的错误,以便更改,从而得到需要的影片。

15.1.1 在编辑模式中测试影片

在进行影片的编辑时,用户可以在拖曳时间轴上的时间线,或者按下时间轴上的播放按钮,就能在编辑模式下,直接对影片进行预览。

在编辑模式下进行测试的优点是可以即时预览编辑的动画,不足就是当影片中包含影片剪辑时,影片剪辑中的动画在主场景预览时将不被播放,这时用户只有进入该影片剪辑中,采用上述的方法对影片剪辑进行预览。

此外,由动作代码实现的动画效果或互动程序,也不能在编辑模式中测试其效果,因此动作代码是基于 Adobe Flash Player 播放器的,因此只能在 Adobe Flash Player 播放器中进行测试。

15.1.2 在播放器中测试影片

要预览完整的影片,用户还是只有执行"控制→测试影片→在 Flash Professional 中"命令打开测试播放器对影片的整体效果进行测试。

同时用户还可以通过执行"控制→测试场景"命令,对影片的当前场景或当前影片在剪辑中的内容进行单独的测试,同时系统会自动生成一个文件名加场景或元件名的 swf 文件,如图 15-1 所示。

图15-1 生成的文件

此外,用户还可以根据制作的不同,选择"控制→测试影片"命令菜单下的系列命令,为完成的影片选择不同的环境进行测试。

15.1.3 实践案例:模拟下载

Flash 测试播放器是基于 Adobe Flash Player 播放器的,但为了方便测试影片,该播放器增加了"显示重绘区域"功能和"模拟下载"功能。

在测试播放器的命令菜单中执行"视图→显示重绘区域"命令,可以在测试播放器中高亮显示所有发生变化的区域,帮助用户查看影片的变化,如图 15-2 所示。

图15-2 显示重绘区域

在网上观看 Flash 制作的影片时,通常由于网速的原因影片不会马上加载完成。因此,一些 Flash 影片会在开始时加上进度条,显示影片加载的情况。当测试影片时,由于是加载本地文件,因此会很快完成,无法测试进度条是否正常。这时,用户就可以使用"模拟下载"功能测试进度条是否正常。

下面将使用一个已经编辑好的 Fla 文件,来讲解如何使用 Flash 的"模拟下载"功能。

01 请打开本书配套光盘\实践案例\第15章\模拟下载\目录下的"苗苗幼儿英语网站.fla"文件，然后将其另存到指定的目录。

02 执行"控制→测试影片→在Flash Professional中"命令，在Flash Professional中测试影片。

03 执行"视图→带宽设置"命令，在影片播放窗口的上面显示宽带特性窗格，显示影片在浏览器中下载时的数据传输图表，如图15-3所示。

图15-3　显示数据图表

F L A S H　知识与技巧

在"查看"菜单中的命令选项"数据流图表"处于勾选状态时，数据图表中每个柱形代表该帧所含数据量的大小。如果柱形图高于图表中的红色水平线，表示该帧的数据量超过了目前设置的带宽流量限制，影片在浏览器中下载时可能会出现停顿或使用很长的时间。

04 执行"视图→下载设置→自定义"命令，可以开启"自定义下载设置"对话框，用户可以根据实际情况来自定义网速，如图15-4所示。

05 执行"视图→帧数图表"命令，可以在图表中以帧数序列的方式来查看各帧包含数据的多少，单击图表中代表帧的柱形图，即可在左边的列表中看见该帧的数据大小。

图15-4　设置网速

图15-5　帧数图表

06 执行"视图→模拟下载"的方法，可以模拟在目前设置的带宽速度下，影片在浏览器中下载并播放的情况。播放进度条中的绿色进度条表示影片的下载情况，如果它一直领先于播放头的前进速度，则表明影片可以被顺利下载并播放。如果绿色进度条停止前进，播放头也将停止在该位置，影片的下载播放便会出现停顿，如图15-6所示。

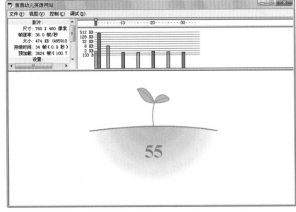

图15-6　模拟下载

15.2 导出Flash影片

在 Flash 影片编辑完成后，就需要将制作文件发布或导出为各种可以直接观看或可用第三方软件播放的文件，以及能被其他软件导入、编辑的文件。

15.2.1 导出图像

Flash 强大的矢量图形绘制功能，使其不仅仅可以编辑制作动画影片，还可以绘制精美的静态图片作品。因为 Flash 编辑完成的制作文件不能保存为可以直接观看或应用的图片文件，只能保存为 fla 格式的文件。所以要得到单幅的图片，就需要将其从 Flash 中导出。

当绘制、编辑完了图形之后，执行"文件→导出→导出图像"命令，在弹出的"导出图像"窗口中就可以设置导出图像的名称和格式。

在 Flash 支持的导出图片格式中，bmp、jpg、gif、png 这几种位图格式的图形文件，能清晰的表现照片类的图片，但不能随意放大、缩小，当放大、缩小到一定程度时就会失真。因此在导出位图格式的图形文件时，就需要对图片的尺寸、分辨率等进行设置，使之能达到最佳的效果，如图 15-7 所示。

图15-7 导出图片

15.2.2 导出所选内容

执行"文件→导出→导出所选内容"命令，可以将当前选中的图形、元件、位图一起导出为"fxg"格式的文件。在以后需要使用时，用户可以在新文档中执行"文件→导入→导入到舞台"命令，将导出的对象导入到新的文档中，导入后的对象仍然将保持原有的名称和结构，图 15-8 所示。

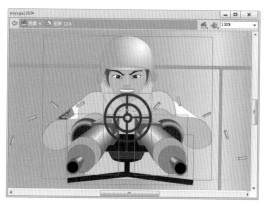 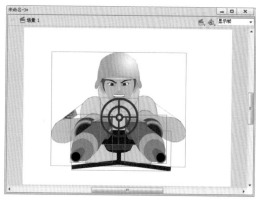

图15-8 导出与导入选中对象

15.2.3 导出影片

随着 Flash 应用领域的逐渐扩大，Flash 动画影片已经不局限于在网络中传播、播放了，使用 Flash 制作的广告、动画片等已经开始进军电视市场了，并受到广大观众的欢迎。使用"导出影片"命令可以将 Flash 动画影片导出为 AVI 或 MOV 格式的视频文件。

执行"文件→导出→导出影片"命令，设置好文件名称，选择格式为 AVI 或 MOV，然后按下"保存"按钮，在弹出的"导出 Windows AVI"窗口或"QuickTime Export 设置"窗口中就可以对导出影片的尺寸、格式等进行设置了，如图 15-9 所示。

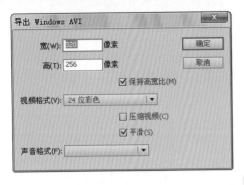

图15-9　导出影片

15.2.4　导出声音

在制作时，如果需要将影片中的声音文件导出 Flash，成为一个单独的声音文件，以便以后使用，可以进行如下操作。

01 在元件库中对声音文件进行复制，然后将其粘贴到一个新的文档的元件库中。

02 将该声音添加到时间轴上，然后延长时间轴的显示帧到该声音的结束位置，如图15-10所示。

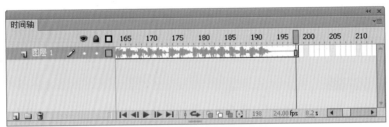

图15-10　延长显示帧

03 执行"文件→导出→导出影片"命令，设置好文件名称，选择格式为WAV音频文件，然后按下"保存"按钮。

04 在"导出Windows WAV"对话框中选择好文件的格式，按下确定按钮即可，如图15-11所示。

图15-11　导出声音文件

15.2.5　导出序列图

尽管 Flash 可以导出视频文件，但其毕竟不是专业的视频制作软件，导出的文件通常比较大，清晰度不高。因此，为了能将其导入其他软件中再编辑，或依照一些特殊的制作需要，可以将制作完成的动画影片导出为 GIF、JPG、PNG 图片格式的序列文件，然后利用其他软件将这些序列图再生成视频文件或其他动画文件，这样得到的文件通常较小，并且清晰度较高。

执行"文件→导出→导出影片"命令，选择格式为 GIF、JPG、PNG 序列，然后按下"保存"按钮，即可得到动画序列的图片文件，如图 15-12 所示。

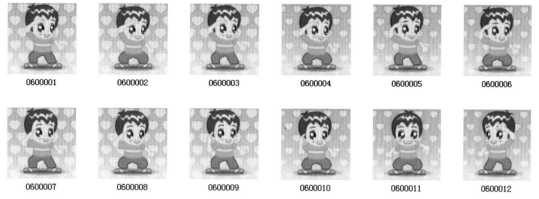

图15-12 导出序列图

此外，用户还可以选中包含动画的图形元件或影片剪辑，然后单击鼠标右键，在弹出的命令选单中执行"导出 PNG 序列"命令，即可将该元件中的动画导出为 PNG 序列图，如图 15-13 所示。

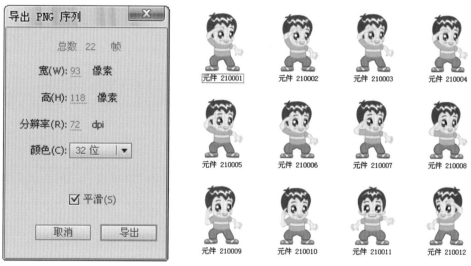

图15-13 导出PNG序列图

15.3 发布影片

Flash 不仅能导出不同格式、不同类型的文件，还能通过"发布"命令，同时发布不同格式、不同类型的文件。执行"文件→发布设置"命令，可以打开"发布设置"对话框，勾选左侧文件类型中的文件格式名称，即可在发布影片时生成该格式的文件，如图 15-14 所示。

15.3.1 发布为Flash文件

显示将影片发布为在 Macromedia Flash Player 中播放的 SWF 文件时需要设置的选项内容，如图 15-15 所示。

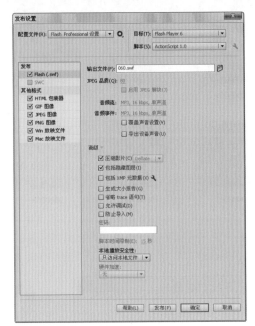

图15-14 选择发布格式　　　　　　　　　　　　　　图15-15 Flash格式

　　☆目标：选择输出影片的播放器版本。因为高版本的 Flash 在不断强化和新增功能，尤其是新增的 Actions 命令，在低版本（Flash Player 4 及以前）的播放器中常常不能被正常执行，所以通常都选择最新版本的播放器进行输出。

　　☆脚本：设置使用 ActionScript 语言的版本。

　　☆输出文件：选择文件生成的路径。

　　☆ JPEG 品质：对位图进行压缩控制。JPEG 品质越低，生成的文件就越小，JPEG 品质越高，生成的文件就越大。

　　☆音频流 / 音频事件：要为影片中所有的音频流或声音设置采样率和压缩，可以按下"音频流"或"音频事件"开启的"声音设置"对话框，用户可以从中选择需要的压缩类型、音频比特率和品质等选项，如图 15-16 所示。

图15-16 设置音频

　　☆压缩影片：允许按后面菜单中的算法压缩影片。

　　☆包括隐藏图层：生成的 SWF 文件中将不包含场景中隐藏的图层。

　　☆包括 XMP 元数据：生成的 SWF 文件中是否包含相机、GPS、视频等的元数据。

　　☆生成大小报告：可生成一个文字报告的文件，以详细到帧的方式，罗列出输出影片的数据量。

　　☆省略 trace 动作：可以使 Flash 省略当前影片中的跟踪动作代码（trace）。

　　☆允许调试：可以激活调试器并允许对 Flash 影片进行远程调试。

　　☆勾选"防止导入"选项，然后输入密码，可防止其他人在 Flash 中导入输出后的 SWF 文件。

　　☆本地播放安全性：设置文件只能访问本地或网络。

　　☆硬件加速：是否使用硬件加速。在制作一些 3D 效果或者 3D 游戏时，使用硬件加速可以大大提高影片的运行速度。

15.3.2　发布SWC文件

　　SWC 文件是类似 ZIP 文件，是一种归档文件；它由 Flash 编译工具 compc 生成，通过 compc 可以将一些 class 文件、图片以及一些 .css 的样式文件打包到 SWC 文件中。

在 Flex 开发中通常用 SWC 文件来导入 Java 或者 Net 已经编译好的 WebService 包，来实现 Flex 的数据库访问功能。

15.3.3　发布为HTML文件

该标签用于为影片发布输出 HTML 网页文件时，对 Flash 影片在浏览器中播放时需要的参数进行设置，如图 15-17 所示。

☆模板：用于为输出的 Flash 影片选择在网页中进行位置编排时使用的模板。选择需要的模板后，单击右边的"信息"按钮可以显示所选模板的说明，如图 15-18 所示。如果没有选择模板，Flash 会使用 Default.html 模板。如果该模板不存在，会自动使用列表中的第一个模板。

☆大小：用以设置影片在网页中播放画面尺寸的显示方式。选择"匹配影片"（默认设置）将使用影片的大小。选择"像素"选项，可以在"宽度"和"高度"文本框中输入需要的宽度和高度数值。选择"百分比"选项，播放器窗口将与浏览器窗口大小成指定的相对百分比。

☆播放：用以控制影片的播放和各种功能。勾选"开始时暂停"选项，可以在开始位置暂停播放影片，直到用户单击影片中的按钮或从快捷菜单中选择"播放"后才开始播放。"循环"选项将在影片到达最后一帧后，再重复播放。"显示菜单"选项会在按下鼠标右键后显示一个快捷菜单。选择"设备字体"选项会用消除锯齿（边缘平滑）的系统字体替换未安装在用户系统上的字体，这种情况只适用于 Windows 环境。使用设备字体可使小号字体清晰易辨，并能减小影片文件的大小。

☆品质：用于设置影片的动画图像在播放时的显示质量，可以选择"低"、"中"和"高"几种模式。

☆窗口模式：该下拉选单中的选项，用于设置当 Flash 动画中含有透明区域时，影片图像在网页窗口中的显示方式。

☆显示警告消息：选择该选项，可以在标记设置发生冲突时显示错误消息。

☆缩放：该选项可以在设置的显示尺寸基础上，将影片放到网页表格的指定边界内。

☆ HTML 对齐：用于设置 Flash 影片在其被套入的 HTML 表格中的对齐位置。

☆ Flash 对齐：可设置如何在影片窗口内放置影片以及在必要时如何裁剪影片边缘。

15.3.4　发布为GIF文件

如果需要将编辑完成的 Flash 影片中某个帧中的图像输出成 GIF 文件，或需要将整段动画输出成动态 GIF 图像时，可以在 GIF 标签中对输出图像文件的属性进行设置，如图 15-19 所示。

☆大小：默认状态下输出的 GIF 图形与 Flash 影片的尺寸相同。取消对"匹配影片"选项的勾选后，可以在保持图形的高宽比例状态下设置需要的图形输出尺寸。

图15-17　HTML格式

图15-18　模板信息

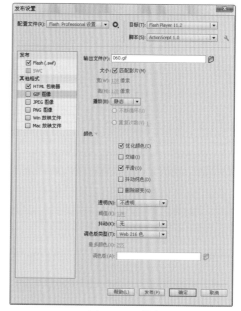

图15-19　GIF格式

☆播放：选择"静态"选项，目前帧中的图形内容以 GIF 文件格式输出。选择"动画"选项，整段影片将以动态 GIF 图像的方式输出，并保留与场景中时间轴相同的帧长度。在后面的"不断循环"和"重复次数"选项中，可以设置输出动画在播放时的重复次数。

☆"优化颜色、交错、平滑、抖动纯色、删除渐变"选项：这些选项主要用于对输出 GIF 图像外观范围的品质属性进行设置。

☆透明：用于设置输出的 GIF 图像中是否保留透明区域。

☆抖动：该下拉菜单中的选项，用于指定可用颜色的像素的混合方式，以模拟出当前调色板中不可显示的颜色。抖动可以改善颜色品质，但是也会增加文件大小。

☆调色板类型：GIF 图像最多可以显示 256 种色彩。"Web 216 色"使用标准的 216 色浏览器安全调色板来创建 GIF 图像，可以获得较好的图像品质，在服务器上的处理速度也最快。"最适色"选项会分析图像中的颜色并为选定的 GIF 创建一个唯一的颜色表，适合显示成千上万种的颜色，但生成的文件要比用"Web 216 色"创建的 GIF 文件大得多。"接近网页最适色"选项与"最适色"调色板选项相同，只是它将非常接近的颜色转换为"Web 216 色"，生成的调色板会针对图像进行优化，但 Flash 会尽可能使用"Web 216 色"调色板中的颜色。选择"自定"选项，可以在"调色板"后面的文本框中设置需要的自定调色板。按下后面的浏览按钮，可以在计算机中选择需要的调色板文件。

15.3.5　发布为JPEG文件

JPEG 标签中的选项，用于设置将影片中目前帧的图形内容以 JPEG 格式输出时的属性内容。通常，GIF 对导出线条绘画效果较好，而 JPEG 更适合显示包含连续色调（如照片、渐变色或嵌入位图）的图像，如图 15-20 所示。

☆大小：默认状态下输出的 JPEG 图形与 Flash 影片的尺寸相同，取消对"匹配影片"的勾选，可以设置需要的输出尺寸并保持图形的高宽比例。

☆品质：用于设置输出 JPEG 的图像品质。图像品质越低，生成的文件就越小；图像品质越高，生成的文件就越大。

☆渐进：勾选该选项，可以在 Web 浏览器中逐步显示连续的 JPEG 图像，可以较快的在低速网络连接上显示的图像。

15.3.6　发布为PNG文件

PNG 是唯一支持透明度（alpha 通道）的跨平台位图格式，可以直接在网页中使用。PNG 标签中的选项和 GIF 标签中的选项基本相同，如图 15-21 所示。

图15-20　JPEG格式

图15-21　PNG格式

☆位深度：可以为图像在创建时使用的每个像素设置位数和颜色数。

☆滤镜选项：选择不同的算法渲染影片中的滤镜效果。

15.3.7　Win、Mac放映文件

"Win 放映文件"即是生成 Windows 系统能直接运行的 exe 文件，这样在没有安装 Adobe Flash Player 播放器的电脑中，就可以直接执行 exe 文件播放影片了。

MAC（Macintosh 苹果电脑）区别于装配有微软 Windows 系统的电脑（PC），因为苹果电脑装配的是 Mac OS 系统，而称为 MAC。"Mac 放映文件"即是生成 Mac OS 系统能直接运行的 app 格式的文件。

 15.4　生成exe文件

在 Flash 影片编辑完成后，就需要将制作文件发布或导出为各种可以直接观看或可用第三方软件播放的文件，以及能被其他软件导入、编辑的文件。

除了通过上面的发布命令来发布生成 exe 文件外，用户还可打开一个 swf 文件，然后在 Adobe Flash Player 播放器中执行"文件→创建播放器"命令，这样就可以生成一个带播放器的 exe 文件，如图 15-22 所示。

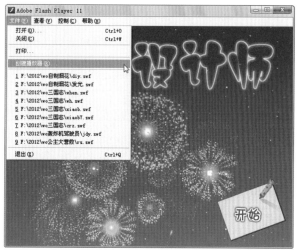

图15-22　创建播放器

使用这种方法，其实是将 Adobe Flash Player 播放器嵌入了 exe 文件中，因此相同的影片，exe 文件会比原来的 swf 文件大 8M 左右，而且执行时，始终是带有播放器边框的。这时用户可以使用一些第三方转换软件，使用这些软件生成的 exe 文件通常较小，并具备去边框、加密等多种功能。不仅如此使用这些软件还可以将多个 swf 文件打包生成一个 exe 文件，使用十分方便。

设计案例实战篇

第16章

动画特效影片设计

　　影片制作完成后，用户可以通过 Flash 的测试功能对影片进行测试，并进行合理的调试。通过发布设置功能来优化影片，并通过输出、发布功能获取各种不同格式的文件，以便不同的软件、平台使用。

F L A S H

16.1 **实战案例1：飘雪**

请打开本书配套光盘\实践案例\第16章\飘雪\目录下的"飘雪.swf"文件,观看本案例的完成效果,如图16-1所示。

图16-1 实例完成效果

从影片中可以看到，大雪纷纷扬扬的飘落下来，远处的雪花都飘落在了房屋、树木上，近处的雪花就飘落到了眼前，形成了一个真实的雪景效果，下面就开始本案例的制作。

01 开启Flash CS6进入到开始界面，在开始界面中单击"ActionScript 3.0"文档类型，创建一个新的文档，然后将其保存到本地的文件夹中。

02 在"属性"面板中修改文档的尺寸为宽800像素、高450像素，帧频为60，如图16-2所示。

03 执行"文件→导入→导入到库"命令，将本书配套光盘\实践案例\第16章\飘雪\目录下的位图文件导入到影片的元件库中，便于后面制作时调用。

04 在舞台中绘制一个矩形，将其填充色修改为"蓝色→浅蓝色"的线性渐变填充方式，并使用"渐变变形工具"对其进行适当的调整，如图16-3所示。

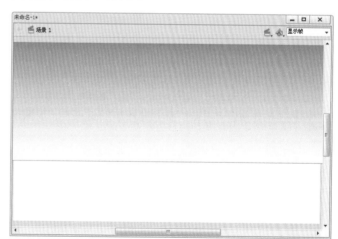

图16-2 修改文档尺寸

图16-3 绘制天空

05 在天空的组合中，编辑出几朵云的图形，如图16-4所示。

06 在主场景中创建一个组合，在该组合中配合使用各种编辑工具绘制出远处的房屋，如图16-5所示。

图16-4　绘制云朵

图16-5　绘制房屋

F L A S H　知识与技巧

在有些图形的绘制时，用户可以在网上查找相应的矢量图形资源，然后将这些矢量图形导入到 Flash 中，就能快速得到需要的图形，从而大大提高了工作效率。

07 将房屋的组合转换为一个影片剪辑"房屋"，然后通过"属性"面板为其添加一个黑色的"投影"滤镜效果，设置模糊XY为23，角度为81，距离为8，这样可以使用画面的层次分明，更具立体感，如图16-6所示。

图16-6　添加滤镜

08 修改影片剪辑"房屋"的实例名为"fangw"，如图16-7所示。

09 绘制出一片雪地和围栏，然后将它们转换为一个影片剪辑"雪地"，如图16-8所示。

10 为影片剪辑"雪地"添加一个黑色的"发光"滤镜效果，设置模糊XY为20，强度为50，如图16-9所示。

11 按下"F11"键打开元件库，右键单击其中的位图"p001"，在弹出的命令选单中执行"属性"命令，打开"位图属性"对话框。

12 在"位图属性"对话框中单击"Action Script"标签，然后勾选"为Action Script导出"选项，设置类为"xh1"，如图16-10所示。

图16-8 绘制雪地和围栏

图16-7 修改实例名

图16-9 添加滤镜

图16-10 设置类

13 在主场景的第1帧中添加如下动作代码。

```
var timer:Timer=new Timer(100);
// 定义时间间隔。
var bitmap:xh1;
var _xh1:Bitmap;
// 从库中调用位图。
var XH:MovieClip=new MovieClip();
// 创建元件。
var ram:int;
var num:int=10;
var zl:Number=0.5;
var wind:Number=0.1;
// 定义各参数的值。
addChild(XH);
XH.x=0;
XH.y=0;
// 加载元件 XH 并定义其位置。
timer.addEventListener("timer", onTimer);
```

```
        // 根据时间间隔执行自定义函数 onTimer。
        addEventListener(Event.ENTER_FRAME,en);
        // 按帧频执行自定义函数 en。
        timer.start();
        // 开始计时。
        function onTimer(event:TimerEvent):void {
        // 自定义函数 onTimer。
            ram=Math.random()*num+1;
        //ram 为随机数。
             bitmap=new xh1(9,8);
        // 定义雪花的初始大小。
            for (var xi:int=0; xi<ram; xi++) {
        // 根据随机数决定同一时刻出现的雪花数量。
                _xh1=new Bitmap(bitmap);
                XH.addChild(_xh1);
        // 在影片剪辑 XH 中加载"雪花"。
                _xh1.x=Math.random()*1024;
                _xh1.width=Math.random()*10+1;
                _xh1.height=_xh1.width;
                _xh1.alpha=_xh1.width/10;
        // 定义"雪花"出现的位置、大小、透明度。
            }
        }
        function en(en:Event) {
        // 自定义函数 en。
            for (var gi:int=0; gi<XH.numChildren-1; gi++) {
        // 获取场景中的"雪花"数。
            if (fangw.hitTestPoint(XH.getChildAt(gi).x+4,XH.getChildAt(gi).y+4,true)
        && XH.getChildAt(gi).width<8) {
        // 如果影片剪辑"房屋"碰撞到雪花并且雪花的体积较小，即表示远处的雪花。
                    _xh1=new Bitmap(bitmap);
                    addChild(_xh1);
        // 在主场景中加载新的"雪花"。

                    _xh1.x=XH.getChildAt(gi).x;
                    _xh1.y=XH.getChildAt(gi).y;
                    _xh1.width=XH.getChildAt(gi).width;
                    _xh1.height=_xh1.width;
                    _xh1.alpha=_xh1.width/10;
        // 根据碰撞时雪花的位置、大小、透明度设置新"雪花"的位置、大小、透明度。
                    XH.removeChildAt(gi);
        // 删除影片剪辑 XH 中的"雪花"，通过上面的代码就实现了"雪花"碰撞房屋，停在房屋上的效果。
                } else {
        // 否则，即没有碰撞到房屋。
                    XH.getChildAt(gi).y+=XH.getChildAt(gi).width*zl;
                    XH.getChildAt(gi).x+=(wind+Math.random()*10)/5;
```

```
//"雪花"按公式的值运动，即慢慢飘落。
            }
            if (XH.getChildAt(gi).y>=500) {
//如果"雪花"的 y 轴值大于 500，即已经飘出舞台。
                XH.removeChildAt(gi);
//删除该"雪花"。
            }
        }
    }
```

14 按下"Ctrl+S"键保存文件，按下"Ctrl+Enter"键测试影片，如图16-11所示。

图16-11 测试影片

请打开本书配套光盘 \ 实践案例 \ 第 16 章 \ 飘雪 \ 目录下的"飘雪 .fla"文件，查看本案例的具体设置。

16.2 实战案例2：梦幻效果

请打开本书配套光盘 \ 实践案例 \ 第 16 章 \ 梦幻效果 \ 目录下的"梦幻效果 .swf"文件，观看本案例的完成效果，如图 16-12 所示。

Action Script 3 动作代码不仅有很强的互动编辑功能，而且还能编辑出各种精彩的效果，用户不需要任何绘制，只需要编写相应的动作代码就能得到绚丽的视觉效果。

01 开启Flash CS6进入到开始界面，在开始界面中单击"ActionScript 3.0"文档类型，创建一个新的文档，然后将其保存到本地的文件夹中。

02 在"属性"面板中修改文档的尺寸为宽600像素、高400像素，如图16-13所示。

03 在场景中绘制一个覆盖住舞台的矩形，修改其填充色为"灰色→浅灰色"的线性渐变填充方式，并使用"渐变变形工具"对其进行适当的调整，如图16-14所示。

04 创建一个静态文本"Flash CS6"，并调整好其颜色、字体、大小、位置，如图16-15所示。

图16-12 实例完成效果

图16-13 修改文档尺寸

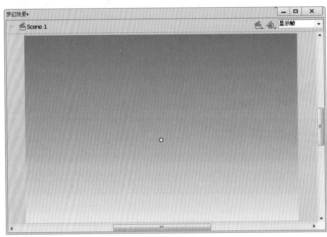

图16-14 绘制背景

图16-15 测试影片

05 为静态文本添加一个白色的"发光"滤镜效果，修改模糊XY为10，如图16-16所示。

06 按下"Ctrl+S"键保存Fla文件，执行"文件→新建"命令，打开"新建文档"对话框，从中选择"Action Script文件"并按下"确定"按钮，如图16-17所示。

属性	值	
▼ 发光		
模糊 X	10 像素	🔗
模糊 Y	10 像素	🔗
强度	100 %	
品质	低	▼
颜色	☐	
挖空	☐	
内发光	☐	

图16-16　添加滤镜

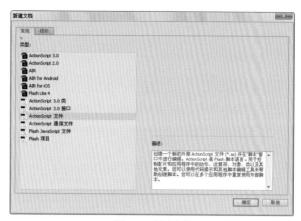

图16-17　新建文档

07　将新建的Action Script文件以"Main"命名并保存到与Fla文件相同的文件夹中，使影片发布时可以调用该程序。

08　在"Main.as"中编写如下动作代码。

```
Package
// 允许代码为可由其他脚本导入的离散组。
{
    import flash.display.*;
// 导入显示类。
    import flash.events.*;
// 导入事件模型。
    import flash.geom.*;
// 导入 geometry 类以支持 BitmapData 类和位图缓存功能。
    SWF(backgroundColor="0x000000")]
// 定义影片默认背景为黑色。
    public class main extends Sprite
// 创建一个 main 子类。
    {
    private var obj:Array = new Array();
// 指定一个数组。
        private var bmd:BitmapData, bmp:Bitmap, container:Sprite;
// 指定 Bitmap 类显示图像。
        public function main()
// 自定义一个函数。
        {
        bmd = new BitmapData( 600, 400, true, 0x000000 );
// 创建位图数据用于绘制背景。
            bmp = addChild( new Bitmap( bmd ) ) as Bitmap;
            container = addChild( new Sprite ) as Sprite;
// 定义圆球图形所在元件。
            container.visible = false;
            for(var i:uint = 0; i < 100; i++)
            {
            obj[i] = new ball();
```

```
                container.addChild(obj[i]);
            }
// 在影片中加载100个圆球。
            stage.addEventListener(Event.ENTER_FRAME, frame);
// 按帧频反复执行frame函数。
        }
        private function frame(e:Event):void
// 创建frame函数。
        {
            for(var i:String in obj)
            {
            obj[i].run();
// 每个圆球执行run()函数，及向下运动。
            }
            var m:Matrix = new Matrix;
            bmd.draw( container, m, new ColorTransform( .7, .1, .2, 1), "add" );
            bmd.colorTransform( bmd.rect, new ColorTransform( 1, 1, 1, .97 ) );
// 定义一个新矩阵，控制每个圆球的渐变颜色和尾巴。
        }
    }
    }
import flash.display.*;
import flash.filters.*;
// 导入滤镜效果。
class ball extends Shape
// 创建一个ball其他类的子类。
{
    private var r:uint = 15;
    private var s:Number= ( Math.random()*3 | 0 ) + 2;
    private var b:Number= -5, bb:int = -5;
// 指定变量的值。
    function ball()
    {
// 定义圆球函数。
        x = Math.round(Math.random() * 600);
        y = s > 0 ? -r - Math.random()*450: 465 + r + Math.random()*450;
// 设置圆球出现的位置。
        graphics.beginFill(Math.round(Math.random() * 255 * 255 * 255), 1);
// 绘制圆球颜色。
        graphics.drawCircle(0, 0, ( Math.random()*r | 0 ) + 4);
        graphics.endFill();
// 绘制圆球。
        this.filters = [ new BlurFilter( -b, -b, 2 ) ];
// 定义圆球的模糊度。
    }
    public function run():void
```

```
// 定义圆球运动函数。
{
    if( s < 0 ) {
        if(y + r < 0)
        {
            x = Math.round(Math.random() * 600);
            y = 465 + r;
            scaleX = scaleY = 1;
        }
    } else {
        if(y - r > 465)
        {
            x = Math.round(Math.random() * 600);
            y = -r;
            scaleX = scaleY = 1;
        }
    }
```
// 当圆球向下移出舞台时，又返回顶部再次下落。
```
    scaleX += 0.001;
    scaleY += 0.001;
```
// 圆球变大。
```
    y += s;
```
// 圆球按速度 S 向下移动。
```
        }
```

 保存"Main.as"文件，按下"Ctrl+Enter"键测试影片，如图16-18所示。

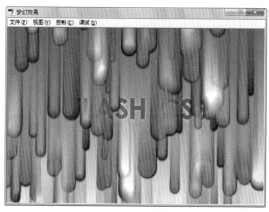

图16-18　测试影片

　　请打开本书配套光盘\实践案例\第16章\梦幻效果\目录下的"梦幻效果.fla、Main.as"文件，查看本案例的具体设置。

16.3　实战案例3：水波特效

　　请打开本书配套光盘\实践案例\第16章\水波特效\目录下的"水波特效.swf"文件，观看本案例的完成效果，如图 16-19 所示。

图16-19 实例完成效果

当按住鼠标划过影片，画面中就会泛起一个一个的水波，慢慢扩散开来，并且能相互干扰，效果十分真实。

01 开启Flash CS6进入到开始界面，在开始界面中单击"ActionScript 3.0"文档类型，创建一个新的文档，然后将其保存到本地的文件夹中。

02 在"属性"面板中修改文档的帧频为36，尺寸为宽800像素、高600像素，如图16-20所示。

03 执行"文件→导入→导入到库"命令，将本书配套光盘\实践案例\第16章\水波特效\目录下的位图文件"p001.jpg"导入到影片的元件库中。

04 按下"F11"键打开元件库，右键单击其中的位图"p001"，在弹出的命令选单中执行"属性"命令打开"位图属性"对话框。

05 在"位图属性"对话框中单击"Action Script"标签，然后勾选"为Action Script导出"选项，设置类为"Bgimg"，如图16-21所示。

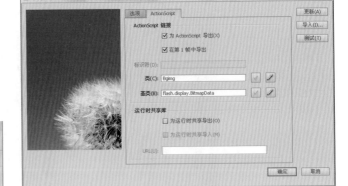

图16-20 修改文档尺寸　　　　　　　　图16-21 设置位图属性

06 按下"确定"按钮，然后为主场景的第1帧添加如下动作代码。

```
import flash.display.BitmapData;
import flash.geom.Rectangle;
import flash.geom.Point;
import flash.geom.Matrix;
import flash.filters.ConvolutionFilter;
import flash.geom.ColorTransform;
```

```actionscript
import flash.filters.DisplacementMapFilter;
import flash.display.Sprite;
import flash.display.Bitmap;
import flash.events.MouseEvent;
import flash.events.Event;
// 导入影片中需要使用的各种类。
stage.frameRate=36;
// 定义影片的刷新频率。
var pwidth:Number=800;
var pheight:Number=600;
// 定义影片的宽和高。
var bgimg:Bgimg=new Bgimg();
// 创建背景图像类的实例。
var appearance:BitmapData=new BitmapData(pwidth,pheight,true);
// 创建位图数据用于绘制水的表面。
var ores:BitmapData=new BitmapData(pwidth,pheight,false,128);
// 创建位图数据用于绘制第一层波纹。
var ores2:BitmapData=new BitmapData(pwidth*2,pheight*2,false,128);
// 创建位图数据用于绘制第二层波纹。
var psour:BitmapData=new BitmapData(pwidth,pheight,false,128);
// 创建位图数据用于载入背景图像。
var lbuff:BitmapData=new BitmapData(pwidth,pheight,false,128);
// 创建位图数据用于实现缓冲。
var poutp:BitmapData=new BitmapData(pwidth*2,pheight*2,true,128);
// 创建位图数据用于实现输出波纹。
var waveRect:Rectangle=new Rectangle(0,0,pwidth,pheight);
// 创建波纹荡漾的矩形边界，用于反弹波纹。
var spoint:Point=new Point();
// 创建鼠标单击波纹的起点。
var tranmatr:Matrix=new Matrix();
// 创建转换矩阵的起点。
var tranmatr2:Matrix=new Matrix();
// 创建转换矩阵的终点。
tranmatr2.a=tranmatr2.d=2;
// 将载入的图像映射到输出的转换矩阵中。
var wave:ConvolutionFilter=new ConvolutionFilter(3,3,[1,1,1,1,1,1,1,1,1],
9,0);
// 创建滤镜。
var trans:ColorTransform=new ColorTransform(0,0,9.960937E-001,1,0,0,2,0);
// 定义对象颜色。
var water:DisplacementMapFilter=new DisplacementMapFilter(ores2,spoint,4,
4,96,96,"ignore");
// 创建位图对象。
var leftpress:Boolean=false;
// leftpress 的值为非，即鼠标左键没按下。
var bg:Sprite=new Sprite();
```

```
// 创建背景的构造显示对象。
this.addChild(bg);
// 加载背景。
bg.graphics.beginFill(0xFFFFFF,0);
// 定义背景颜色。
bg.graphics.drawRect(0,0,pwidth,pheight);
// 在构造显示对象中填充矩形。
bg.graphics.endFill();
// 结束填充。
this.addChild(new Bitmap(poutp));
// 输出填充的位图。
function loadpic():void{
// 定义 loadpic 函数。
 appearance.draw(bgimg,null,null,null,null,true);
// 在位图中绘制导入的对象。
 this.addEventListener(MouseEvent.MOUSE_DOWN,mousedown);
 this.addEventListener(MouseEvent.MOUSE_UP,mouseup);
// 定义鼠标按下、弹起时执行的函数。
 this.addEventListener(Event.ENTER_FRAME,movieframe);
// 执行 movieframe 函数。
}
function mousedown(e:MouseEvent):void{
 leftpress=true;
 // 鼠标按下。
}
function mouseup(e:MouseEvent):void{
 leftpress=false;
 // 鼠标弹起。
}
// 根据鼠标事件定义 leftpress 的值为真还是非。
function movieframe(e:Event):void{
// 定义 movieframe 函数。
 if(leftpress){
// 如果鼠标按下。
   var xx:Number=this.mouseX/2;
   var yy:Number=this.mouseY/2;
   psour.setPixel(xx+1,yy,16777215);
   psour.setPixel(xx-1,yy,16777215);
   psour.setPixel(xx,yy+1,16777215);
   psour.setPixel(xx,yy-1,16777215);
   psour.setPixel(xx,yy,16777215);
// 根据鼠标位置设置单个像素的位置和颜色。
 }
 ores.applyFilter(psour,waveRect,spoint,wave);
// 对 ores 对象应用滤镜。
 ores.draw(ores,tranmatr,null,BlendMode.ADD);
```

```
// 在 ores 对象上绘制 ores 对象。
ores.draw(lbuff,tranmatr,null,BlendMode.DIFFERENCE);
// 在 ores 对象上绘制 lbuff 对象。
ores.draw(ores,tranmatr,trans);
// 在 ores 对象上绘制 ores 对象。
ores2.draw(ores,tranmatr2,null,null,null,true);
// 在 ores2 对象上绘制 ores 对象。
poutp.applyFilter(appearance,new Rectangle(0,0,pwidth*2,pheight*2),spoint,
water);
// 为 poutp 对象应用滤镜。
lbuff=psour;
psour=ores.clone();
// 创建 psour 对象的副本。
}
loadpic();
// 执行 loadpic 函数。
```

07 按下"Ctrl+S"键保存文件，按下"Ctrl+Enter"键测试影片，如图16-22所示。

图16-22 测试影片

请打开本书配套光盘\实践案例\第 16 章\水波特效\目录下的"水波特效 .fla"文件，查看本案例的
具体设置。

第17章
多媒体课件设计

  Flash 完善的动画编辑功能，可以帮助用户制作出各种精彩的动画影片，按课文的内容制作出的动画，可以帮助学生更深刻、具体、形象、生动的了解课文讲述的内容。而通过 Flash 强大的互动编辑功能，使其还可以编辑出各种功能齐全的互动程序。因此，用户还可以使用 Flash 制作测试、考试课件。

  使用 Flash 制作的课件，以其表现力强、内容新颖、互动性完善、小巧灵活、支持广泛，集寓教娱乐于一体等特点，深受到广大学生及教师的欢迎。

F L A S H

图17-1 实例完成效果

17.1 实战案例4：小池

请打开本书配套光盘\实践案例\第17章\小池\目录下的"小池.swf"文件，观看本案例的完成效果，如图17-1所示。

这是一首古诗《小池》的动画课件，影片风格独特，采用了水墨国画的绘制方法，让人耳目一新的同时，也表现出Flash全面的绘制功能。此外，该课件还包含了一个播放控制器，使教学过程中老师可以快速选择某一段，进行针对性的讲解。

01 开启Flash CS6进入到开始界面，在开始界面中单击"ActionScript 2.0"文档类型，创建一个新的文档，然后将其保存到本地的文件夹中。

02 在"属性"面板中修改文档的尺寸为宽600像素、高300像素，帧频为12，如图17-2所示。

图17-2 修改文档尺寸

03 执行"文件→导入→导入到库"命令，将本书配套光盘\实践案例\第17章\小池\目录下的所有位图文件和声音文件导入到影片的元件库中，便于后面制作时调用。

04 将图层1改名为"黑框"，并延长图层的显示帧到第410帧，然后在舞台中绘制一个只露出舞台的黑框图形，如图17-3所示。

05 从元件库中将位图"p001.jpg"拖曳到舞台中调整好其大小、位置，使其正好覆盖住舞台。然后将其转换为一个影片剪辑，名称为"纸张"，通过"属性"面板设置其透明度为38%，再将该"黑框"图层锁定，如图17-4所示。

图17-3 绘制黑框

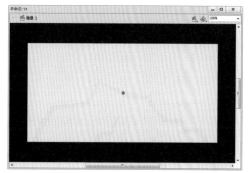

图17-4 编辑元件

06 在"黑框"图层的下方创建一个新图层，将其命名为"背景"，然后在一个新的组合中使用"刷子工具"绘制出石头的轮廓，如图17-5所示。

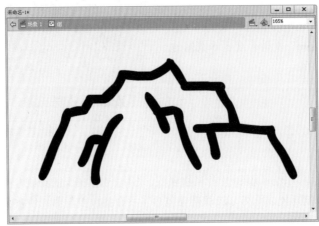

图17-5　绘制轮廓

07 框选中所有的石头轮廓的图形，然后按下工具栏中的"平滑"按钮➡️5，对图形进行平滑处理，如图17-6所示。

图17-6　平滑处理

08 使用"选择工具"依次对石头的轮廓进行调整，至如图17-7所示效果即可。

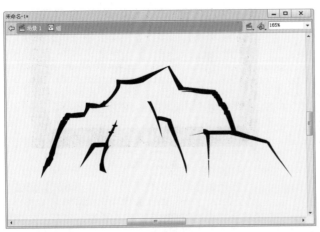

图17-7　调整轮廓

F L A S H 知识与技巧

　　在进行调整时，可以对全部图形或部分图形反复使用"平滑"功能和"伸直"功能，然后再使用"选择工具"进行细微调整。同时要注意模仿毛笔的笔锋效果，即起笔或结束时，笔锋较细，用户还可以刻意保留图形上的一些不平整，模仿毛笔书写时抖笔的效果。

09 依次框选中图形中较细的部分，将其颜色修改为浅灰色，这样可以模拟出起笔或结束时墨迹会变淡的效果，如图17-8所示。

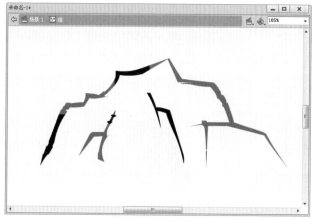

图17-8　调整颜色

10 使用"刷子工具"绘制随机一些小点，水墨画的绘制过程中，常用这种方法绘制石头上点点的青苔等，如图17-9所示。

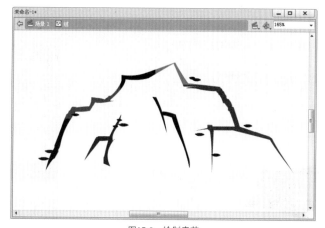

图17-9　绘制青苔

11 石头的轮廓就绘制完成了，将其组合起来，使其不会对后面的绘制产生影响。

12 创建一个新的组合，在该组合中根据前面绘制的石头轮廓，绘制出石头的底色，然后使用"白色→透明白色"的线性渐变填充方式，并使用"渐变变形工具"对其进行适当的调整，如图17-10所示。

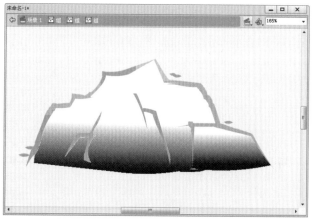

图17-10　编辑底色

13 回到上一层组合中，创建一个新的组合，在该组合中根据前面绘制的石头轮廓，绘制出石头的着色部分，然后使用"深墨色→墨色→透明墨色"的线性渐变填充方式，并使用"渐变变形工具"对其进行适当的调整，如图17-11所示。

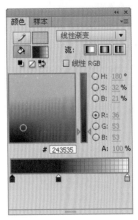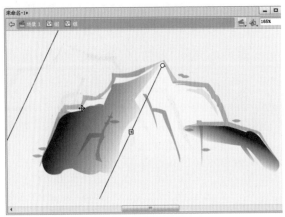

图17-11　编辑颜色

14 石头通常是立体、错落的，上面只相当绘制了石头的一个面，因此会需要绘制出石头其他的面。回到上一层组合中，按下"Ctrl+G"键再创建一个组合，在该组合中绘制出石头正面的图形块，如图17-12所示。

15 在"颜色"面板中将该图形块的颜色修改为透明度60%的墨色，如图17-13所示。

图17-13　修改颜色

图17-12　绘制图形

16 执行"修改→形状→柔化填充边缘"命令，打开"柔化填充边缘"对话框，设置距离为40，步长数为30，方向为扩散，如图17-14所示。

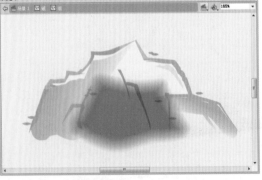

F L A S H 知识与技巧

　　使用"柔化填充边缘"命令，可以模拟出墨水沁纸的效果，但使用这种方法会造成影片中图形块元素过多，从而导致影片播放时速度减慢。因此，在模拟墨水沁纸的效果时，用户还可以采用导入位图的方法或添加滤镜的方法等。

图17-14　柔化填充边缘

17 参照上面的方法，再在一个新的组合中绘制出石头的另一面，这样一块完整的石头就编辑完成了，如图17-15所示。

图17-15　完成的石头

18 回到主场景中，参照上面介绍的石头绘制方法，绘制出更多的石头，并调整好它们的位置、层次、大小，如图17-16所示。

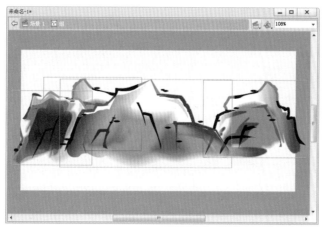

图17-16　石头整体效果

19 参照石头轮廓的绘制方法，在新的组合中绘制出几种不同形态的水仙图形，然后调整好它们的大小、位置，如图17-17所示。

图17-17　绘制水仙

20 在石头图形的下方创建一个大的椭圆形，使用"透明度80%的墨色→透明墨色"的径向渐变填充方式填充，并使用"渐变变形工具"对其进行适当的调整，如图17-18所示。

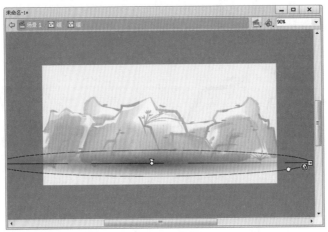

图17-18　绘制椭圆

21 对椭圆组合进行复制，并调整其填充色为"透明度40%的青色→透明青色"的径向渐变填充方式，模拟出模糊的远景效果，如图17-19所示。

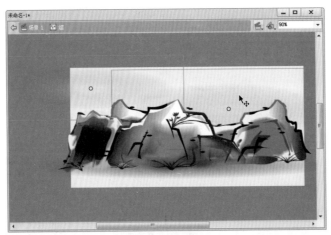

图17-19　编辑远景

22 在石头图形的下方使用透明度为20%的青色绘制出水面的图形，如图17-20所示。

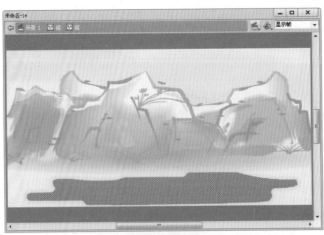

图17-20　编辑水面

23 执行"修改→形状→柔化填充边缘"命令，对其边缘继续柔化处理，然后在另一个组合中编辑出另一种形态的水面，使水面产生深浅不一的画面效果，如图17-21所示。

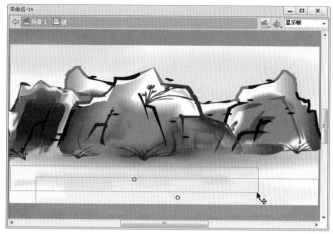

图17-21　编辑水面

24 回到主场景中，将所有的图形组合转换为一个影片剪辑，名称为"池边"；双击鼠标左键进入该影片剪辑的编辑窗口，将图层1改名为"石头"，然后延长图层的显示帧到第90帧，并将该图层锁定。

25 在石头图层的下方插入一个新的图层为"红鲤鱼"，然后参照石头的绘制方法，在该图层中绘制一条红色的鲤鱼，如图17-22所示。

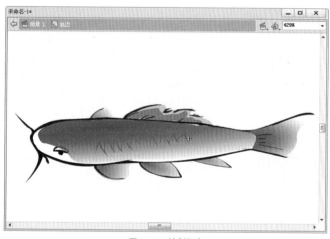

图17-22　绘制鲤鱼

26 将红鲤鱼的图形转换为一个影片剪辑，名称为"红鲤鱼"，然后进入该元件的编辑窗口，延长图层的显示帧到第38帧，并将第31、34、37帧转换为关键帧，如图17-23所示。

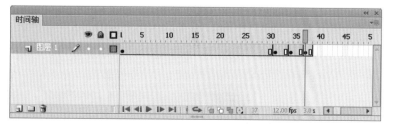

图17-23　插入关键帧

27 在第31帧至第40帧间，采用逐帧动画的方式，编辑出鲤鱼摆动尾巴、游动的动画效果，如图17-24所示。

图17-24　第31、34、37帧中的鲤鱼形态

28 回到影片剪辑"池边"的编辑窗口，参照影片剪辑"红鲤鱼"的绘制方法绘制出影片剪辑"黑鲤鱼"。在其编辑窗口中，延长图层的显示帧到第22帧，并将第4、7、10帧转换为关键帧，编辑出黑鲤鱼游动的逐帧动画，这样可以使两条鱼游动的频率不一样，如图17-25所示。

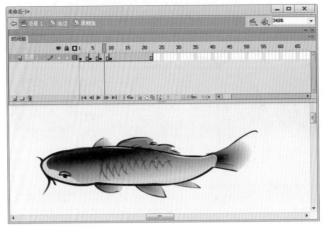

图17-25　编辑黑鲤鱼

29 在影片剪辑"池边"的编辑窗口中，调整好两条鱼的位置、大小，如图17-26所示。

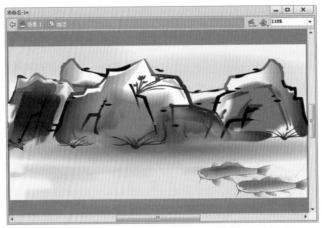

图17-26　调整位置

30 在"红鲤鱼、黑鲤鱼"图层的第90帧插入关键帧，并将其中的鲤鱼向左移动，然后创建传统补间动画，这样就得到鲤鱼向左游动的动画效果，如图17-27所示。

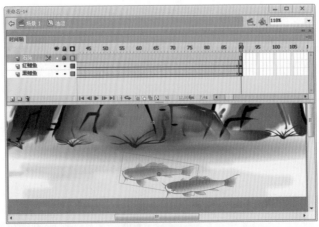

图17-27　创建动画

31 在所有图层的顶部创建一个新图层，将其命名为"水波"，在该图层中，使用透明度为80%的淡蓝色绘制出水波的图形，然后将其转换为一个影片剪辑，名称为"水波"，如图17-28所示。

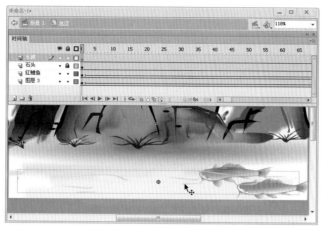

图17-28 创建影片剪辑

32 在影片剪辑"水波"的编辑窗口中，将第20、40帧转换为关键帧，然后对第20帧帧的水波形状进行适当调整，再创建形状补间动画，就得到水波慢慢变化的动画效果，如图17-29所示。

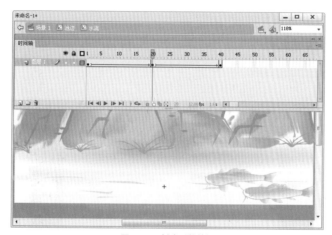

图17-29 创建形状补间

33 回到主场景中，在"背景"图层的上方插入一个名为"文字"的新图层，在该图层的第30帧中创建静态文本"泉眼无声惜细流"，设置好字体、大小，然后将其转换为一个图形元件"文字1"，如图17-30所示。

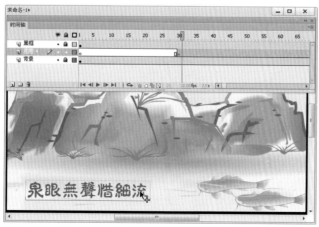

图17-30 创建图形元件

34 在第50帧处插入一帧关键帧，然后将第30帧中的文字向左稍稍移动，并设置其透明度为0。再创建传统补间动画，并设置缓动为50，这样就得到文字向右淡入的动画效果，如图17-31所示。

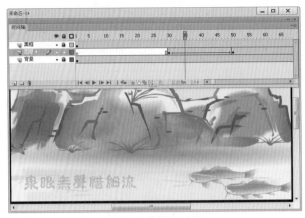

图17-31　编辑淡入动画

35 分别在"背景、文字"图层的第95帧处按下"F7"键，将其转换为空白关键帧。

36 在"背景"图层的第95帧中，通过对前面绘制的石头、水面等图形进行复制、变形，并绘制出阶梯、柳树、倒影等新图形组合，得到如图17-32所示效果。

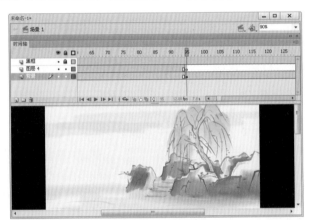

图17-32　创建形状补间

37 选中所有的图形组合将其转化为一个影片剪辑，名称为"小池"，然后进入该影片剪辑的编辑窗口，选中柳树的图形组合，按下"F8"键将其转换为一个新的影片剪辑"柳树"。

38 用鼠标左键双击影片剪辑"柳树"进入其编辑窗口，延长显示帧到第9帧，然后将第4、7帧转换为关键帧，再依次调整第4、7帧中柳树的形态，这样就得到了柳树随风轻轻摆动的逐帧动画，如图17-33所示。

图17-33　第1、4、7帧中的柳树

39 回到影片剪辑"小池"的编辑窗口，将水面柳树的倒影转换为一个影片剪辑，名称为"倒影"，然后参照上面的方法编辑出倒影跟随柳树摆动的逐帧动画，如图17-34所示。

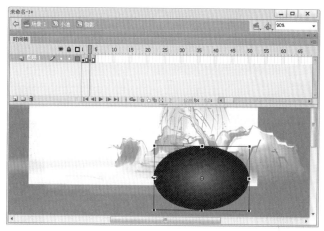

图17-34　编辑倒影

40 回到主场景中，参照前面文字出现的编辑方法，在"文字"图层的第130帧至第150帧间，编辑出图形元件"文字2"淡入的动画效果，如图17-35所示。

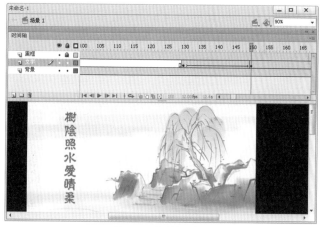

图17-35　文字淡入动画

41 分别将"背景、文字"图层的第195帧转换为空白关键帧，然后根据前面介绍的水墨画绘制方法，在"背景"图层的第195帧中绘制出荷叶、荷花的图形，并将其转换为一个影片剪辑，名称为"荷叶"，如图17-36所示。

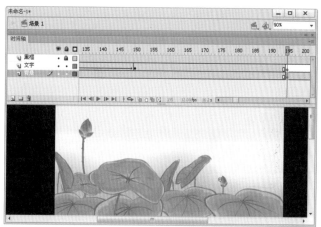

图17-36　绘制荷叶

42 将"背景"图层的第295帧转换为关键帧,然后将该帧中的影片剪辑"荷叶"比例放大至120%,再为第195帧创建传统补间动画,这样在影片播放时,就产生了镜头慢慢拉近荷叶的视觉效果,如图17-37所示。

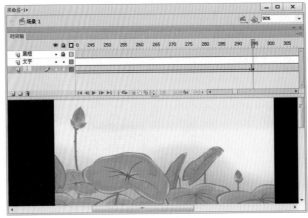

图17-37 设置荷叶动画

43 在"文字"图层的第230帧至第250帧间,编辑出图形元件"文字3"淡入的动画效果,如图17-38所示。

图17-38 文字淡入动画

44 将"文字"图层的第296帧转换为空白关键帧,"背景"图层的第296帧转换为关键帧,然后按下"Ctrl+B"键,将该帧中影片剪辑"荷叶"打散,再调整好各组合图形的大小、位置,使其如图17-39所示。

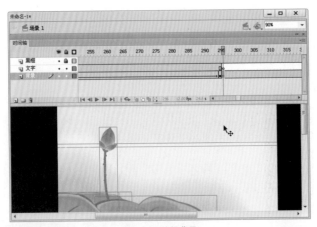

图17-39 编辑背景

45 在"背景"图层的上方插入一个名为"蜻蜓"的新图层，然后在该图层的第296帧中绘制出一只蜻蜓，并将其转换为影片剪辑，名称为"蜻蜓"，如图17-40所示。

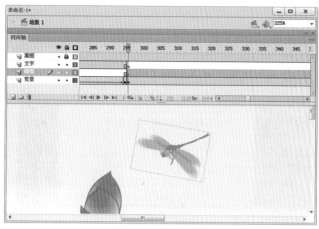

图17-40　绘制蜻蜓

46 进入影片剪辑"蜻蜓"的编辑窗口，将第2帧转换为关键帧，然后对蜻蜓的位置，翅膀的形状、角度进行适当的调整，这样就得到了蜻蜓快速扇动翅膀的动画效果，如图17-41所示。

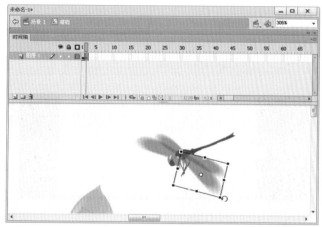

图17-41　调整翅膀

47 回到主场景中，在"蜻蜓"图层的第296帧至第395帧间，配合使用补间动画、逐帧动画编辑出蜻蜓飞入舞台，先试探性停在荷花上，然后飞起，再停到荷花上休息的动画效果，如图17-42所示。

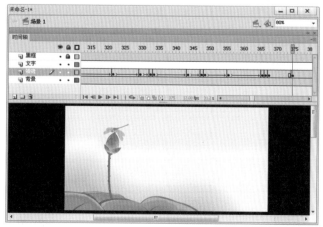

图17-42　编辑动画

48 在"文字"图层的第330帧至第350帧间，编辑出图形元件"文字4"淡入的动画效果，如图17-43所示。

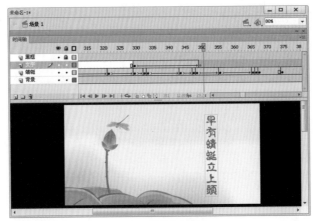

图17-43　文字淡入动画

49 分别将"背景、蜻蜓、文字"图层的第396帧转换为空白关键帧，在"背景"图层的第396帧中，通过使用前面绘制的图形、元件等，得到如图17-44所示效果。

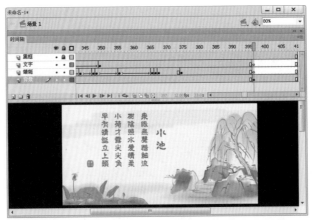

图17-44　编辑画面

50 在"黑框"图层的下方插入一个新的图层，将其命名为"过渡"，然后在该图层的第1帧中绘制一个可以覆盖舞台的白色矩形。

51 将第10帧转换为关键帧，第11帧转换为空白关键帧，修改第10帧中填充色的透明度为0%，然后为第1帧创建形状补间动画，这样就得到了整个影片淡入的视觉效果，如图17-45所示。

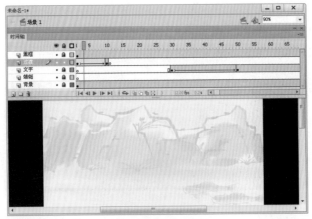

图17-45　编辑淡入效果

52 将"过渡"图层的第1帧复制，粘贴到该图层的第80、92、97、110帧上，并将第111帧转换为空白关键帧。然后将第80、110帧中填充色的透明度修改为0%，为它们创建形状补间动画，这样就得到了转场渐变过渡的动画效果，如图17-46所示。

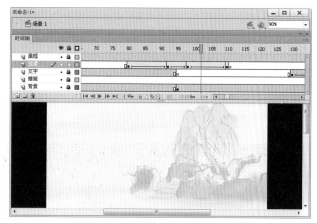

图17-46　编辑转场过渡效果

53 参照上面的编辑方法，为影片中其他几处场景转换编辑过渡动画。

54 选中"黑框"图层的第1帧，通过"属性"面板为其添加声音"sound02"，设置同步为"开始、循环"，如图17-47所示。

图17-47　添加声音

55 插入一个新的图层，将其命名为"声音"，然后将该图层的第34帧转换为空白关键帧，并为其添加声音"sound01"，设置同步为"数据流"。

56 按下"编辑声音封套"按钮，打开"编辑封套"对话框，对声音的起点、终点位置进行调整，使声音只播放第1句诗的内容，如图17-48所示。

F L A S H 知识与技巧

　　在编辑人物的声音时，通常需要对照场景中的动画添加声音，这样才能做到声音与动画内容一致。而通常在声音文件的录制时，会是全文录制，因此只有采用上面的方法，在 Flash 中将声音分段，然后根据动画添加声音。

图17-48　编辑声音

57 使用相同的方法，根据影片中对应文字出现的位置，为其添加相应的旁白声音，如图17-49所示。

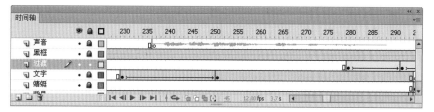

图17-49　添加声音

58 课件部分的制作就完成了，下面开始进行播放器的制作。在"黑框"图层的下方插入一个名为"播放器"的图层。

59 在该图层中绘制一个黄色的长条并将其转换为影片剪辑，名称为"控制器"，再通过"属性"面板为其添加黑色的"放光"滤镜，如图17-50所示。

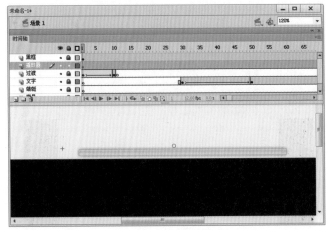

图17-50　创建影片剪辑

60 进入该元件的编辑窗口，在一个新的图层中编辑出"播放、暂停、快进、快退"四个按钮元件，然后调整好它们的位置、大小，如图17-51所示。

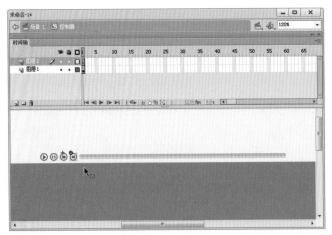

图17-51　创建按钮

61 选中播放按钮，为其添加如下动作代码。

```
on(release){
    _root.play();
}
// 按下该按钮，主场景开始播放。
```

62 选中暂停按钮，为其添加如下动作代码。

```
on(release){
    _root.stop();
}
// 按下该按钮，主场景停止播放。
```

63 选中快进按钮，为其添加如下动作代码。

```
on(release){
    _parent.gotoAndStop((_parent._currentframe)+10);
}
```

// 按下该按钮，主场景跳转到当前帧的后 10 帧处并停止。

64 选中快退按钮，为其添加如下动作代码。

```
on(release){
    _parent.gotoAndStop((_parent._currentframe)-10);
}
```

// 按下该按钮，主场景跳转到当前帧的前 10 帧处并停止。

65 插入一个新图层，在该图层中绘制一个红色的小圆点，然后将其转换为一个影片剪辑，名称为"小红点"，如图17-52所示。

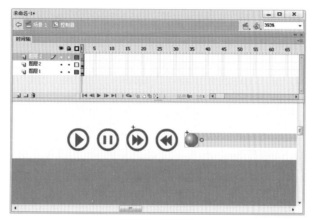

图17-52　创建元件

66 通过"动作"面板为影片剪辑"小红点"添加如下动作代码。

```
onClipEvent (load) {
    left = this._x;
    right = this._x + 400;
    top = this._y;
    bottom = this._y;
```

// 根据该元件的位置定义变量，用于限制元件的拖动范围。

```
    flag = true;
```

// 定义变量 flag 的初始值为真。

```
}
onClipEvent (enterFrame) {
```

// 按帧频加载下列程序。

```
    if (flag)
    {
```

// 如果变量 flag 的值为真。

```
        this._x = 35 + 390 * ((_root._currentframe) / (_root._totalframes));
```

// 根据影片的总长度和当前播放位置计算该元件的位置，这样小红点就会根据影片的播放向右移动。其中，35 是该元件的初始位置，390 是黄色长条的长度减去小红点的长度得到的。

```
    }
}
```

67 进入影片剪辑"小红点"的编辑窗口，将红色的小圆点转换为一个按钮元件"进度按钮"。

68 再进入按钮元件的编辑窗口，将"指针经过、单击"帧转换为关键帧，并将"指针经过"帧中的小红点放大改为蓝色，如图17-53所示。

图17-53 编辑按钮

69 回到影片剪辑"小红点"编辑窗口，为按钮元件"进度按钮"添加如下动作代码。

```
on (press) {
// 鼠标按下。
    flag = false;
// 变量 flag 的值为非，即影片剪辑"小红点"不会根据影片的播放移动。
    startDrag("", false, left, top, right, bottom);
// 影片剪辑"小红点"可以在前面变量设定的范围内拖动。
    _root.stop();
// 影片停止播放
}
on (release, releaseOutside, dragOut) {
// 鼠标释放、外部释放、脱离。
    stopDrag();
// 停止拖曳
    _root.gotoAndPlay(int((_x - left) * _root._totalframes / 400));
// 根据影片剪辑"小红点"的位置，计算影片应该跳转到那一帧。
    flag = true;
// 变量 flag 的值为真，即影片剪辑"小红点"又将根据影片的播放移动。
}
```

70 按下"Ctrl+S"键保存文件，按下"Ctrl+Enter"键测试影片，如图17-54所示。

图17-54 测试影片

请打开本书配套光盘\实践案例\第 17 章\小池\目录下的"小池 .fla"文件，查看本案例的具体设置。

17.2 实战案例5：看图写单词

请打开本书配套光盘\实践案例\第 17 章\看图写单词\目录下的"看图写单词 .swf"文件，观看本案例的完成效果，如图 17-55 所示。

图17-55 实例完成效果

本课件是一个填空题类型的互动课件，鲜艳的颜色、可爱的动物造型等元素能勾起小朋友学习的热情。在使用时，小朋友通过输入文本进行填空，然后使用动作代码判断输入的内容是否正确，做出相应的处理。同时，该课件还具备计时和计分功能，通过该课件的制作，相信读者能举一反三，制作出更复杂、完善的互动测试课件。

01 开启Flash CS6进入到开始界面，在开始界面中单击"ActionScript 2.0"文档类型，创建一个新的文档，然后将其保存到本地的文件夹中。

02 在"属性"面板中修改文档的尺寸为宽640像素、高380像素，如图17-56所示。

图17-56 修改文档尺寸

03 执行"文件→导入→导入到库"命令，将本书配套光盘\实践案例\第17章\看图写单词\目录下的声音文件导入到元件库中。

04 在绘图工作区中绘制一个覆盖舞台的矩形，修改其填充色为使用"蓝色→深蓝色→紫色"的线性渐变填充方式，并使用"渐变变形工具"对其进行适当的调整，如图17-57所示。

图17-57 绘制背景

05 按下"Ctrl+G"键创建一个空组合,在该组合中使用半透明的白色绘制出气泡和远处的鱼群,如图17-58所示。

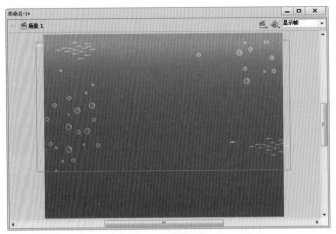

图17-58 编辑背景

06 在一个新的组合中,使用"基本矩形工具"绘制两个圆角矩形,然后调整好它们的大小、位置、圆角参数及填充色,这样就得到了一个题目框,如图17-59所示。

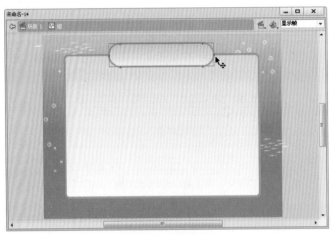

图17-59 绘制题目框

07 在题目框的顶部创建一个静态文本"看图写单词",调整好其字体、大小、位置,再依次修改每个字的颜色,使画面效果更加美观,如图17-60所示。

图17-60 创建文本

08 在"属性"面板中为文本添加一个白色"发光"的滤镜，设置模糊XY为8，强度为1000。然后在添加第2层"发光"滤镜，设置设置模糊XY为8，颜色为橙色，如图17-61所示。

图17-61　添加滤镜

09 取消对文本的选择，按下"Gtrl+G"键创建一个新组合，在该组合中绘制一个较小的圆角矩形，调整好其位置，使其正好覆盖下方的文字。

10 修改其填充色为半透明的白色，并将其分离为矢量图形，然后删除线框和圆角矩形的下半部分，这样就得到了一个高光效果，使画面更加明亮，如图17-62所示。

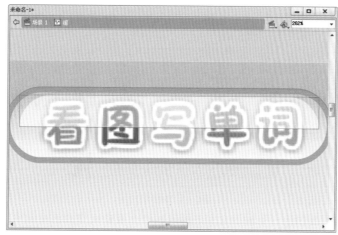

图17-62　编辑高光效果

11 回到主场景中，将题目框组合转换为一个影片剪辑"题目框"，然后为其添加一个白色"发光"的滤镜，如图17-63所示。

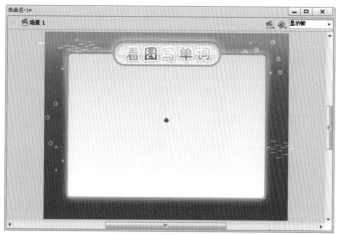

图17-63　添加滤镜

12 在舞台的右下角，配合使用各种绘图、编辑工具绘制出五彩缤纷的珊瑚，然后将其组合起来，如图17-64所示。

图17-64 绘制珊瑚

13 在一个新的组合中，配合使用各种绘图、编辑工具依次绘制出绵羊、老鼠、牛、龙、老虎五种动物，如图17-65所示。

图17-65 绘制动物

14 在每个动物的下面创建一个输入文本，通过属性面板依次修改其变量为"_root.text01、_root.text02……_root.text05"，如图17-66所示。

图17-66 设置变量

15 回到主场景中，将动物组合转换为一个影片剪辑"题目"，并为其添加一个橙色的"发光"滤镜，设置模糊XY为10，如图17-67所示。

图17-67 添加滤镜

16 在主场景中创建一个新的组合，在该组合中，使用"线条工具"在每个动物的下方绘制一条黄色的线条，如图17-68所示。

17 在绘图工作区空白的地方绘制一个透明的圆，然后将其转换为一个新的影片剪辑，名称为"判断"，这样就制作出了一个隐形元件，将其移动到绵羊的右下角，如图17-69所示。

图17-68　绘制线条

图17-69　创建元件

18 进入该元件的编辑窗口中，将第2帧、第3帧都转换为空白关键帧，然后在第2帧的绘图工作区中绘制出一个红勾，如图17-70所示。

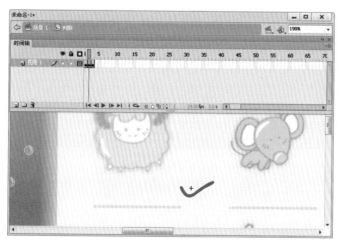

图17-70　绘制图形

19 在第3帧的绘图工作区中，绘制出一个红叉的图形，如图17-71所示。

20 通过动作面板依次为第1帧至第3帧添加如下动作代码。

```
stop();
// 该元件停止播放
```

图17-71　绘制图形

21 回到主场景中，对影片剪辑"判断"进行复制，使每一个输入文本后都有一个该元件，如图
17-72所示。

图17-72　复制元件

22 通过"属性"面板依次修改舞台中影片剪辑，名称为"判断"的实例名为"judge1"、
"judge2"……"judge5"，再将它们组合起来。

23 在舞台的左下角配合使用各种绘图、编辑工具绘制一条正在思考的章鱼图形，并将其转换为一
个影片剪辑，名称为"章鱼"，并为其添加一个白色"发光"的滤镜，如图17-73所示。

24 选中影片剪辑"章鱼"按下"F9"键，为其添加如下动作代码。

```
onClipEvent (load) {
    sy = _y;
    ang = 1.5;
// 定义变量初始值。
}
onClipEvent (enterFrame) {
// 按帧频反复运行下列代码。
_y = sy+5*Math.cos(ang += 0.06);
```

```
// 根据编辑计算该元件的 y 轴位置，这样就得到了该元件上下浮动的动画效果。
}
```

图17-73　编辑章鱼

25 进入影片剪辑"章鱼"的编辑窗口，将章鱼的图形再次转换为一个按钮元件"章鱼按钮"。

26 用鼠标左键双击按钮元件"章鱼按钮"进入其编辑窗口，将"指针经过、单击"帧转换为关键帧，并在"指针经过"帧中创建一个静态文本"参考答案"，如图17-74所示。

图17-74　编辑按钮

27 返回影片剪辑"章鱼"的编辑窗口，开启"动作"面板为按钮元件"章鱼按钮"添加如下动作代码。

```
on (rollOver) {
// 鼠标滑过时。
_root.text01="pig";
_root.text02="frog";
_root.text03="butterfly";
_root.text04="ladybug";
_root.text05="fish";
// 定义各输入文本的显示内容，即显示正确的参考答案。
}
on (rollOut) {
// 鼠标滑离时。
_root.text01="";
```

```
    _root.text02="";
    _root.text03="";
    _root.text04="";
    _root.text05="";
    // 各输入文本的显示内容为空。

    }
```

28 在主场景中绘制一个黄色的圆角矩形，然后创建一个蓝色的静态文本"提交"，再编辑出矩形的高光效果，按下"F8"键将其转换为一个影片剪辑，名称为"按钮"，修改其实例名为"button"，如图17-75所示。

图17-75　创建按钮元件

29 进入该元件的编辑窗口，将所有的图形再转换为一个按钮元件，名称为"提交"，再进入按钮元件的编辑窗口中，将指针经过帧转换为关键帧，修改文字的颜色为浅蓝色（#00CCFF），并为其添加一个白色的"发光"滤镜，如图17-76所示。

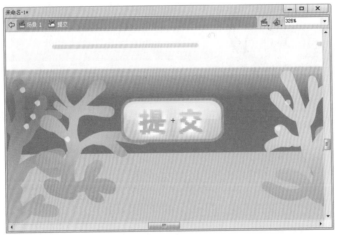

图17-76　编辑文字

30 通过属性面板为其添加一个声音"sound"，设置同步为事件重复0次，如图17-77所示。

图17-77　添加声音

31　返回到影片剪辑"按钮"的编辑窗口中，将第2帧转换为关键帧，选择该帧中的按钮元件"提交"并单击鼠标右键，在弹出的命令菜单中选择"直接复制元件"命令，得到一个新的按钮元件"清除"。然后进入该按钮元件的编辑窗口，依次将各关键帧中的文字修改为"清除"，如图17-78所示。

图17-78　编辑文字

32　选中影片剪辑"按钮"的第1帧，为其添加如下动作代码。

```
stop();
// 该元件停止播放。
```

33　选择按钮元件"提交"，为其添加如下动作代码。

```
on (release, keyPress "<Enter>") {
// 当鼠标按下释放后，或者按下回车键时，即主动交卷。
    if (_root.text01 == "sheep") {
// 如果变量为"_root.text01"输入文本的值为"sheep"时，即输入的答案正确时。
        _root.judge1.gotoAndStop(2);
// 实例名为"judge1"的元件转到第2帧并停止，即表现为正确。
        _root.mark += 20;
// 成绩加20分。
    } else {
// 否则，即输入的答案错误时。
        _root.judge1.gotoAndStop(3);
// 实例名为"judge1"的元件转到第3帧并停止，即表现为错误。
    }
    if (_root.text02 == "mouse") {
        _root.judge2.gotoAndStop(2);
        _root.mark += 20;
    } else {
        _root.judge2.gotoAndStop(3);
    }
    if (_root.text03 == "cow") {
        _root.judge3.gotoAndStop(2);
        _root.mark += 20;
    } else {
```

```
            _root.judge3.gotoAndStop(3);
    }
    if (_root.text04 == "dragon") {
            _root.judge4.gotoAndStop(2);
            _root.mark += 20;
    } else {
            _root.judge4.gotoAndStop(3);
    }
    if (_root.text05 == "tiger") {
            _root.judge5.gotoAndStop(2);
            _root.mark += 20;
    } else {
            _root.judge5.gotoAndStop(3);
    }
```
// 根据用户输入的内容，判断出其他题目的对错。
```
    _root.brand.gotoAndStop(25);
```
// 实例名为"brand"的元件转到第 25 帧并停止，即显示成绩。
```
    nextFrame();
```
// 该元件转下一帧，即显示"清除"按钮。
```
}
```

34 选择第2帧中的按钮元件"清除"，为其添加如下动作代码。

```
on (release) {
```
// 按下并释放按钮。
```
_root.text01="";
_root.text02="";
_root.text03="";
_root.text04="";
_root.text05="";
```
// 所有的输入文本为空。
```
_root.judge1.gotoAndStop(1);
_root.judge2.gotoAndStop(1);
_root.judge3.gotoAndStop(1);
_root.judge4.gotoAndStop(1);
_root.judge5.gotoAndStop(1);
```
// 所有判断对错的元件转到第 1 帧，即不可见。
```
_root.brand.gotoAndPlay(2);
```
// 计时器重新开始计时。
```
_root.time=60;
_root.mark=0;
```
// 定义时间和成绩的初始值。
```
prevFrame();
```
// 该元件转到上一帧，即显示为"提交"按钮。
```
}
```

35 在舞台的右上角绘制一个白色的圆角矩形，然后将其转换为一个影片剪辑并命名为"计时器"，再修改实例名为"brand"，如图17-79所示。

图17-79　创建元件

36 进入该元件的编辑窗口中，延长图层的显示帧到第25帧，然后插入一个新的图层，在该图层中对照显示栏创建静态文本"TIME:"，在其后面再创建一个动态文本，设置其变量为："_root.time"，修改它们的填充色为蓝色，如图17-80所示。

图17-80　创建文本

37 将图层2的第25帧转换为关键帧，修改其中文字的颜色为红色，修改静态文本的内容为"MARK:"，动态文本的变量为"_root.mark"，如图17-81所示。

图17-81　编辑文本

38

在所有图层的顶部插入一个新的图层，将该图层的第13帧、第14帧转换为空白关键帧，再选中第1帧，为其添加如下动作代码。

```
_root.time=60;
// 定义时间的初始值为 60。
_root.mark=0;
// 定义得分的初始值为 0。
```

39

选中第13帧，为其添加如下动作代码。

```
if (_root.time<=0) {
// 如果时间小于或等于 0。
    gotoAndStop(25);
// 该元件转到第 14 帧并停止，即测试时间结束，显示测试成绩。
} else {
// 否则。
    _root.time -= 1;
// 时间减去 1，即实现倒计时功能。
    gotoAndPlay(2);
// 该元件转到第 2 帧并播放，即继续计时。
}
```

F L A S H 知识与技巧

设置这样的动作脚本后，当时间不为 0 时，该元件就在第 2 帧至第 24 帧之间形成了一个循环，每循环一次的长度为 24 帧，正好与影片的帧频一致，也就是一秒种的时间，所以每当运行到第 24 帧时，通过该帧中动作代码的作用，时间就会减去一秒，从而实现倒计时的功能。

40

选中第25帧，为其添加如下动作代码。

```
if (_root.time<=1) {
// 当时间小于等于 1 时，即属于测试时间到，被迫交卷。
    if (_root.text01 == "sheep") {
// 如果变量为 "_root.text01" 输入文本的值为 "sheep" 时。
        _root.judge1.gotoAndStop(2);
// 实例名为 "judge1" 的元件转到第 2 帧并停止，即表现为正确。
        _root.mark += 20;
// 成绩加 20 分。
    } else {
// 否则。
        _root.judge1.gotoAndStop(3);
// 实例名为 "judge1" 的元件转到第 3 帧并停止，即表现为错误。
    }
    if (_root.text02 == "mouse") {
        _root.judge2.gotoAndStop(2);
        _root.mark += 20;
    } else {
        _root.judge2.gotoAndStop(3);
```

```
    }
    if (_root.text03 == "cow") {
        _root.judge3.gotoAndStop(2);
        _root.mark += 20;
    } else {
        _root.judge3.gotoAndStop(3);
    }
    if (_root.text04 == "dragon") {
        _root.judge4.gotoAndStop(2);
        _root.mark += 20;
    } else {
        _root.judge4.gotoAndStop(3);
    }
    if (_root.text05 == "tiger") {
        _root.judge5.gotoAndStop(2);
        _root.mark += 20;
    } else {
        _root.judge5.gotoAndStop(3);
    }
// 根据用户输入的内容，判断出其他题目的对错。
    _root.button.nextFrame();
// 实例名为 "button" 的元件转下一帧，即显示 "清除" 按钮。
}
```

41 按下 "Ctrl+S" 键保存文件，按下 "Ctrl+Enter" 键测试影片，如图17-82所示。

图17-82　测试影片

请打开本书配套光盘\实践案例\第 17 章\看图写单词\目录下的 "看图写单词.fla" 文件，查看本案例的具体设置。

第18章

精美贺卡设计

贺卡相信大家都不会陌生，它是人们用来表示心意的一种方式。贺卡可以根据赠送对象、赠送时节、贺卡方式等分为很多种类型，如各种节日贺卡、生日贺卡、表白贺卡、搞怪贺卡等。而随着电脑的普及、新技术的应用，动态贺卡已经成为了贺卡中的主流，也因此出现了动画贺卡、互动贺卡等新型的贺卡。目前国内还有很多动画贺卡的专题网站，其中的贺卡大都是使用 Flash 制作的。

通常使用 Flash 制作动态贺卡的过程并不复杂，但由于贺卡本身的特殊意义，因此对贺卡的美工要求一般都比较高，具体表现在制作过程中就是，风格与主题保持一致，注意整体颜色的搭配，画面整洁等，只有这样才能制作出精美的电子贺卡。

F L A S H

18.1 实战案例6：企业贺卡

请打开本书配套光盘\实践案例\第18章\企业贺卡\目录下的"企业贺卡.swf"文件，观看本案例的完成效果，如图18-1所示。

观看完这个贺卡，相信大家都想起了原来的纸制音乐贺卡，随着贺卡的打开，里面的景物也竖立起来，同时播放出优美的音乐……在制作这张企业贺卡时，使用了Flash中的3D编辑功能，模拟出了这种效果，在不失大方的同时，又给了观看者小小的惊喜，让人过目难忘。

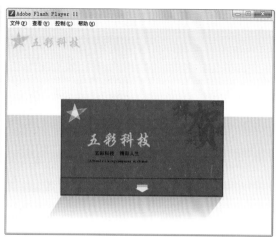

图18-1　实例完成效果

01 开启Flash CS6进入到开始界面，在开始界面中单击"ActionScript 3.0"文档类型，创建一个新的文档，然后将其保存到本地的文件夹中。

02 在"属性"面板中修改文档的尺寸为宽640像素、高480像素，如图18-2所示。

图18-2　修改文档尺寸

03 执行"文件→导入→导入到库"命令，将本书配套光盘\实践案例\第18章\企业贺卡\目录下的位图文件导入到影片的元件库中，便于后面制作时调用。

04 将影片的显示帧延长到第150帧，然后将图层1改名为"黑框"，并在绘图工作区中绘制一个只显示舞台的黑框，最后锁定该图层。

05 在"黑框"图层的下方插入一个新的图层为"背景"，然后在该图层中配合使用各种绘图、编辑工具绘制出影片的背景，如图18-3所示。

图18-3　编辑背景

06 在"背景"图层的上方插入一个新的图层为"封面"，然后在该图层中配合使用各种绘图、编辑工具绘制出贺卡的封面，如图18-4所示。

07 在贺卡的正下方创建一个黄色箭头图形的按钮元件，名称为"按钮"，在"属性"面板中修改其实例名为"btn"，如图18-5所示。

图18-4　绘制贺卡封面

图18-5　创建按钮

08 进入该按钮元件的编辑窗口，将"单击"帧转换为关键帧，然后将"弹起"帧中的黄色箭头图形再转换为一个影片剪辑，名称为"箭头"，如图18-6所示。

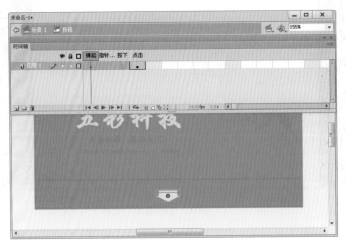

图18-6　编辑按钮

09 进入个影片剪辑"箭头"的编辑窗口，延长图层的显示帧到第4帧，并将第3帧转换为关键帧，然后使用"任意变形工具"对箭头的形态进行适当的调整。这样影片播放时，跳动的箭头就能起到提示用户单击的作用，如图18-7所示。

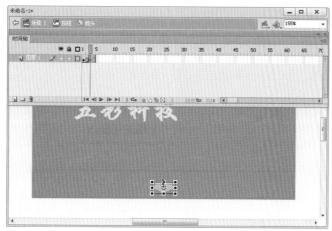

图18-7 调整箭头

10 回到主场景中，将"封面"图层中的所有图形转换为一个影片剪辑，名称为"封面"，并设置对齐点在正上方，如图18-8所示。

11 将"封面"图层的第50、51帧转换为关键帧，然后选中第1帧创建补间动画。

12 将时间轴上的播放头拖曳到第49帧处，然后按下"F6"键插入一帧补间动画关键帧，再使用"3D旋转工具"对第1帧中影片剪辑"封面"的各轴角度进行旋转，如图18-9所示。

图18-8 创建影片剪辑

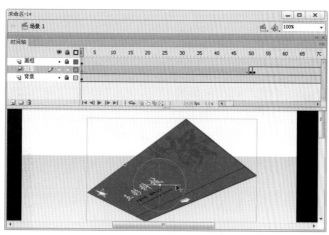

图18-9 旋转元件

13 在"属性"面板中对影片剪辑"封面"的3D空间位置，透视角度、消失点等进行适当的调整，以得到需要的效果，如图18-10所示。

14 选中第1帧，在"属性"面板中设置缓动为100，旋转为2次，方向为逆时针，如图18-11所示。

图18-10 3D定位

图18-11 编辑旋转

有时调整第 1 帧中的影片剪辑会影响到第 49 帧中的影片剪辑，因此，在动画编辑完成后，用户可以预览下效果是否正确，如果不正确，用户可以对第 49 帧中的影片剪辑进行再调整。

15 通过上面的编辑就得到了贺卡由远方飞来的动画效果，为第51帧创建补间动画，然后在第70帧处，然后按下"F6"键插入一帧补间动画关键帧，再使用"3D旋转工具"对第70帧中影片剪辑"封面"进行旋转并调整好其位置，使其产生平放的效果，如图18-12所示。

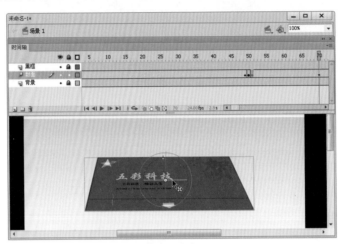

图18-12　旋转元件

16 在"封面"图层的上方插入一个新图层为"封底"，然后在该图层的第70帧中根据当前封面的形状，绘制出一个粉红色的封底并将其组合起来，如图18-13所示。

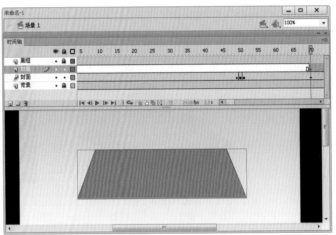

图18-13　绘制封底

17 使用鼠标将"封底"图层拖曳到"封面"图层的下方。

18 在"封面"图层的第77帧处插入一帧补间动画关键帧，使用"3D旋转工具"对该帧中影片剪辑"封面"进行旋转并调整好其位置，使其产生向上翻开的效果，如图18-14所示。

19 将"封面"图层的第151帧转换为空白关键帧，然后将其拖曳到第78帧处，并在该帧中绘制一个与封面大小相同的矩形，如图18-15所示。

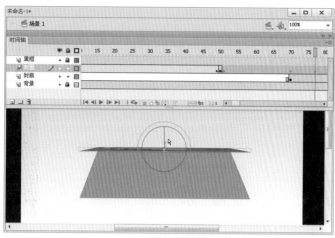

图18-14　旋转元件

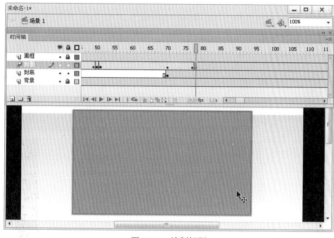

图18-15　绘制矩形

20 将矩形转换为一个影片剪辑"封面内",并设置对齐点在正上方,如图18-16所示。

21 使用"3D旋转工具"对影片剪辑"封面内"进行旋转并调整好其位置,使其如图18-17所示。

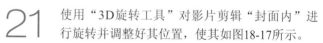

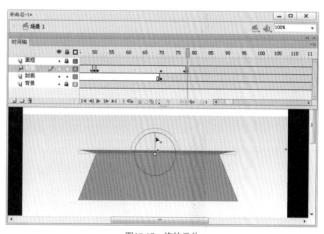

图18-17　旋转元件

图18-16　创建影片剪辑

22 为"封面"图层的第78帧创建补间动画,然后在第87帧处插入一帧补间动画关键帧,再使用"3D旋转工具"对该帧中影片剪辑"封面内"进行旋转并调整好其位置,使贺卡呈张开形态,如图18-18所示。

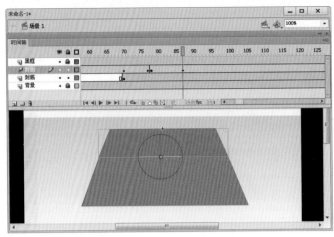

图18-18 旋转元件

23 在"封底"图层的下方插入一个图层"阴影",然后在该图层的第48帧中根据影片剪辑"封面"的形状,绘制出贺卡的影子,如图18-19所示。

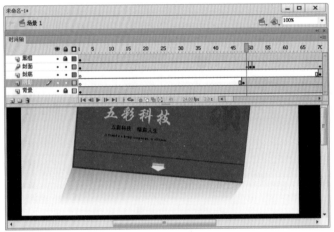

图18-19 绘制阴影

24 将第70帧转换为关键帧,然后根据贺卡的形态调整好阴影的形状,然后为第48帧创建补间形状动画,就得到阴影随贺卡形状变化的动画,如图18-20所示。

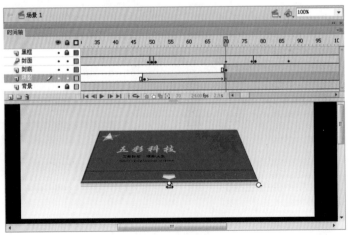

图18-20 编辑动画

25 在"黑框"图层的下方插入一个名为"财神"的图层,在该图层的第110帧中配合使用各种绘图、编辑工具绘制出财神和对联的图形,并将其转换为一个新的影片剪辑,名称为"财神",

如图18-21所示。

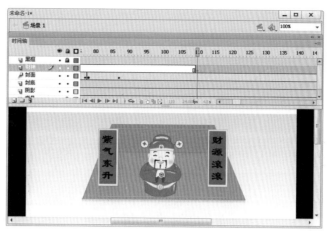

图18-21　绘制财神

26 将"财神"图层的第126帧转换为关键帧，然后右键单击影片剪辑"财神"，在弹出的命令菜单中选择"直接复制元件"命令得到一个新的影片剪辑，名称为"财神动"。

27 进入该元件的编辑窗口，使用逐帧动画的编辑方式，编辑出财神恭喜的动画效果，如图18-22所示。

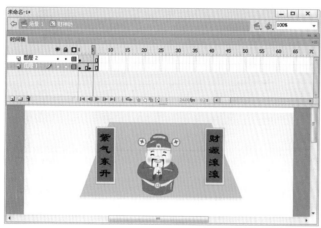

图18-22　编辑动画

28 在主场景中，使用"3D旋转工具"对"财神"图层的第110帧中影片剪辑"财神"进行旋转并调整好其位置，如图18-23所示。

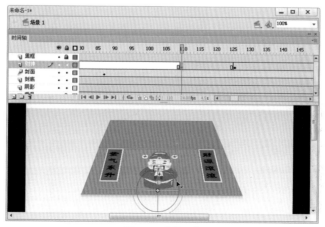

图18-23　旋转元件

29 为"财神"图层的第110帧场景设置补间动画,然后将第125帧转换为关键帧,并使用"3D旋转工具"对影片剪辑"财神"进行旋转并调整好其位置,使其直立起来,如图18-24所示。

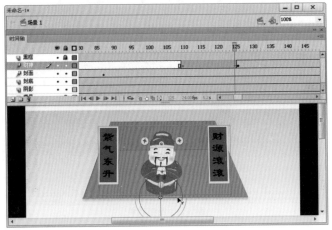

图18-24　旋转元件

30 将"财神"图层的第110帧中影片剪辑"财神"复制,然后粘贴到"封底"图层的第70帧中,如图18-25所示。

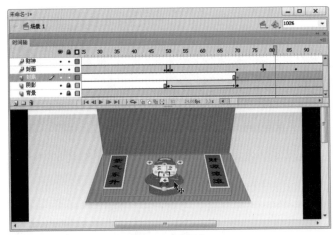

图18-25　复制元件

31 将"封底"图层的第110帧转换为关键帧,然后通过"属性"面板修改其色调为深红色,如图18-26所示。

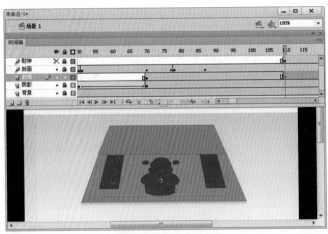

图18-26　修改元件颜色

32 在"封底"图层的上方新建一个名为"财神阴影"的图层,然后对照财神直立起来的动画,参照贺卡阴影的编辑方法,编辑出财神阴影产生的动画,如图18-27所示。

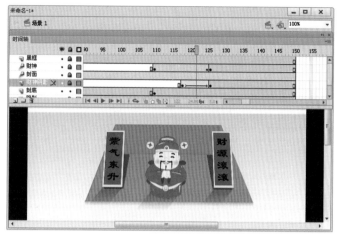

图18-27 编辑阴影动画

33 在"封面"图层的上方插入一个图层,将其命名为"光线",然后在第95帧中绘制出一道金黄色的光线,并将其转换为图形元件"光线", 如图18-28所示。

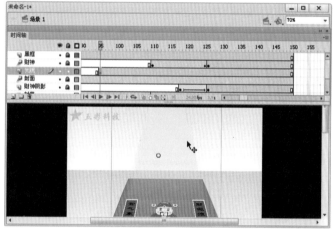

图18-28 绘制光线

34 将第105帧转换为关键帧,然后将第95帧中图形元件"光线"的比例缩小,透明度修改为0%,再为第95帧创建传统补间动画,这样就得到光线慢慢产生的动画效果,如图18-29所示。

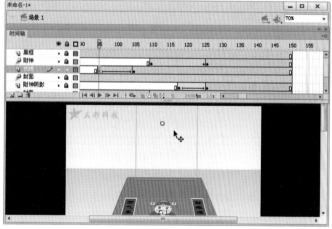

图18-29 编辑光线动画

35 新建一个名为"元宝"的图层,将其移动到"财神"图层的下方,在该图层的第130帧中,绘制出一些铜钱和元宝的图形并组合起来,如图18-30所示。

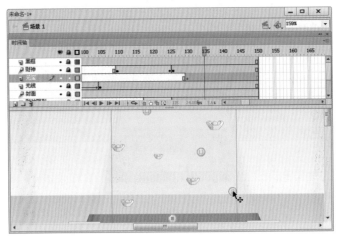

图18-30 绘制元宝

36 对组合进行复制,然后调整好它们的位置,如图18-31所示。

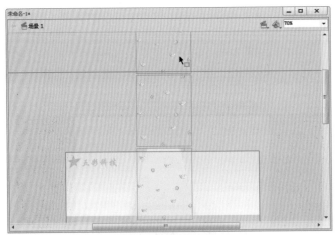

图18-31 复制元宝

37 将这些组合转换为一个影片剪辑,名称为"落下的钱",然后进入该影片剪辑的编辑窗口,将这些组合再次转换为一个图形元件"钱"并调整好其位置,如图18-32所示。

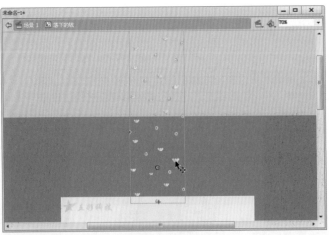

图18-32 创建元件

38 将第40帧转换为关键帧，然后将该帧中的图形元件"钱"向下移动，使原来的第3个钱的组合与第1个钱的组合重合，如图18-33所示。

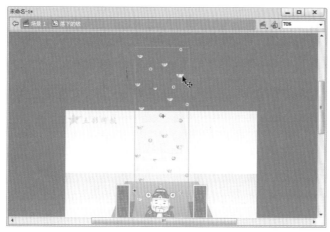

图18-33　移动元件

39 为第1帧创建传统补间动画，这样就得到钱不停落下的动画效果。

40 创建一个遮罩层，在该图层中绘制一个矩形，这样图形元件"钱"多余的部分就不会在影片中显示了，如图18-34所示。

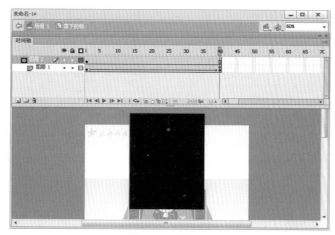

图18-34　编辑遮罩层

41 为第40帧添加如下动作代码。

```
gotoAndPlay(20);
// 影片剪辑跳转到第 20 帧并播放。
```

42 回到主场景，选中"封面"图层第50帧中的影片剪辑"封面"，然后按下"Ctrl+B"键将其分离。

43 插入一个新的图层"AS"，然后在该图层的第50帧上添加如下动作代码。

```
stop();
// 影片停止播放。
btn.addEventListener(MouseEvent.CLICK, fl_ClickToGoToAndPlayFromFrame_2);
// 监听按钮元件btn是否按下，如果按下执行函数 function fl_ClickToGoToAndPlayFromFrame_2。
function fl_ClickToGoToAndPlayFromFrame_2(event:MouseEvent):void
```

```
{
// 定义函数 function fl_ClickToGoToAndPlayFromFrame_2。
    gotoAndPlay(51);
// 影片转到第 51 帧并播放。
}
```

44 为 "AS" 图层第150帧上添加如下动作代码。

```
stop();
// 影片停止播放。
```

45 选中 "财神" 图层的第126帧，通过 "属性" 面板为其添加声音 "sound"，设置同步为 "事件、循环"，如图18-35所示。

46 按下 "Ctrl+S" 键保存文件，按下 "Ctrl+Enter" 键测试影片，如图18-36所示。

图18-35　添加声音

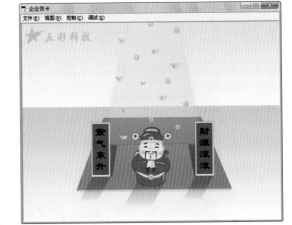

图18-36　测试影片

请打开本书配套光盘\实践案例\第18章\企业贺卡\目录下的 "企业贺卡.fla" 文件，查看本案例的具体设置。

18.2　实战案例7：新年烟花贺卡

请打开本书配套光盘\实践案例\第18章\新年烟花贺卡\目录下的 "新年烟花贺卡.swf" 文件，观看本案例的完成效果，如图 18-37 所示。

传统的 Flash 贺卡都是以动画为主，而这个新年烟花贺卡则不是。在该贺卡里，通过用户自己在绘画板上设计出烟花的图案，然后进行燃放，就可以在夜空中看到用户自己设计的烟花了，传达特殊的祝福。因此，这种互动贺卡与动画贺卡相比较，更加灵活、独特，更具娱乐性，使人记忆犹新。

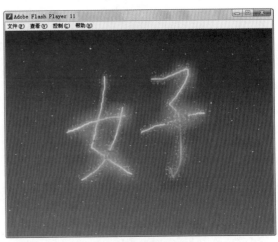

图18-37　实例完成效果

01 开启Flash CS6进入到开始界面，在开始界面中单击"ActionScript 2.0"文档类型，创建一个新的文档，然后将其保存到本地的文件夹中。

02 在"属性"面板中修改文档的尺寸为宽640像素、高480像素，如图18-38所示。

图18-38　修改文档尺寸

03 执行"文件→导入→导入到库"命令，将本书配套光盘\实践案例\第18章\新年烟花贺卡\目录下的所有声音文件、位图文件导入到影片的元件库中，便于后面制作时调用。

04 将影片的显示帧延长到第8帧，然后将图层1改名为"黑框"，并在绘图工作区中绘制一个只显示舞台的黑框，最后锁定该图层。

05 在"黑框"图层的下方插入一个新的图层为"背景"，然后在该图层中使用"深蓝色→深紫色→蓝色"的线性渐变填充方式绘制出夜空的场景，如图18-39所示。

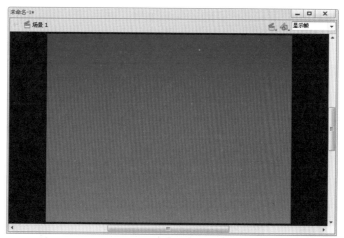

图18-39　绘制夜空

06 创建一个组合，在该组合中绘制出一些透明度不一样的白色小圆点，作为天空中的星星，然后将其转换为一个影片剪辑"星星"，如图18-40所示。

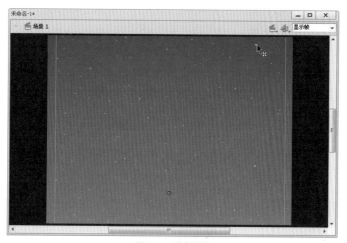

图18-40　绘制星星

07 进入影片剪辑"星星"的编辑窗口，延长显示帧到第6帧，并将第3、5帧转换为关键帧，然后依次修改第3、5帧中每颗星星的透明度，就得到了繁星闪烁的动画效果，如图18-41所示。

08 从元件库中将位图元件"p001.jpg"拖曳到舞台中，并将其转换为一个影片剪辑"烟花图案"，如图18-42所示。

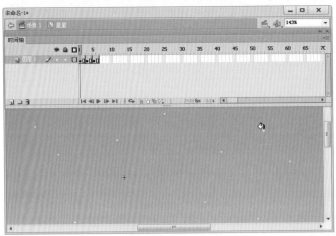

图18-41 修改填充色

图18-42 放置位图

09 在"属性"面板的"显示"卷展栏中修改混合为"增加",如图18-43所示。

10 这时位图的黑色背景就变为透明了,然后调整好影片剪辑"烟花图案"的位置和大小,如图18-44所示。

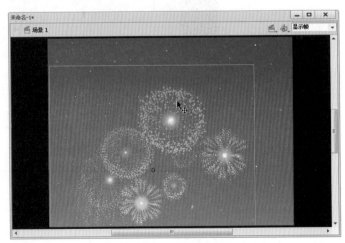

图18-44 调整位置

图18-43 修改混合

11 在舞台中创建静态文本"新年烟花",调整好字体、位置、大小,然后为其添加一个白色"发光"的滤镜,强度修改为1000,勾选"挖空",再添加一个蓝色"发光"滤镜,修改强度为200,如图18-45所示。

图18-45 编辑文字

12 配合使用各种绘图、编辑工具绘制在舞台中绘制出笔、纸张,再创建静态文本"开始",并添加好滤镜效果,使其更加美观,然后将它们转换为一个按钮元件,名称为"开始按钮",如图18-46所示。

图18-46 创建按钮

13 进入按钮元件中,将"指针经过"帧转换为关键帧,然后将其中的文字放大,笔的角度稍稍调整,如图18-47所示。

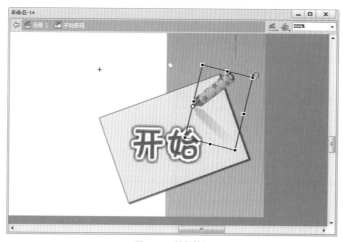

图18-47 编辑按钮

14 回到主场景中，为按钮元件"开始按钮"添加如下动作代码。

```
on (press) {
    gotoAndStop(3);
}
// 按下按钮，影片转到第 3 帧并停止。
```

15 在"背景"图层的上方插入一个图层"AS"，在该图层的第1、8帧上添加如下动作代码。

```
Stop();
// 影片停止播放。
```

16 在"背景"图层的第3帧处插入一帧空白关键帧，然后在该帧中配合使用各种绘图、编辑工具绘制出背景、画纸、鞭炮、说明文字等，并使用"滤镜"功能使画面效果更加美观、立体，如图18-48所示。

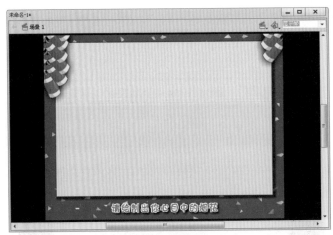

图18-48　绘制背景

17 将前面绘制的笔复制，粘贴到该帧中并将其转换为一个影片剪辑"笔"，修改其实例名为"bi"，如图18-49所示。

图18-49　修改实例名

18 双击鼠标左键进入该影片剪辑的编辑窗口，调整好笔的大小，然后将笔尖移动到该元件的中心位置，如图18-50所示。

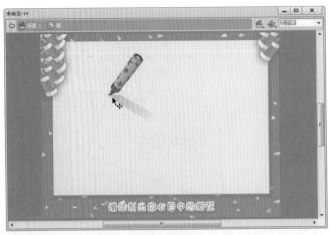

图18-50　调整元件

19

回到主场景，通过"动作"面板为影片剪辑"笔"添加如下动作代码。

```
onClipEvent (load) {
    this.swapDepths(9000);
// 定义该元件的层次。
}
onClipEvent (enterFrame) {
    if (this._x > 30 and this._x < 610 and this._y > 20 and this._y < 420){
// 如果该元件在纸张的范围内。
        Mouse.hide();
// 鼠标隐藏。
    }else{
// 否则。
        Mouse.show();
// 鼠标显示。
    }
}
```

20

在主场景舞台的左下角绘制一个红色的箭头图形，然后将其转换为一个按钮元件，名称为"箭头按钮"，并为其添加"投影"的滤镜效果，如图18-51所示。

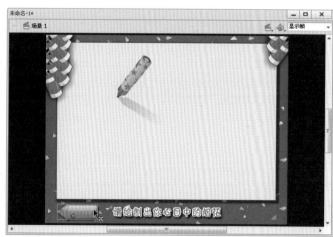

图18-51　调整元件

21

进入按钮元件中，将"指针经过"帧转换为关键帧，然后将其中的图形适当放大。

22

回到主场景，对按钮元件"箭头按钮"进行复制并将其水平翻转，这样就得到了向右的"箭头按钮"，将其移动到舞台的右下角，如图18-52所示。

23

在两个按钮元件上方分别创建静态文本"重画、燃放"，然后调整好大小、位置、颜色，并为其添加适当的滤镜效果，使效果更加美观，如图18-53所示。

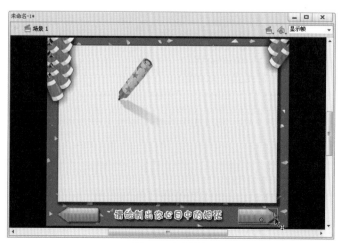

图18-52　复制按钮

图18-53 编辑文本

24 通过"动作"面板为左边的按钮添加如下动作代码。

```
on (release) {
// 释放按钮。
    _root.line.removeMovieClip();
// 清除绘制的线。
    _root.masks.removeMovieClip();
// 清除线上的节点。
    _root.bi.removeMovieClip();
// 清除影片剪辑"笔"。
    play();
// 影片播放。
}
```

25 通过"动作"面板为右边的按钮添加如下动作代码。

```
on (press) {
// 按下按钮。
    _root.line._alpha=0;
// 绘制的线透明度为 0，即不可见。
    _root.bi.removeMovieClip();
// 清除影片剪辑"笔"。
    gotoAndStop(8);
// 影片转到第 8 帧并停止。
}
```

26 将"AS"图层的第3帧转换为空白关键帧，并为其添加如下动作代码。

```
Stop();
// 影片停止播放
_root.kyh=1;
// 定义变量的初始值，该变量用于决定是否可以进行绘制。
startDrag("bi", true, 30, 20, 610, 420);
```

```
// 设置可以在规定的范围内拖曳影片剪辑"笔"。
    _root.line.removeMovieClip();
    _root.masks.removeMovieClip();
// 清除绘制的影片剪辑线和节点，这样每次到达该帧，可以该帧恢复初始状态。
_root.createEmptyMovieClip("masks",1000);
// 创建一个新的元件，用于得到节点。
i=0;
// 定义变量的初始值。
_root.createEmptyMovieClip("line",1);
// 创建一个新的元件，用于得到线条。
_root.line.createEmptyMovieClip("lines",1);
// 在线条元件中再创建一个新的元件，用于得到绘制的线条。
var xy_array:Array;
// 定义数组。
_root.line.lines.lineStyle(3, 0xFF3300, 100);
// 定义线条的宽度、颜色、透明度。
_root.line.lines.onMouseDown = function() {
// 当鼠标按下时执行。
    if(_root.kyh==1){
// 如果变量 _root.kyh 的值为 1 时。
    xy_array = new Array();
    xy_array.push(_xmouse, _ymouse);
    this.moveTo(_xmouse, _ymouse);
// 数组获取鼠标的坐标。
    this.onMouseMove = function() {
// 当鼠标移动时执行。
        if(_xmouse>30 and _xmouse<610 and _ymouse>20 and _ymouse<420){
// 如果在纸张的范围内。
        xy_array.push(_xmouse,_ymouse);
        this.lineTo(_xmouse, _ymouse);
// 根据数组中鼠标坐标的值绘制线条。
        i++;
// 变量 i 递加。
    if(i%6==1){
// 当 i 除以 6 余 1 时。
    _root.masks.attachMovie("jiedian", "dots"+i, i+100);
// 从元件库复制影片剪辑"jiedian"并命名为"dots"+i，层级为i+100。
    _root.masks["dots"+i]._x=_root._xmouse;
    _root.masks["dots"+i]._y=_root._ymouse;
    _root.masks["dots"+i]._xscale=100;
    _root.masks["dots"+i]._yscale=100;
// 定义新元件的位置、大小。
        }
    };
    };
    }
}
```

```
_root.line.lines.onMouseUp = function() {
// 当鼠标弹起时。
    delete this.onMouseMove;
// 删除鼠标移动使的程序。
};
_quality = "BEST";
// 设置影片质量为最好。
```

27 将"AS"图层的第4帧转换为空白关键帧，并为其添加如下动作代码。

```
gotoAndStop(3);
// 转到第 3 帧，当按下"重画"按钮时，影片转到该帧再转回第 3 帧，起到了初始化的左右。
```

28 在"背景"图层的第8帧处插入一帧空白关键帧，然后在该帧中配合使用各种绘图、编辑工具绘制出夜空、城市、草地，并将它们转换为影片剪辑"礼炮升空"，如图18-54所示。

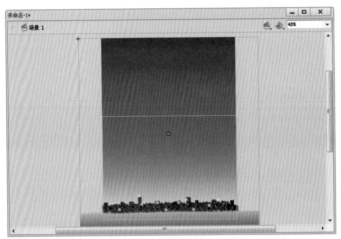

图18-54 编辑背景

29 进入影片剪辑"礼炮升空"的编辑窗口，将各图形组合再转换为一个图形元件"城市背景"，然后将图层1改名为"背景"，再延长图层的显示帧到第180帧，并在第60帧处插入一帧关键帧。

30 将第60帧中的图形元件"城市背景"向下移动，使画面只显示天空，然后为第1帧创建传统补间动画，如图18-55所示。

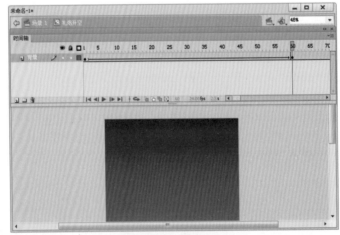

图18-55 编辑动画

31 插入一个新的图层"礼炮",然后在该图层中绘制出一个礼炮的图形,并将其转换为一个影片剪辑,名称为"礼炮",如图18-56所示。

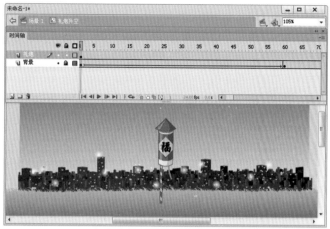

图18-56 绘制礼炮

32 进入影片剪辑"礼炮"的编辑窗口,插入一个新的图层,在该图层中绘制出表示飞行时喷火的图形,如图18-57所示。

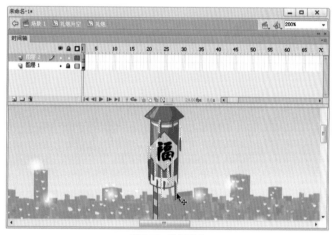

图18-57 绘制喷火

33 将其转换为影片剪辑"喷火",并修改其实例名为"fff",再为其添加一个"模糊"的滤镜效果,设置模糊X为2,模糊Y为20,如图18-58所示。

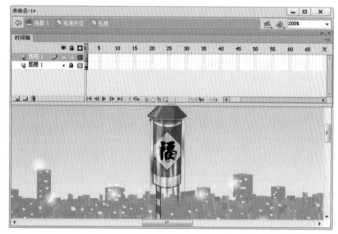

图18-58 添加滤镜

34 进入该元件的编辑窗口中，编辑出喷火闪动的动画效果，然后回到影片剪辑"礼炮"的编辑窗口修改其透明度为0。

35 将礼炮的导火索转换为影片剪辑"导火索"，并调整好其层次。双击鼠标左键进入影片剪辑"导火索"的编辑窗口，然后在第1帧至第50帧间创建补间形状，编辑出导火索变短的动画效果，如图18-59所示。

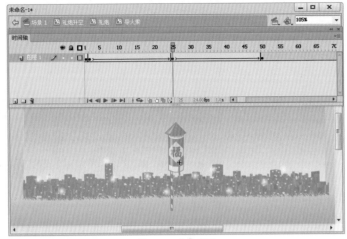

图18-59　编辑动画

36 插入一个新的图层，在该图层的第2帧中创建一个影片剪辑"火焰"，并在该影片剪辑中编辑出火焰燃烧的动画效果，如图18-60所示。

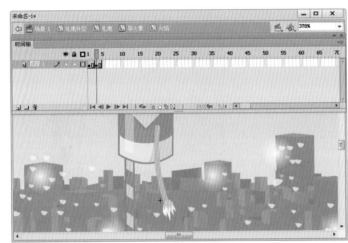

图18-60　编辑火焰动画

37 回到影片剪辑"导火索"的编辑窗口，插入一个引导图层，然后将图层1中的导火索线条复制并粘贴到该图层中。

38 使用引导动画的方式编辑出影片剪辑"火焰"跟随导火索变短而移动的传统补间动画，如图18-61所示。

39 将图层2的第1帧复制，然后粘贴到1个新图层的第1帧，再将其中影片剪辑"火焰"的透明度修改为0，如图18-62所示。

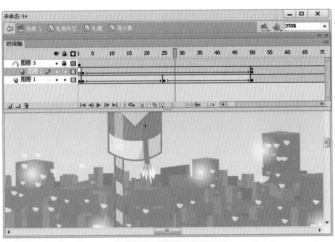

图18-61　编辑引导动画

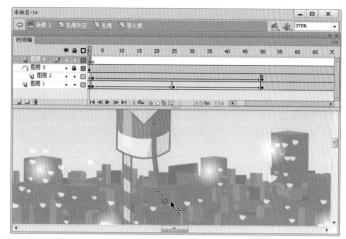

图18-62　修改透明度

40 通过"动作"面板为影片剪辑"火焰"添加如下动作代码。

```
onClipEvent (load) {
    _root.tt = 0;
}
// 定义变量初始值。
onClipEvent (enterFrame) {
    if (this.hitTest(_root.huo))
    {
// 如果该元件碰到元件"huo"，影片剪辑"huo"为火柴，表示火柴点礼炮。
        _root.tt += 1;
// 变量tt递加。
        if (_root.tt > 25)
        {
// 当变量tt大于25时，表示火柴点了一会。
            stopDrag();
// 停止拖拽火柴。
            _root.huo._x = -180;
// 火柴移出舞台外。
            _parent.play();
// 该元件的上一级开始播放，即播放导火索燃烧的动画。
        }
    }
}
```

41 为第1帧添加如下动作代码。

```
stop();
// 影片剪辑"导火索"停止播放。
```

42 为第50帧添加如下动作代码。

```
stop();
// 影片剪辑"导火索"停止播放。
```

```
_parent.fff._alpha=50;
// 影片剪辑"喷火"的透明度由 0 变为 50。
_parent._parent.play();
// 影片剪辑"礼炮升空"开始播放，即导火索燃烧完，开始喷火，礼炮开始升空。
```

43 回到影片剪辑"礼炮升空"的编辑窗口，在第1帧至第60帧间，编辑出影片剪辑"礼炮升空"向上移动并变小的传统补间动画，如图18-63所示。

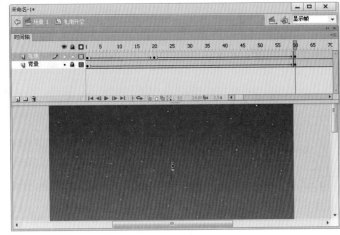

图18-63 编辑动画

44 将"礼炮"图层的第61帧转换为空白关键帧，然后绘制一条水平白线，然后将其转换为影片剪辑，名称为"火花飞溅"，设置对齐点为最左，如图18-64所示。

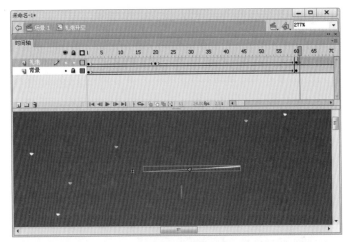

图18-64 绘制图形

45 修改其实例名为"lh"，进入该元件的编辑窗口中，将第20、40帧转换为关键帧，第41帧转换为空白关键帧，并为第41帧添加如下动作代码。

```
stop();
// 该影片剪辑停止播放。
```

46 将第1帧中的图形修改为一个小红点，并移动到元件的中心点。将第40帧中的图形也修改为一个小红点，并将其水平向右移动，为它们创建补间形状，就得到火花水平向右飞溅的动画效果，如图18-65所示。

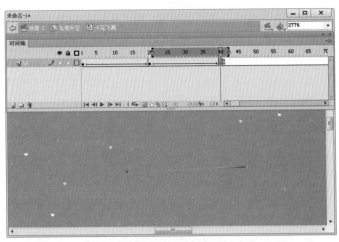

图18-65 编辑动画

47 回到影片剪辑"礼炮升空"的编辑窗口，插入一个新的图层"AS"，然后在该图层的第1帧中添加如下动作代码。

```
stop();
// 该影片剪辑停止播放。
startDrag(_root.huo, true);
// 拖拽影片剪辑"huo"，即火柴。
_root.line._x-=1000;
_root.line._alpha=0;
// 设置前面绘制的线不可见。
```

48 为第60帧添加如下动作代码。

```
n = 8;
 while (n < 200) {
     duplicateMovieClip ("lh", "lh" + n, n);
// 对场景中的影片剪辑"lh"进行复制。
     setProperty("lh" + n, _rotation , random(360));
     setProperty("lh" + n, _alpha , random(20) + 80);
     setProperty("lh" + n, _xscale ,30 + Number(random(40)));
     setProperty("lh" + n, _yscale ,30 + Number(random(40)));
// 设置新元件的角度、透明度、大小。
     tellTarget ("lh" + n) {
         gotoAndPlay(random(5));
     };
// 新元件从第1帧至第5帧中的随机一帧开始播放。
     n++;
    }
// 这样第61帧中就得到了炸开的礼炮效果。
```

49 为第90帧添加如下动作代码。

```
for(i in _root.masks){
    _root.masks[i].play();
}
// 影片中的小礼花开始播放。
```

50 为第96帧添加如下动作代码。

```
_root.line._x+=1000;
_root.line._alpha=30;
// 将绘制的线移回舞台，透明度修改为30。
import flash.filters.*;
// 导入滤镜。
_root.line.filters = [new GlowFilter(0x56DDFE, 20, 10, 10, 2, 2)];
// 为绘制的线添加一个"发光"的滤镜。
 function onEnterFrame() {
     new Color(_root.line.lines).setTransform(getColorCX(16777215, 100, "normal"));
```

```
    }
// 通过自定义函数 getColorCX，将绘制的线的色调修改为白色。
    if (!(yanse instanceof Object)) {
        yanse = {};
    }
yanse.copyTo = function (tarObj) {
    for (var _local3 in this) {
        if ((this[_local3] instanceof Object) && (_local3 != "copyTo")) {
            tarObj[_local3] = this[_local3];
        }
    }
};
yanse.getColorCX = function (colorx, alpha, mixType) {
    var _local6 = int(colorx / 65536);
    var _local4 = int(colorx / 256) % 256;
    var _local5 = int(colorx % 256);
    return({rb:_local6 * alpha, gb:_local4 * alpha,bb:_local5 * alpha});
};
// 设置自定义函数。
yanse.copyTo(_global);
// 执行函数。
```

51 为第129帧添加如下动作代码。

```
import flash.filters.*;
// 导入滤镜。
function mc_filters(mc) {
// 自定义模糊函数。
    var max = 0;
    mc.onEnterFrame = function() {
            if (max<200) {
// 如果对象的模糊度小于200。
                max += 3;
                mc.filters = [new BlurFilter(max, max, 1)];
// 对象的模糊度递增。
            } else {
                delete this.onEnterFrame;
            }
// 否则删除该命令。
    };
}
mc_filters(_root.line.lines);
// 将该模糊度递增的效果应用于前面绘制的线元件。
```

52 为第180帧添加如下动作代码。

```
stop();
```

// 该影片剪辑停止播放。

53 插入一个新的图层"控制"，在该图层的第96帧中放入一个影片剪辑，名称为"火焰"，并将
其移动到舞台以外，如图18-66所示。

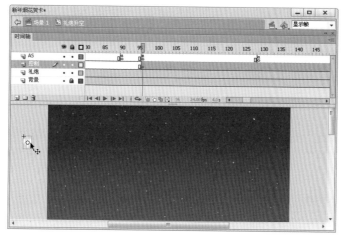

图18-66　放置元件

　　在进行制作时，会遇见需要在影片剪辑上添加动作代码的情况，这时用户可以不用新建影片剪辑，而是使用
元件库中，本身不包含任何动作代码的影片剪辑作为替代。

54 在影片剪辑"火焰"上添加如下动作代码。

```
onClipEvent (load) {
    tt = 1;
}
// 定义变量初始值。
onClipEvent (enterFrame) {
    tt++;
// 变量 tt 递加。
    if (tt < 10)
    {
        _root.line._alpha += 10;
    }
// 变量 tt 小于 10，线的透明度递增。
    else
    {
// 否则，即透明度大于 100 时。
        if (tt % 3 == 1)
        {
// 如果变量 tt 除以 3 的余数为 1 时。
            _root.line._alpha -= 10;
// 线的透明度减 10。
        }
```

```
                if (tt % 5 == 1)
                {
                        _root.line._alpha += 8;
                }
```
// 如果变量 tt 除以 5 的余数为 1 时，线的透明度加 10。
```
        }
```
// 这样就得到线闪烁的动画效果。
```
        _root.line.lines.filters = [new BlurFilter(300, 300, 1)];
```
// 对线进行模糊。
```
}
```

55 将"控制、礼炮"图层的第180帧转换为空白关键帧，然后在"礼炮"图层的第180帧中放入两个按钮元件"箭头按钮"，并创建"再放、重画"的静态文本，再调整好它们的位置、方向、大小，并添加适当的滤镜效果，使其如图18-67所示。

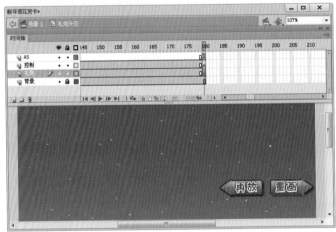

图18-67 编辑按钮

56 为"再放"按钮添加如下动作代码。

```
on (press) {
_root.tt=0;
gotoAndStop(1);
}
```
// 按下按钮，影片剪辑"礼炮升空"会到初始状态。

57 为"重画"按钮添加如下动作代码。

```
on (press) {
    _root.gotoAndStop(3);
}
```
// 按下按钮，回到绘制图形的界面。

58 插入一个新的图层"声音"，然后在该图层中根据礼炮飞行、爆炸的动画效果为第3帧添加声音"sound03"，为第61帧添加声音"sound02"，为第90帧添加声音"sound04"，设置它们的同步为"数据流"，并根据实际动画设置它们的重复次数，如图18-68所示。

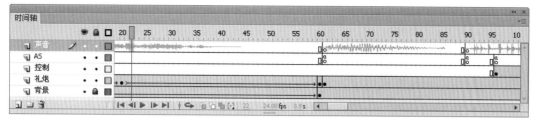

图18-68 添加声音

59 回到主场景中，将"AS"图层的第8帧转换为关键帧，并为其添加如下动作代码。

```
_root.kyh=0;
// 变量 kyh 的值为 0，表示不能进行绘制。
```

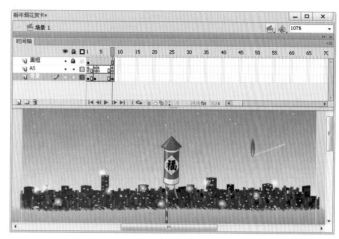

图18-69 编辑火柴

60 在"背景"图层的第8帧中绘制一只燃烧的火柴图形，然后将其转换为影片剪辑，名称为"火柴"，并修改其实例名为"huo"，如图18-69所示。

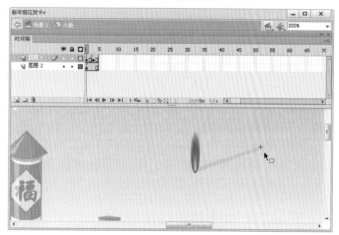

图18-70 编辑动画

61 进入影片剪辑"火柴"的编辑窗口，移动火柴使其末端与元件的中心点对齐，然后用逐帧动画的方式绘制出火苗跳到的动画效果，如图18-70所示。

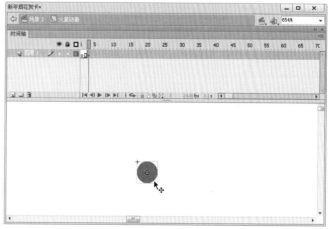

图18-71 创建元件

62 执行"插入→新建元件"命令，创建一个名为"火星动画"的影片剪辑，延长图层的显示帧到第145帧，并在第3帧绘制一个小红点，然后将其转换为影片剪辑，名称为"火星"，如图18-71所示。

63 进入影片剪辑"火星"的编辑窗口，将第1帧至第8帧都转换关键帧，然后依次修改各帧中小圆点的填充色，如图18-72所示。

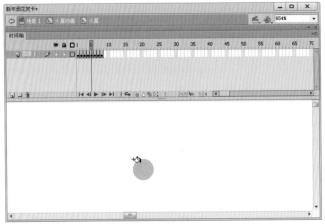

图18-72　修改填充色

64 返回影片剪辑"火星动画"的编辑窗口，将影片剪辑"火星"的透明度修改为60%，然后为其添加一个"模糊"的滤镜效果，设置模糊XY为0，如图18-73所示。

图18-73　修改元件的效果

65 通过"动作"面板为影片剪辑"火星"添加如下动作代码。

```
onClipEvent (load) {
    yy=random(8)+1;
    gotoAndStop(yy);
}
// 该影片剪辑转到第1-8帧中的随机一帧，即表现为不同的颜色。
```

66 在图层的第70帧处插入一帧关键帧，第71帧处插入空白关键帧，然后将第70帧中的影片剪辑"火星"放大至300%，滤镜的模糊度改为200，透明度修改为0%，然后为第3帧创建传统补间动画，这样就得到小圆点变大、散开的动画效果。

67 在第50帧处插入一帧关键帧，然后修改其中元件的透明度为20%，这样可以使元件的可见时间更长，如图18-74所示。

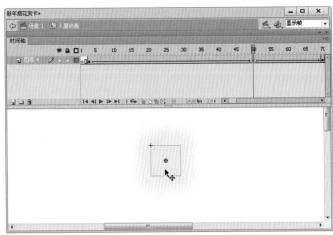

图18-74　修改透明度

68

插入一个新的图层，并将其第3、145帧转换为空白关键帧，然后从元件库中将影片剪辑"火花"拖曳到舞台中，调整好其大小、位置、透明度，如图18-75所示。

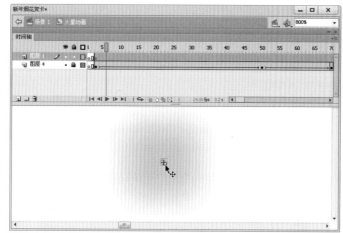

图18-75　放置元件

69

在"属性"面板中将影片剪辑"火花"的实例名修改为"lh"。

70

为第3帧添加如下动作代码。

```
n = 1;
while (n < 13)
{
    duplicateMovieClip("lh", "lh" + n, n);
    setProperty("lh" + n, _rotation, random(360));
    setProperty("lh" + n, _alpha, random(30) + 30);
    setProperty("lh" + n, _xscale, 50 + Number(random(60)));
    setProperty("lh" + n, _yscale, 50 + Number(random(60)));
    tellTarget ("lh" + n)
    {
        gotoAndPlay(random(5));
    }
    n++;
}
// 通过复制影片剪辑"火花"，得到小礼花爆炸的效果。
```

71

为第1帧添加如下动作代码。

```
stop();
// 该影片剪辑停止播放。
```

72

在元件库中右键单击影片剪辑"火星动画"，在弹出的命令菜单中执行"属性"命令，打开"元件属性"对话框，在"高级"下拉栏下的"Action Script链接"中，勾选"为Action Script导出"项，并修改标识符为"jiedian"，如图18-76所示。

73

回到主场景中，为第1帧添加声音"sound01"，设置同步为"开始、循环"，如图18-77所示。

74

按下"Ctrl+S"键保存文件，按下"Ctrl+Enter"键测试影片，如图18-78所示。

图18-76　设置标识符

图18-77　添加声音

图18-78　测试影片

　　请打开本书配套光盘\实践案例\第18章\新年烟花贺卡\目录下的"新年烟花贺卡.fla"文件，查看本案例的具体设置。

第19章

精彩游戏设计

FLASH

Flash 强大的互动程序编辑功能，使其能编辑出各种精彩的游戏。同时，游戏的设计、制作也是对用户综合能力的考验，除了要求对 Flash 中各种绘制编辑方法及各种元件特性熟练运用外，还要求对 Action Script 动作脚本有较全面、系统的认识，这样才能制作出画面美观、变化丰富、内容精彩的游戏。使用 Flash 编辑的小游戏，以其趣味性强、种类多、体积小，易于传播的优点，在网络中十分受欢迎。现在网上有许多 Flash 小游戏专题网站，读者可以多去看看，在游戏过程中思考游戏的制作方法。

在制作一个游戏前，必须先对游戏的风格、类型、游戏方法等进行设计，就如同在制作动画前要先制作分镜稿一样，然后形成一个策划方案，再根据此方案进行制作。在制作过程中，可以根据实际情况对原策划进行合理的修改。最后是对完成的游戏进行测试，修改掉所有的 BUG，这样一个游戏就制作完成了。在这个过程中，每个工序都对应不同的职位，如：游戏的设计需要由游戏策划来完成，而风格的设定、人物的绘制、动作的编辑则由游戏美工来完成，对于程序部分的编写，就需要程序员大显身手了，而在上述工种中，通常又以程序员的报酬为最高。

19.1 实战案例8：会说话的卡卡兔子

请打开本书配套光盘\实践案例\第19章\会说话的卡卡兔子\目录下的"会说话的卡卡兔子.swf"文件，观看本案例的完成效果，如图 19-1 所示。

在本实例中，卡卡兔会根据玩家单击不同的地方，做出各种萌萌的表情。按下"羽毛"按钮，还可以拿起羽毛去痒痒卡卡兔。如果插上麦克风，然后按下"话筒"按钮，卡卡兔就会根据玩家说话的声音开始说话，就好像表演双簧一样，十分有趣。

图19-1　实例完成效果

01　开启Flash CS6进入到开始界面，在开始界面中单击"ActionScript 3.0"文档类型，创建一个新的文档，然后将其保存到本地的文件夹中。

02　在"属性"面板中修改文档的尺寸为宽640像素、高480像素，帧频为12，如图19-2所示。

图19-2　修改文档尺寸

03　执行"文件→导入→导入到库"命令，将本书配套光盘\实践案例\第19章\会说话的卡卡兔子\目录下的所有声音文件和位图文件导入到影片的元件库中，便于后面制作时调用。

04　将影片的显示帧延长到第50帧，然后将图层1改名为"黑框"，并在绘图工作区中绘制一个只显示舞台的黑框，最后锁定该图层。

05　在"黑框"图层的下方插入一个新的图层为"背景"，然后在该图层中绘制一个矩形，如图19-3所示。

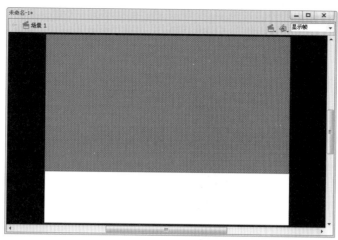

图19-3　绘制矩形

06 打开"颜色"面板,选择矩形的填充方式为"位图填充",然后对矩形进行填充,这样就得到了墙纸的效果,如图19-4所示。

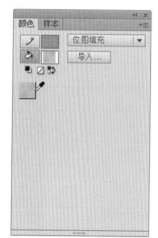 

图19-4　位图填充

07 按下"Ctrl+G"键创建一个新的组合,在该组合中配合使用各种绘图、编辑工具绘制出影片中的地板,如图19-5所示。

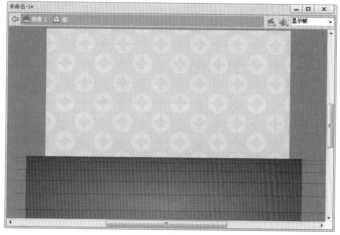

图19-5　编辑地板

08 绘制出一个小柜子和一个花瓶的图形，然后将它们转换为一个影片剪辑，名称为"柜子"，并为其添加一个"投影"滤镜效果，设置模糊XY为20，强度为80%，角度为346，距离为8，如图19-6所示。

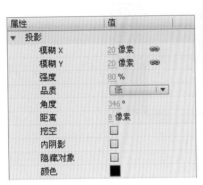
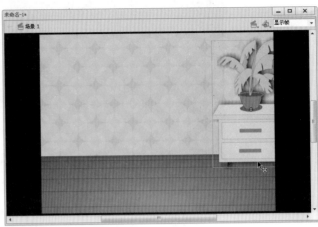

图19-6　编辑柜子

09 在舞台的左上角绘制一个橙色的矩形，然后将其转换为一个新的影片剪辑"窗户"，并为其添加一个"发光"滤镜效果，设置模糊XY为8，如图19-7所示。

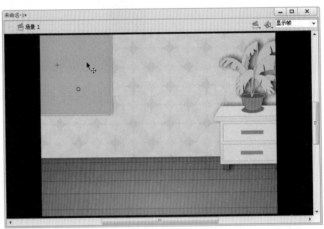

图19-7　编辑窗户

10 进入影片剪辑"窗户"的编辑窗口，在橙色的矩形中绘制一个较小的矩形，然后修改其颜色为"蓝色→白色"的线性渐变填充方式，这样就得到了窗户外天空的效果，如图19-8所示。

图19-8　编辑天空

11 插入一个新的图层，在该图层中配合使用各种绘图、编辑工具绘制出白云、山峰、树木等各种窗外景物，如图19-9所示。

图19-9　绘制远景

12 创建一个遮罩图层，将天空的图形块复制并粘贴到遮罩图层中，这样就使用遮罩的方法，使窗户中不显示多余的景物，如图19-10所示。

图19-10　编辑遮罩

13 回到主场景中，将"背景"图层的第2帧转换为关键帧，然后选中第1帧中的影片剪辑"窗户"，再将其转换为一个按钮元件"窗户按钮"，并在"属性"面板中设置其实例名为"btn1"，如图19-11所示。

14 进入按钮元件"窗户按钮"的编辑窗口，插入一个新的图层并在该图层的"指针经过"帧中绘制一只黑色的小兔子，然后将其转换为一个影片剪辑"黑兔子出现"，如图19-12所示。

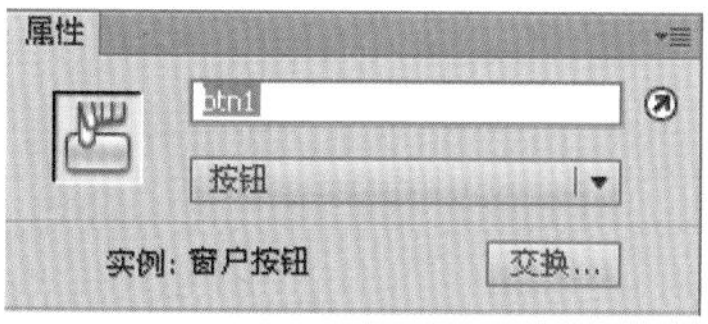

图19-11　设置实例名

图19-12　编辑黑兔子

15 双击鼠标左键进入影片剪辑"黑兔子出现"的编辑窗口，将兔子的图形再次转换为一个影片剪辑，名称为"黑兔子"，然后在第1帧至第7帧间，编辑出"黑兔子"从窗户中探出头的传统补间动画，如图19-13所示。

图19-13　创建动画

16 插入一个遮罩图层，然后对照下方窗户的形状绘制出遮罩区域，这样就得到了一个真实的兔子从窗户中探头的效果，如图19-14所示。

17 为第7帧添加如下动作代码。

```
stop();
// 该影片剪辑停止播放。
```

图19-14　编辑遮罩

18 回到主场景中，在"背景"图层的上方插入一个新的图层为"兔子"，然后配合使用各种绘图、编辑工具在舞台中绘制出一只可爱的小白兔，注意将兔子的各部分单独组合，如图19-15所示。

图19-15　绘制兔子

19 选中兔子的眼睛，将其转换为影片剪辑，名称为"眼睛"，然后在该元件中，延长图层的显示帧到第30帧，再将第29帧转换为关键帧，并将该帧中眼睛修改为闭上的，这样就使兔子每过一段时间就会眨下眼睛，如图19-16所示。

图19-16　编辑动画

20 将兔子的嘴巴转换为一个影片剪辑，名称为"嘴巴"，并修改其实例名为"zuiba"，然后将该影片剪辑的第1至3帧转换为关键帧，再使用逐帧动画的方式，编辑出兔子说话的动画，如图19-17所示。

图19-17　第1帧至第3帧

21 为第1帧添加如下动作代码。

```
stop();
// 该影片剪辑停止播放。
```

22 选中兔子的耳朵并按下"F8"键，将其转换为一个影片剪辑，名称为"耳朵"，并修改其实例名为"erduo"，然后将该影片剪辑的第1、2、3、4、6帧转换为关键帧，再使用逐帧动画的方式，编辑出兔子耳朵一张一合的动画效果，如图19-18所示。

  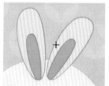 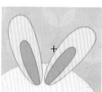 

图19-18　第1、2、3、4、6帧

23 为第1帧添加如下动作代码。

```
stop();
// 该影片剪辑停止播放。
```

24 为第6帧添加如下动作代码。

```
gotoAndPlay(2);
// 该影片剪辑转到第 2 帧并播放。
```

25 将兔子的身体转换为一个影片剪辑，名称为"脚"，并修改其实例名为"jiao"，然后将该影片剪辑中使用逐帧动画的方式，编辑出兔子踮脚、抬手的动画效果，如图19-19所示。

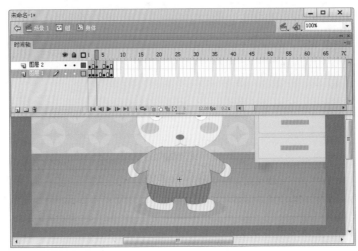

图19-19　编辑动画

26 为第1帧添加如下动作代码。

```
stop();
// 该影片剪辑停止播放。
```

27 为最后一帧添加如下动作代码。

```
gotoAndPlay(2);
// 该影片剪辑转到第 2 帧并播放。
```

28 在"兔子"图层的上方插入一个名为"按钮"的图层，然后在该图层的第1帧中，配合使用各种绘图、编辑工具在舞台的左下角绘制出一个羽毛按钮和一个话筒按钮的图形，最后将第2帧转换为空白关键帧，如图19-20所示。

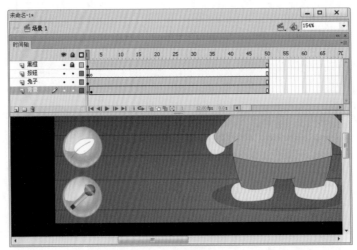

图19-20　绘制按钮

29 将话筒按钮的图形转换为一个影片剪辑"话筒"，然后在 "属性"面板中修改其实例名为"huat"，如图19-21所示。

30 进入该影片剪辑中，将第2帧转换为关键帧，然后修改其中 图形的底色为绿色，在为第1帧添加如下动作代码。

图19-21 修改实例名

```
stop();
// 该影片剪辑停止播放。
```

31 在主场景的"按钮"图层中绘制一个正方形，并将其转换为按钮元件，名称为"隐形按钮"。 进入其编辑窗口，将"弹起"帧下的关键帧拖曳到"单击"帧下，这样就得到了一个隐形按 钮，如图19-22所示。

图19-22 编辑按钮

32 回到主场景中，对按钮元件"隐形按钮"进行复制3次，然后将复制得到按钮元件移动到相应的 位置，再调整好其大小，如图19-23所示。

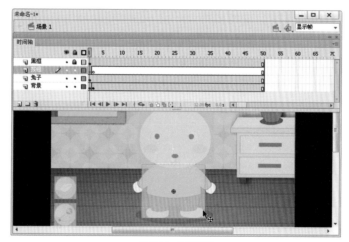

图19-23 复制按钮

33 按从上至下，从右至左的顺序，依次修改各按钮元件"隐形按钮"的实例名为"btn2、btn3…… btn4"。

34 通过"动作"面板为"按钮"图层的第1帧添加如下动作代码。

```
stop();
import flash.events.Event;
// 导入基类。
```

```
import flash.media.Microphone;
// 导入麦克风类。
btn1.addEventListener(MouseEvent.MOUSE_DOWN,dongha1);
// 按下按钮"btn1"执行函数"dongha1"。
function dongha1(MouseEvent){
// 定义函数"dongha1"。
gotoAndStop("dongh1");
// 函数"dongha1"的内容为：影片转到"dongha1"帧并停止。
}
btn2.addEventListener(MouseEvent.MOUSE_DOWN,dongha2);
function dongha2(MouseEvent){
gotoAndStop("dongh2");
}
// 按下按钮"btn2"，影片转到"dongha2"帧并停止。
btn2.addEventListener(MouseEvent.MOUSE_OVER,dongha2a);
function dongha2a(MouseEvent){
erduo.play();
}
// 鼠标经过按钮"btn2"，影片剪辑"erduo"开始播放。
btn2.addEventListener(MouseEvent.MOUSE_OUT,dongha2b);
function dongha2b(MouseEvent){
erduo.gotoAndStop(1);
}
// 鼠标离开按钮"btn2"，影片剪辑"erduo"转到第 1 帧并停止。
btn3.addEventListener(MouseEvent.MOUSE_DOWN,dongha3);
function dongha3(MouseEvent){
gotoAndStop("dongh3");
}
btn3.addEventListener(MouseEvent.MOUSE_OVER,dongha3a);
function dongha3a(MouseEvent){
jiao.play();
}
btn3.addEventListener(MouseEvent.MOUSE_OUT,dongha3b);
function dongha3b(MouseEvent){
jiao.gotoAndStop(1);
}
// 定义按钮"btn3"按下、经过、离开时执行的动作。
btn4.addEventListener(MouseEvent.MOUSE_DOWN,dongha4);
function dongha4(MouseEvent){
gotoAndStop("yang");
}
// 按下按钮"btn4"，影片转到"yang"帧并停止。
var _mic:Microphone;
_mic = Microphone.getMicrophone();
_mic.setLoopBack(true);
_mic.gain = 60;
```

```
// 创建麦克风应用。
this.addEventListener(Event.ENTER_FRAME, _enterFrameHandler);
function _enterFrameHandler(evt:Event) {
    if(huat.currentFrame==2){
// 当影片剪辑"huat"在到第 2 帧时。
    trace(_mic.activityLevel);
// 输出音量。
    if(_mic.activityLevel>30){
// 当音量大于 30 时。
                    if(_mic.activityLevel>70){
// 当音量大于 70 时。
                    zuiba.gotoAndStop(3)
// 影片剪辑"嘴巴"转到第 3 帧，即嘴巴张开最大。
                    }else{
// 否则，即音量在 30-70 间。
                    zuiba.gotoAndStop(2)}
// 影片剪辑"嘴巴"转到第 2 帧，即嘴巴稍稍张开。
            }else{
// 否则，音量小于 30。
                    zuiba.gotoAndStop(1)
// 影片剪辑"嘴巴"转到第 1 帧，即嘴巴闭合。
            }
        }
}
btn5.addEventListener(MouseEvent.MOUSE_DOWN,dongha5);
function dongha5(MouseEvent){
if(huat.currentFrame==1){
    huat.gotoAndStop(2);
    }else{
    huat.gotoAndStop(1);
  }
}
```

// 按下按钮"btn5"时，如果影片剪辑"huat"在第 1 帧时，则转到第 2 帧；如果在第 2 帧时，则转到第 1 帧。

35 将"兔子"图层的第5帧转换为关键帧，并设置其帧标签为"yang"。

36 在"按钮"图层的第5、10、20、30、40帧处分别插入空白关键帧，然后将前面绘制的羽毛图形复制到该帧中，并将其转换为一个影片剪辑，名称为"羽毛"，设置其对齐点为左下角，如图19-24所示。

图19-24 创建元件

37 在舞台中绘制一个正方形，将其转换为影片剪辑，名称为"区域"，然后调整好其大小、位置，如图19-25所示。

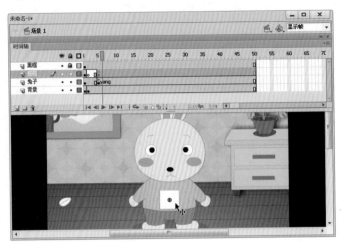

图19-25 移动元件位置

38 在"属性"面板中，将影片剪辑"羽毛"的实例名修改为"yum"，影片剪辑"区域"的实例名修改为"quy"，并调整影片剪辑"区域"的透明度为0，如图19-26所示。

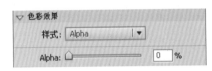

图19-26 修改透明度

39 在"按钮"图层的第5中，通过"动作"面板添加如下动作代码。

```
yum.addEventListener(MouseEvent.MOUSE_MOVE,
fl_ClickToDrag);
// 鼠标移动执行函数 fl_ClickToDrag。
function fl_ClickToDrag(event:MouseEvent):void
{
// 定义函数 fl_ClickToDrag。
    yum.startDrag();
// 拖拽影片剪辑"羽毛"。
    if(yum.hitTestObject(quy)) {
// 如果影片剪辑"羽毛"碰触到影片剪辑"区域"，即表示羽毛接触兔子的肚子。
    gotoAndStop("dongh4");
影片转到"dongha4"帧并停止。
    }
}
stage.addEventListener(MouseEvent.MOUSE_UP, fl_ReleaseToDrop);
function fl_ReleaseToDrop(event:MouseEvent):void
{
    yum.stopDrag();
}
// 鼠标弹起，停止拖曳。
```

40 将"兔子"图层的第10帧转换为关键帧，并设置其帧标签为"dongh1"，然后将该帧中的图形转换为一个新的影片剪辑，名称为"动画1"，修改其实例名为"dh"。

41 进入影片剪辑"动画1"的编辑窗口，延长图层的显示帧到第40帧，并将第7、15帧转换为关键帧，然后对第7帧中的兔子进行修改，得到一只害怕的兔子，如图19-27所示。

图19-27　绘制兔子

42 插入一个新图层，在该图层的第7至15帧间，绘制出表示兔子发抖的线条，然后将其转换为影片剪辑，名称为"锯齿线"，如图19-28所示。

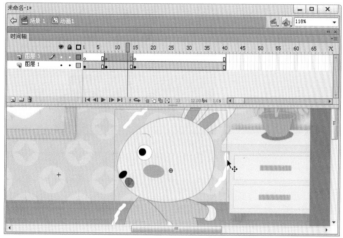

图19-28　绘制锯齿线

43 进入该元件中，将第2帧转换为关键帧，然后将该帧中线条的粗细、形态、位置进行适当的调整，播放影片时，线条产生抖动的动画效果，如图19-29所示。

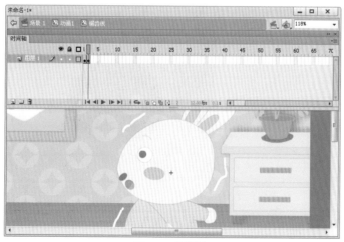

图19-29　编辑线条

44 回到影片剪辑"动画1"的编辑窗口，创建一个新的图层，然后将影片剪辑"黑兔子"从元件库中拖曳到该图层中，并调整好其位置、大小、角度，如图19-30所示。

图19-30　调整元件

45 在第4帧插入关键帧，然后将该帧中的兔子向右移动，并为第1帧创建传统补间动画，这样就得到了黑兔子移入舞台的动画，如图19-31所示。

图19-31　移动元件

46 将第5、8帧转换为关键帧，并将第5帧中的影片剪辑"黑兔子"分离，然后编辑出一个大叫形态的黑兔子图形，如图19-32所示。

图19-32　绘制图形

47 在第8帧至第11帧间，创建传统补间动画，使黑兔子向左移出舞台。

48 通过"属性"面板为第5帧添加声音"sound04"，为第7帧添加声音"sound06"，分别设置同步为"事件、重复1次"。这样按下影片中"窗户"，就会播放黑兔子吓小白兔的动画影片，如图19-33所示。

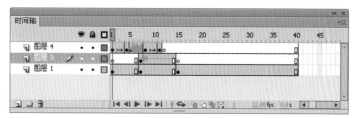

图19-33 此时的时间轴

49 回到主场景，将"兔子"图层的第20帧转换为关键帧，并设置其帧标签为"dongh2"，然后将该帧中的图形转换为一个新的影片剪辑，名称为"动画2"，修改其实例名为"dh"。

50 进入影片剪辑"动画2"的编辑窗口，延长图层的显示帧到第14帧，并将兔子的头部单独放置于一个图层中，然后将其表情修改为笑呵呵的样子，再将其转换为影片剪辑，名称为"兔头"，设置其对齐点正下方，如图19-34所示。

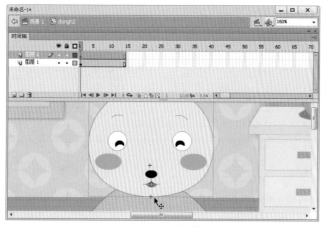

图19-34 编辑兔头

51 将第4、11帧转换为关键帧，在分别将第4帧中的影片剪辑"兔头"向左旋转，第11帧中的影片剪辑"兔头"向右旋转，然后场景传统补间动画，就得到了小白兔左右摇头的动画效果，如图19-35所示。

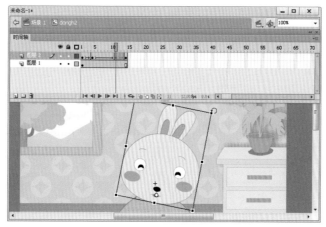

图19-35 调整角度

52 插入一个新图层，在其第2帧上添加声音"sound05"，并设置同步为"事件、重复1次"。

53 回到主场景中，将"兔子"图层的第30帧转换为关键帧，并设置其帧标签为"dongh3"，然后将该帧中的图形转换为一个新的影片剪辑"动画3"，修改其实例名为"dh"。

54 进入影片剪辑"动画3"的编辑窗口，根据前面学习的知识，使用补间动画结合逐帧动画，编辑出小白兔跳起并落下的动画效果，再根据其动作添加相应的声音，如图19-36所示。

图19-36　编辑动画

55 回到主场景中，将"兔子"图层的第40帧转换为关键帧，并设置其帧标签为"dongh4"，然后将该帧中的图形转换为一个新的影片剪辑"动画4"，修改其实例名为"dh"。

56 双击鼠标左键进入影片剪辑"动画4"的编辑窗口，将兔子的图形再次转换为一个影片剪辑"兔子笑"。

57 在影片剪辑"兔子笑"的编辑窗口中，延长显示帧到第4帧，并将第3帧转换为关键帧，然后使用逐帧动画的方式编辑出小白兔捧着肚子，哈哈大笑的动画，如图19-37所示。

58 回到影片剪辑"动画4"的编辑窗口，插入一个新图层，在其第1帧上添加声音"sound02"，并设置同步为"事件、重复2次"。

图19-37　第1帧与第3帧

59 选中主场景"按钮"图层的第10帧，通过"动作"面板添加如下动作代码。

```
import flash.events.Event;
// 导入基类。
addEventListener(Event.ENTER_FRAME,tiaozhuan);
// 创建侦听器，按帧频执行函数"tiaozhuan"。
function tiaozhuan(event:Event )
// 定义函数"tiaozhuan"。
{
    if (dh.currentFrame == 25)
    {
// 如果影片剪辑"dh"的当前帧为25。
        event.target.removeEventListener(Event.ENTER_FRAME,tiaozhuan);
// 删除侦听器。
```

```
            }
        }
    this.gotoAndStop(1)
    // 影片回到第 1 帧。
    }
}
```

60 为第20帧添加如下动作代码。

```
import flash.events.Event;
addEventListener(Event.ENTER_FRAME,tiaozhuan2)
// 创建另一个侦听器。
function tiaozhuan2(event:Event )
{
    if(dh.currentFrame==14)
    {
        event.target.removeEventListener(Event.ENTER_FRAME,tiaozhuan2)
        this.gotoAndStop(1)
// 如果影片剪辑 "dh" 的当前帧为 14 时，影片回到第 1 帧。
    }
}
```

61 参照第10、20帧上的动作代码，为第30、40帧分别添加相应的代码，使相应的动画播放完毕后，主场景会跳到第1帧。

62 按下 "Ctrl+S" 键保存文件，按下 "Ctrl+Enter" 键测试影片，如图19-38所示。

图19-38　测试影片

通过上面的讲解，相信读者已经了解了该游戏的原理和制作方法，读者在卡卡兔身上添加更多的响应按钮，然后编辑出更多不同的响应动画，从而使游戏内容更加丰富、精彩。请打开本书配套光盘\实践案例\第19章\会说话的卡卡兔子\目录下的"会说话的卡卡兔子.fla"文件，查看本案例的具体设置。

19.2 实战案例9：快刀切水果

请打开本书配套光盘\实践案例\第19章\快刀切水果\目录下的"快刀切水果.swf"文件，观看本案例的完成效果，如图19-39所示。

在这个游戏中，玩家的鼠标就好像一把锋利的刀，只要轻轻划过舞台中出现的水果，水果就会被划为两瓣，但是要注意不能划着炸弹，会被炸到的。

图19-39 实例完成效果

01 开启Flash CS6进入到开始界面，在开始界面中单击"ActionScript 2.0"文档类型，创建一个新的文档，然后将其保存到本地的文件夹中。

02 在"属性"面板中修改文档的帧频为48，尺寸为宽640像素、高480像素，舞台颜色为深蓝色，如图19-40所示。

03 执行"文件→导入→导入到库"命令，将本书配套光盘\实践案例\第19章\快刀切水果\目录下的所有声音文件和位图文件导入到影片的元件库中，便于后面制作时调用。

04 执行"插入→新建元件"命令，创建一个名为"爆炸"的影片剪辑，然后在该元件中配合使用各种绘图、编辑工具绘制出一个爆炸的图形，该元件将在炸弹爆炸时调用，如图19-41所示。

图19-40 修改文档尺寸

图19-41 爆炸的图案

05 将第7、15帧转换为关键帧，然后将第7帧中的图形放大。第15帧中的图形缩小，并将填充色修改为半透明的白色，如图19-42所示。

06 为该图层创建形状补间动画，然后将第16帧转换为空白关键帧，并通过"动作"面板为其添加如下动作代码。

```
stop();
// 该影片剪辑停止播放。
```

图19-42　第1、7、15帧中的图形

07 插入一个新的图层，并在该图层的第2帧中添加一个爆炸的声音"sound04"，然后设置同步为"事件、重复1次"。

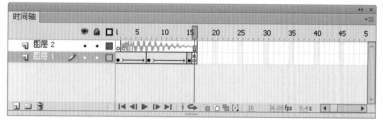

图19-43　此时的时间轴

08 按下"Ctrl+F8"键，创建一个新的影片剪辑并将其命名为"流光"，然后在该元件中绘制出一个白色的菱形，再将菱形转换为影片剪辑"光"，并添加白色"发光"的滤镜效果，如图19-44所示。

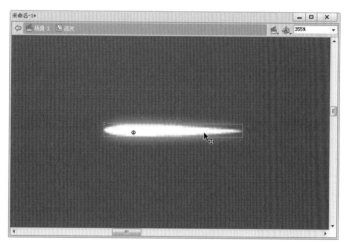

图19-44　编辑流光图形

09 为影片剪辑"光"添加如下动作代码。

```
onClipEvent (enterFrame) {
// 按帧频执行下列代码。
    if (Math.abs(_parent._x - _root.tt._x) < 8 and Math.abs(_parent._y - _root.tt._y) < 8)
// 如果影片剪辑"流光"与影片剪辑"tt"xy 轴的距离都小于 8，即与鼠标的距离小于 8。
    {
        this.gotoAndStop(2);
    }
```

```
  // 该元件转到第 2 帧，即不可见。
    else
    {
            this.gotoAndStop(1);
    }
  // 否则转到第 1 帧，即表现为流光。
    }
}
```

10 进入影片剪辑"光"的编辑窗口中，将第2帧转换为空白关键帧。

11 执行"插入→新建元件"命令，创建一个名为"水花"的影片剪辑，然后从元件库中将位图 "p002"拖曳到舞台中，如图19-45所示。

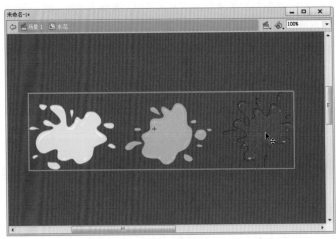

图19-45　放置位图

F L A S H　知识与技巧

> 在一个游戏中如果包含了大量的矢量内容，并且会有透明度变化时，就会造成游戏运行速度降低。因此，在制作一些游戏时需要合理的将矢量图转换为位图，并添加到游戏中。

12 按下"Ctrl+B"键将位图分离，然后将其转换为一个新的影片剪辑"水"，并修改器其实例名为 "shui"。

13 在影片剪辑"水"的编辑窗口中，将第1-3帧转换为关键帧，然后删除掉每帧中多余的部分，使每帧中只包含一种颜色水的图形，如图19-46所示。

14 返回影片剪辑"水花"的编辑窗口，将第10、665帧转换为关键帧，然后将第665帧中元件的透明度修改为0，为该图层创建传统补间动画，这样就得到"水花"慢慢消失的动画效果。

15 将第666帧转换为空白关键帧，并通过"动作"面板为其添加如下动作代码。

```
stop();
// 该影片剪辑停止播放。
```

16 插入一个新的图层，并在该图层的第2帧中添加一个声音"sound02"，然后设置同步为"事件、重复1次"，再按下"编辑声音封套"按钮，对声音的效果进行适当的编辑，如图19-47所示。

382　Flash CS6 中文版完全学习手册

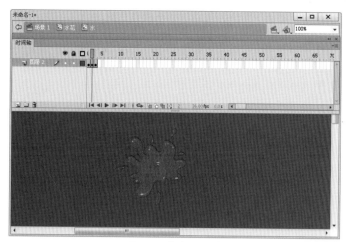

图19-46　第2帧中的图形

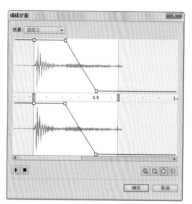

图19-47　编辑声音

17 按下"Ctrl+F8"键，创建一个新的影片剪辑并将其命名为"物品"，在该影片剪辑中配合使用各种绘图、编辑工具绘制出一个橙子的图形，如图19-48所示。

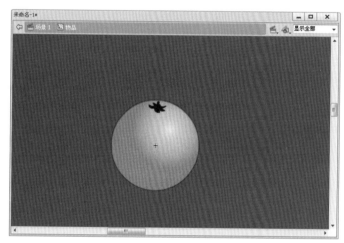

图19-48　绘制橙子

18 再将橙子的图形转换为一个影片剪辑，名称为"橙子"，通过"属性"面板修改其实例名为"wp"。

19 进入影片剪辑"橙子"的编辑窗口，在第1帧上添加如下动作代码。

```
stop();
// 该影片剪辑停止播放。
```

20 将第2帧转换为空白关键帧，然后在该帧中绘制出两瓣被切开的橙子图形，如图19-49所示。

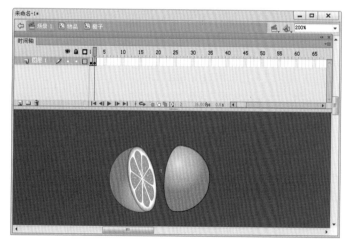

图19-49　绘制切开的橙子

21 分别将两瓣被切开的橙子图形转换为两个影片剪辑，设置名称分别为"橙子A"和"橙子B"。

22 选中左边的影片剪辑"橙子A"，通过"动作"面板为其添加如下动作代码。

```
onClipEvent (enterFrame) {
    this._x-=2;
}
```
//该元件以2的速度向左移动。

23 选中右边的影片剪辑"橙子B"，为其添加如下动作代码。

```
onClipEvent (enterFrame) {
    this._x+=2;
}
```
//该元件以2的速度向右移动。

24 在第2帧上添加如下动作代码。

```
_parent._rotation=_root.Piezal._rotation-90;
```
// 定义上一级的角度，即根据刀的角度改变影片剪辑"物品"的角度。
```
_root.ssl+=1;
```
// 变量 ssl 递加，该变量用于设置"水花"数量、层次。
```
_root.fs+=100;
```
// 成绩加 100。
```
_root.attachMovie("水花", "shui" + _root.ssl, _root.ssl);
```
// 用元件库中加载影片剪辑"水花"。
```
_root[("shui" + _root.ssl)].shui.gotoAndStop(_parent.zl);
```
// 根据水果的种类决定"水花"的颜色。
```
_root[("shui" + _root.ssl)]._x=_parent._x;
_root[("shui" + _root.ssl)]._y=_parent._y;
```
// 根据水果切开时的位置，定义"水花"的位置。
```
_root[("shui" + _root.ssl)]._xscale=_root[("shui" + _root.ssl)].
_yscale=random(6)*10+80;
```
// 定义"水花"的大小为 80-130 间的随机数。
```
_root[("shui" + _root.ssl)]._rotation=random(36)*10;
```
// 定义"水花"的角度为随机。
```
if(_root.ssl>16){_root.
ssl=0;}
```
// 当影片中"水花"的数量大于 16
时，又重新开始计时。

25 将第3帧转换为关键帧，然后在该帧中绘制出四分之一被切开的橙子图形，如图19-50所示。

26 将该橙子的图形转换为一个影片剪辑，名称为"橙子C"，然后对其进行复制3次，并调整好新元件的位置、角度，如图19-51所示。

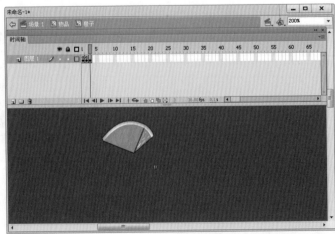

图19-50　绘制切开的橙子

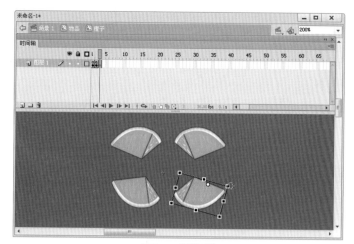

图19-51 复制元件

27 选中左上角的影片剪辑"橙子C",为其添加如下动作代码。

```
onClipEvent (enterFrame) {
    this._x+=1;
}
```
//该元件以1的速度向右移动。

28 选中右上角的影片剪辑"橙子C",为其添加如下动作代码。

```
onClipEvent (enterFrame) {
    this._x-=1;
}
```
//该元件以1的速度向左移动。

29 选中左下角的影片剪辑"橙子C",为其添加如下动作代码。

```
onClipEvent (enterFrame) {
    this._x-=2;
}
```
//该元件以2的速度向左移动。

30 选中右下角的影片剪辑"橙子C",为其添加如下动作代码。

```
onClipEvent (enterFrame) {
    this._x+=2;
}
```
//该元件以2的速度向右移动。

31 在第3帧上添加如下动作代码。

```
_root.lianj.play();
```
//影片剪辑"lianj"开始播放,即出现"连击"文字。
```
_root.fs+=300;
```
//成绩加300。

32 回到影片剪辑"物品"的编辑窗口中，参照影片剪辑"橙子"的编辑方法，在第2、3、4帧中分别编辑出影片剪辑"西瓜、芒果、柠檬"，如图19-52所示。

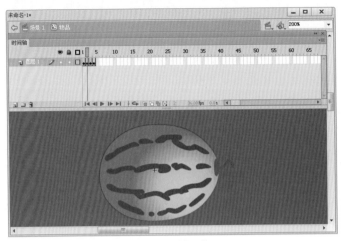

图19-52　编辑元件

F L A S H　知识与技巧

在这里读者可以添加更多的帧，绘制出更多的水果，然后只需要再简单地修改几个参数，就能使游戏中出现更多不同的水果。

33 将影片剪辑"物品"的第5帧转换为关键帧，并延长显示帧到第6帧，然后在第5帧中绘制出一个炸弹的图形，如图19-53所示。

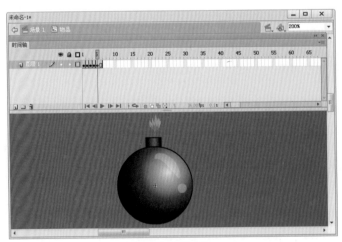

图19-53　绘制炸弹

34 将炸弹的图形转换为一个影片剪辑，名称为"炸弹"，并修改其实例名为"wp"。

35 进入影片剪辑"炸弹"的编辑窗口，为第1帧添加如下动作代码。

```
stop();
// 该影片剪辑停止播放。
```

36 将第2帧转换为空白关键帧，然后为其添加如下动作代码。

```
_root.sm-=1;
// 编辑 "sm" 减1，表示生命减少1。
_root.ssl+=1;
_root.fs-=500;
// 分数减500。
_root.attachMovie(" 爆炸 ", "bao" + _root.ssl, _root.ssl);
// 用元件库中加载影片剪辑 "爆炸"。
_root[("bao" + _root.ssl)]._x=_parent._x;
_root[("bao" + _root.ssl)]._y=_parent._y;
_root[("bao" + _root.ssl)]._rotation=random(36)*10;
// 设置影片剪辑 "爆炸" 的位置、角度。
if(_root.ssl>100){_root.ssl=0;}
```

37 回到影片剪辑 "物品" 的编辑窗口中，插入一个新的图层，然后在该图层中绘制一个正方形，如图19-54所示。

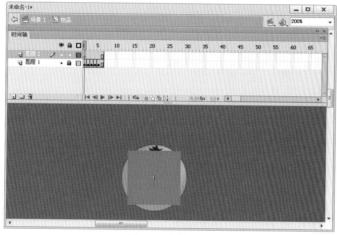

图19-54　绘制正方形

38 将正方形填充色的透明度修改为0%，然后将其转换为一个影片剪辑，名称为 "透明元件"，再通过 "动作" 面板为其添加如下动作代码。

```
onClipEvent (load) {
    gravity = 0.5;
// 定义加速度。
    function reset()
    {
// 定义函数 "reset"。
        tt = 0;
        _parent._x = random(20) * 25 + 70;
        _parent._y = 500 + random(20) * 10;
// 定义该元件的上一级，即影片剪辑 "物品" 出现的位置。
        _parent.zl = random(6) + 1;
// 定义品种为1-6的随机数。
        _parent.gotoAndStop(_parent.zl);
// 上一级跳转到1-6的随机数，即随机出现橙子、西瓜、芒果、柠檬或炸弹。
        _parent.wp.gotoAndStop(1);
// 橙子、西瓜、芒果、柠檬、炸弹转到第1帧，即回到初始状态。
```

```
                yspeed = -22 + random(4);
// 定义影片剪辑"物品"的初速度为 -19 至 -22 间的随机数。
        }
        reset();
// 执行函数"reset"。
    }
    onClipEvent (enterFrame) {
        yspeed += gravity;
// 初速度根据加速度而改变。
        _parent._y += yspeed;
// 影片剪辑"物品"的位置根据速度改变，即得到抛物运动效果
        if (this.hitTest(_root.Pieza1) and _root.Pieza1.guang._currentframe ==
1 and _parent.wp._currentframe == 1)
        {
// 该元件碰触到"流光"并且"流光"的当前帧为 1，影片剪辑"物品"的当前帧为 1
            yspeed = -10;
// 定义速度为 -10,
            _parent.wp.gotoAndStop(2);
// 影片剪辑"物品"转到第 2 帧，即被切开
        }
        if (_parent.wp._currentframe == 2)
        {
// 如果影片剪辑"物品"当前帧为第 2 帧
            tt++;
            if (tt < 20 and tt > 18 and this.hitTest(_root.Pieza1) and _
root.Pieza1.guang._currentframe == 1)
// 通过定义时间间隔 tt 在 20 至 18 间又碰触到"流光"
            {
                _parent.wp.gotoAndStop(3);
// 影片剪辑"物品"转到第 3 帧，即被连击
            }
        }
        if (_parent._y > 560 and yspeed > 0)
// 如果该元件的 y 轴坐标大于 560 并且速度大于 0，即表示下落。
        {
            if (_parent.wp._currentframe == 1)
影片剪辑"物品"的当前帧为 1，即表示没被切开。
            {
                _root.sm -= 1;
// 生命减 1。
            }
            reset();
// 重新执行函数"reset"，从而回到初始状态并开始第 2 次出现。
        }
    }
```

39 将新图层的第5帧转换为关键帧，然后选取其中的影片剪辑，名称为"透明元件"，通过"动作"面板为其添加如下动作代码。

```
onClipEvent (load) {
    gravity = 0.5;
    function reset()
    {
        tt = 0;
        _parent._x = random(20) * 25 + 70;
        _parent._y = 500 + random(20) * 10;
        _parent.gotoAndStop(random(6) + 1);
        _parent.wp.gotoAndStop(1);
        yspeed = -22 + random(4);
    }
    reset();
}
onClipEvent (enterFrame) {
    yspeed += gravity;
    _parent._y += yspeed;
    if (this.hitTest(_root.Pieza1) and _root.Pieza1.guang._currentframe ==
1 and _parent.wp._currentframe == 1)
// 当"炸弹"碰触到"流光"时，即炸弹被切开。
    {
        _parent.wp.gotoAndStop(2);
// 影片剪辑"炸弹"转到第2帧。
    }
    if (_parent._y > 560 and yspeed > 0)
// 如果下落至舞台外。
    {
        reset();
// 重新执行函数"reset"。
    }
}
```

40 回到主场景中，将影片的显示帧延长到第5帧，然后将图层1改名为"背景"，然后从元件库中将位图"p001"拖曳到舞台中，并调整好其大小、位置，如图19-55所示。

41 在舞台外绘制一个小矩形，然后将其转换为影片剪辑"定位元件"，再修改其实例名为"tt"，该元件将用于对流光进行定位。

42 将影片剪辑"定位元件"的坐标修改为x轴142、y轴142，然后使用"动作"面板为其添加如下动作代码。

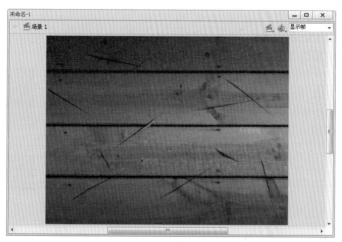

图19-55　放置位图

```
onClipEvent (load) {

    this._alpha=0;
}
// 该元件的透明度为 0，即在影片中不可见。
```

43 在"背景"图层的上方插入一个新的图层为"AS"，然后将元件库中多个影片剪辑"水"拖曳到舞台中，调整好它们的大小、位置、角度、透明度，如图19-56所示。

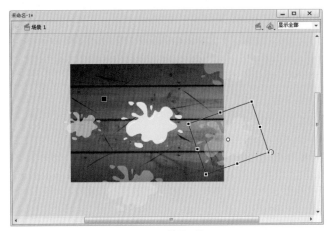

图19-56　放置元件

44 框选中舞台中的影片剪辑，通过"属性"面板修改它们的种类为"图形"，然后在"循环"卷展栏中设置选项为"单帧"，第一帧为1，如图19-57所示。

图19-57　转换元件类型

F L A S H　知识与技巧

这样可以使这些影片剪辑中的动作代码、动画、声音都不发生作用，只单纯的显示图形。并且这种方法修改元件类型，只对舞台中选中的元件才有用，对舞台中其他元件、元件库中的元件不产生影响。

45 选中最左边的图形元件"水"，在"循环"卷展栏中修改第一帧为3，这样该图形元件将显示第3帧中的内容。再将中间和右上角图形元件"水"的第一帧修改为2，这样舞台中就出现了不同颜色的水花，如图19-58所示。

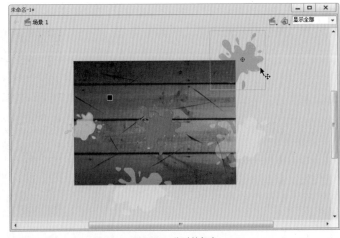

图19-58　此时的舞台

46 从元件库中将前面制作的各种水果元件拖曳到舞台中，再调整好它们的大小、位置、角度，如图19-59所示。

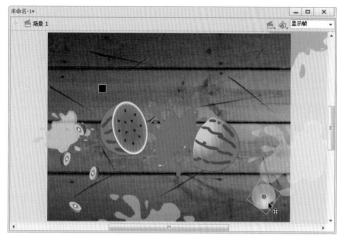

图19-59　放置元件

47 参数前面介绍的方法，通过"属性"面板修改它们的种类为"图形"，然后在"循环"卷展栏中设置选项为"单帧"，第一帧为1。

48 创建一个新的组合，然后在该组合中绘制一道透明度为70%的黄色刀光，如图19-60所示。

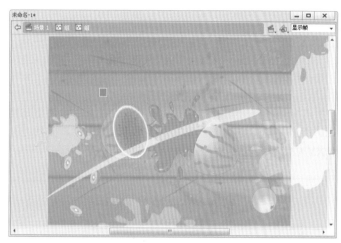

图19-60　绘制图形

49 选中图形并执行"修改→形状→柔化填充边缘"命令柔化填充图形的边缘，然后将刀光图形的填充色修改为白色，这样就得到了一个真实的刀光效果，如图19-61所示。

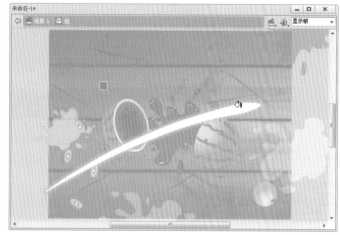

图19-61　柔化填充边缘

50 调整好各图形元素的前后层次，然后将它们分别组合起来。

51 创建一个静态的文本"快刀切水果"并调整好其大小、位置、字体，然后将其中文字的颜色修改为不同的颜色，并为文字添加2个不同的"发光"的滤镜效果，从而时文字更加美观，如图19-62所示。

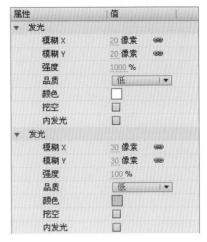

图19-62 编辑文字

由于 Flash CS6 对某些中文字体兼容性不是很好，因此有的电脑在发布影片时可能会产生错误，从而不能生成 swf 文件。这时，用户可以将字体修改为其他的字体，也可以将文字打散为矢量图形，来解决这个问题。

52 创建一个红色的静态文本"开始游戏"并调整好其大小、位置、字体，将其转换为一个按钮元件，名称为"开始"，然后通过"属性"面板为其添加一个白色"发光"的滤镜效果，设置模糊XY为5，强度为1000，如图19-63所示。

图19-63 编辑按钮

53 进入其编辑窗口，将"指针经过"帧转换为关键帧，并修改其颜色为橙色，然后在"单击"帧中绘制一个覆盖文字的矩形。

54 回到主场景中，为按钮元件"开始"添加如下动作代码。

```
on (press) {
    gotoAndStop("youx");
}
// 按钮下该按钮，影片转到帧标签为"youx"的帧。
```

55 参照按钮元件"开始"的编辑方法，创建一个新的按钮元件"说明"并调整好其位置，然后为其添加如下动作代码。

```
on (press) {
    gotoAndStop("shuom");
}
// 按钮下该按钮，影片转到帧标签为"shuom"的帧。
```

56 在"属性"面板中将"AS"图层第1帧的帧标签修改为"kais"，并为其添加如下动作代码。

```
stop();
_root.ssl = 0;
_root.fs = 0;
_root.sm = 2;
_root.guans = 1;
// 定义各变量的初始值。
function clean()
// 自定义函数"clean"。
{
    for (i in _root)
    {
            _root[i].removeMovieClip();
// 删除所有元件。
    }
}
N = 10;
R = 1;
C = 2;
A = 2;
// 定义各变量的值。
var x = new Array();
var y = new Array();
// 创建两个数组。
i = 0;
while (i < N)
{
    x[i] = 0;
    y[i] = 0;
// 定义数组中各变量组的初始值。
    i++;
}
i = 1;
while (i < N)
{
    attachMovie("流光",("Pieza" + i),1000 + ((N + 1) - i));
// 从元件库中加载影片剪辑"流光"。
    this[("Pieza" + i)]._x = 142 + x[(i - 1)];
    this[("Pieza" + i)]._y = 142 + y[(i - 1)];
    this[("Pieza" + i)]._xscale = 102 + A * (1 - i);
    this[("Pieza" + i)]._yscale = 102 + A * (1 - i);
```

```
    this[("Pieza" + i)]._alpha = 100 - 100 / N * i;
// 根据数组中的值设置新元件的位置、大小、透明度。
    i++;
}
onMouseDown = function ()
{
    startDrag("tt", true);
};
// 鼠标按下时拖曳影片剪辑"tt"。
onMouseUp = function ()
{
    stopDrag();
};
// 鼠标释放时停止拖曳。
onEnterFrame = function ()
{
    x[0] += ((_root.tt._x - x[0]) - 142) / R;
    y[0] += ((_root.tt._y - y[0]) - 142) / R;
// 根据影片剪辑"tt"的位置定义数组中的第 1 组值。
    i = 1;
    while (i < N)
    {
        x[i] += (x[(i - 1)] - x[i]) / C;
        y[i] += (y[(i - 1)] - y[i]) / C;
        i++;
    }
// 根据数组中上一数组的值定义下一数组的值。
    i = 1;
    while (i < N)
    {
        this[("Pieza" + i)]._x = 142 + (x[(i - 1)] + x[i]) / 2;
        this[("Pieza" + i)]._y = 142 + (y[(i - 1)] + y[i]) / 2;
        this[("Pieza" + i)]._rotation = 57.295777999999999 * Math.
atan2((y[i] - y[(i - 1)]),
(x[i] - x[(i - 1)])));
```

// 根据数组中的各值定义影片剪辑"流光"的位置、角度。

```
            i++;
    }
};
```

// 通过上面的动作代码，当在影片中按下鼠标并移动时，就会出现刀光。

57 将"AS"图层的第2帧转换为空白关键帧，修改其帧标签修改为"shuom"，然后在舞台中编辑出游戏的说明文字，如图19-64所示。

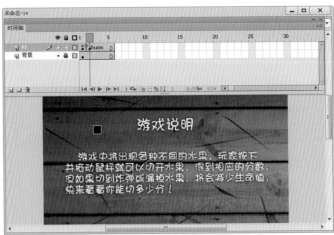

图19-64 编辑说明文字

58 将第1帧中的按钮元件"开始"复制，然后粘贴到第2帧中，将其移动到舞台的右下角，并在"属性"面板的"色彩效果"卷展栏中修改样式为"亮度"，值为100，如图19-65所示。

图19-65　编辑色彩效果

59 在"AS"图层的第3帧处插入空白关键帧，修改其帧标签修改为"youx"，然后在舞台的左上角创建一个静态文本"分数"，一个变量为"_root.fs"的动态文本，如图19-66所示。

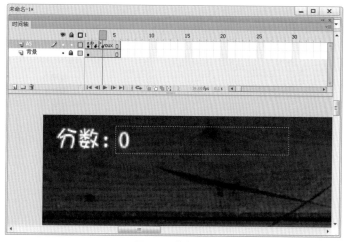

图19-66　编辑文本

60 在舞台的右上角绘制一个心形图案和一个乘号，然后在其后方创建一个动态文本，设置其变量为"_root.sm"，如图19-67所示。

61 将第3帧中的文本和图形转换为一个影片剪辑，名称为"连击"，并修改其实例名为"lianj"。

62 通过"动作"面板为影片剪辑"连击"添加如下动作代码。

```
onClipEvent (load) {
    this.swapDepths(2000);
}
// 定义该元件的层级，使其位于影片的最顶层。
```

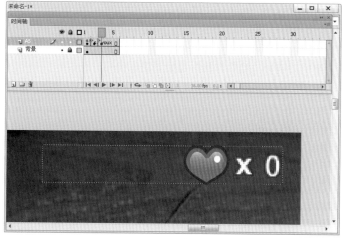

图19-67　编辑文本

63 进入该元件的编辑窗口，延长图层的显示帧到第80帧，然后插入一个新图层并在该图层的第2帧中创建静态文本"连击×2"，调整好其大小、位置、颜色、字体，再为其添加适当的滤镜效果，使其更加美观，如图19-68所示。

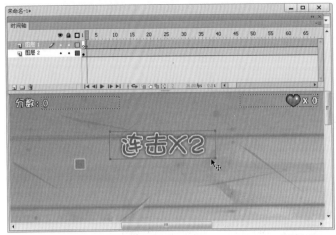
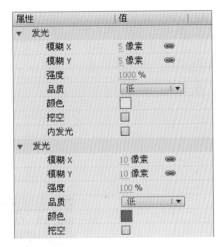

图19-68　编辑文本

64 选中第1帧，为其添加如下动作代码。

```
stop();
```

// 该影片剪辑停止播放。

65 为第2帧中添加声音"sound03"，设置同步为"事件、重复1次"。

66 回到主场景中，在舞台外创建一个静态文本"as"并将其转换为影片剪辑，名称为"as"，修改其实例名为"ascx"，该元件将用于存放控制水果出现、过关控制等的程序。

67 进入该元件的编辑窗口，延长图层的显示帧到第140帧，然后插入一个新的图层，并在该图层的第1帧上添加如下动作代码。

```
stop();
_root.shul=1;
// 定义水果出现的数量，即舞台中只出现一个水果。
for (j=0; j<_root.shul; j++) {
    _root.attachMovie(" 物品 ", "new"+j, j+200);
}
// 从元件库中加载物品。
```

68 将第2帧转换为空白关键帧，然后为其添加如下动作代码。

```
stop();
delete (this.onEnterFrame);
// 删除函数，这里其实是删除的第 102 帧中的相应函数，从而使其不能执行。
_root.shul=2;
// 定义水果出现的数量，即舞台中出现两个水果。
for (j=0; j<_root.shul; j++) {
    _root.attachMovie(" 物品 ", "new"+j, j+200);
}
// 从元件库中加载物品。
```

69

为第3帧添加如下动作代码。

```
stop();
delete (this.onEnterFrame);
// 删除函数，这里其实是删除的第 103 帧中的相应函数。
_root.shul=3;
// 定义水果出现的数量，即舞台中出现三个水果。
for (j=0; j<_root.shul; j++) {
    _root.attachMovie(" 物品 ", "new"+j, j+200);
}
// 从元件库中加载物品。
```

70

将第102帧转换为空白关键帧，然后在该帧中创建静态文本"第2关"，调整好其大小、位置、颜色、字体，再为其添加适当的滤镜效果，使其更加美观，如图19-69所示。

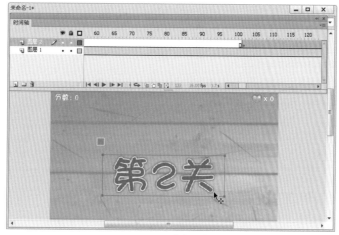

图19-69 编辑文本

71

使用"动作"面板为该帧添加如下动作代码。

```
_root.guans = 2;
// 定义关数为 2。
for (i = 0; i < 50; i++)
{
    _root["new" + i].removeMovieClip();
    _root["shui" + i].removeMovieClip();
}
// 清除掉场景中的"物品"和"水花"。
_root.lianj.gotoAndStop(1);
// 影片剪辑"连击"转到第 1 帧。
tt = 0;
// 定义变量 tt 的初始值为 0。
this.onEnterFrame = function()
{
// 定义一个函数，该函数将被第 2 帧中的程序删除。
    tt++;
// 变量递增。
```

```
        if (tt > 100)
// 如果 tt>100。
        {
                gotoAndStop(2);
// 该元件转到第 2 帧。
        }
// 通过这个函数就实现了，"第 2 关"文字显示几秒后，再开始第 2 关游戏。
};
```

72 在第103帧处插入关键帧，将其中的静态文本修改为"第3关"，然后参照第102帧中的动作代码，为该帧添加如下动作代码。

```
_root.guans = 3;
for (i = 0; i < 50; i++)
{
    _root["new" + i].removeMovieClip();
    _root["shui" + i].removeMovieClip();
}
_root.lianj.gotoAndStop(1);
tt = 0;
this.onEnterFrame = function()
{
    tt++;
    if (tt > 100)
    {
            gotoAndStop(3);
    }
};
```

73 回到主场景中，通过"动作"面板为影片剪辑"as"添加如下动作代码。

```
onClipEvent (load) {
    tt = 0;
}
onClipEvent (enterFrame) {
    tt++;
    if (_root.fs > 1000 and _root.fs < 3000 and _root.new0._y > 520 and _
root.guans == 1)
    {
// 如果分数达到 1000 并且小于 3000，物品的坐标大于 520，当前关数为 1。
            gotoAndStop(102);
// 该元件转到 102 帧，即出现"第 2 关"的画面。
    }
    if (_root.fs > 3000 and _root.new0._y > 520 and _root.guans == 2)
    {
// 如果分数大于 3000，物品的坐标大于 520，当前关数为 2。
            gotoAndStop(103);
// 该元件转到 103 帧，即出现"第 3 关"的画面。
```

```
    }
    if (_root.sm < 0)
```
// 如果生命值小于 0。
```
    {
            _root.gotoAndStop("over");
```
// 主场景转到 "over" 帧，即游戏失败。
```
    }
    if (_root.fs > 10000)
```
// 如果分数大于 10000。
```
    {
            _root.gotoAndStop("win");
```
// 主场景转到 "win" 帧，即游戏胜利。
```
    }
}
```

74 将主场景 "as" 图层的第4帧转换为空白关键帧，并在 "属性" 面板中修改其帧标签为 "win"。

75 在第4帧中创建一个静态文本 "YOU WIN"，调整好其大小、位置、颜色、字体，再为其添加适当的滤镜效果，使其更加美观。

76 在静态文本的下方创建一个动态文本，设置其变量为 "_root.fs"。

77 在舞台的右下角创建一个白色的按钮元件 "返回"，为其添加如下动作代码。

```
on (press) {
    gotoAndStop("kais");
}
```
// 按下该按钮，主场景转到 "kais" 帧，即游戏开始界面。

78 将第5帧转换为关键帧，修改其帧标签为 "over"，然后将其中的静态文本修改为 "GAME OVER"，如图19-70所示。

图19-70　编辑文本

79 分别为第4帧、第5帧添加如下动作代码。

```
_root.clean();
```
// 调用自定义的 "clean" 函数，清除掉影片中加载的元件。

选中背景图层的第1帧，为其添加声音"sound05"，设置同步为"开始、循环"。

按下"Ctrl+S"键保存文件，按下"Ctrl+Enter"键测试影片，如图19-71所示。

图19-71　测试影片

　　完成了这个游戏的制作，读者可以动动脑筋想一想，怎么对这个游戏进行升级、完善，从而使其游戏起来更加刺激。请打开本书配套光盘\实践案例\第 19 章\快刀切水果\目录下的"快刀切水果 .fla"文件，查看本案例的具体设置。

第20章

广告、片头、网站设计

随着网络的迅猛发展，使其在信息传播中发挥的作用越来越大。面对这样一块有着广阔市场潜力的黄金宝地，商家当然不会放过，为了达到宣传的目的，各种各样的网络广告纷纷出现，成为商家进行产品宣传的一个重要手段。同时对大多数的网站经营者而言，广告收入也是他们获取利润的主要来源，因此他们为了迎合市场的需要，也推出了各种各样的广告形式供客户选择。

F L A S H

20.1 实战案例10：展开广告

　　网页展开广告是通过网页上的小栏目来吸引浏览者的注意，然后通过浏览者单击"展开"按钮，以翻开网页的形式展开画面并播放广告内容。网页展开广告在形式上更加灵活，界面上更加美观，场景间的切换更加流畅，包含的信息量也更加丰富。

　　请打开本书配套光盘\实践案例\第20章\展开广告\目录下的"展开广告.html"和"展开广告.swf"文件，观看本案例的完成效果，如图20-1所示。

图20-1　实例完成效果

　　打开网页时，读者可以看见网页右上角的广告迅速展开，在播放了一段完整的广告内容后，影片又收缩为一个小小的图标。当用户单击"展开"时，影片会再次展开播放广告，单击影片中的其他地方时，将打开相应的网站链接。

01　开启Flash CS6进入到开始界面，在开始界面中单击"ActionScript 2.0"文档类型，创建一个新的文档，然后将其保存到本地的文件夹中。

02　在"属性"面板中修改文档的尺寸为宽350像素、高250像素，帧频为12，如图20-2所示。

03　执行"文件→导入→导入到库"命令，将本书配套光盘\实践案例\第20章\展开广告\目录下的位图文件导入到影片的元件库中，便于后面制作时调用。

04　将图层1改名为"按钮"，然后在舞台的右上角绘制一个边长为80的正方形，按下"F8"键将其转换为一个新的按钮元件，名称为"隐形按钮"。进入该元件的编辑窗口，将"弹起"帧下的关键帧拖曳到"单击"帧下，使该按钮成为了一个隐形按钮，如图20-3所示。

05　回到主场景中，为按钮添加如下的动作脚本。

```
on (press) {
getURL("http://www.ktzj.com", "_blank");
}
// 按下按钮，在新窗口中打开相应的网页
```

06　插入一个新的图层"小场景"，然后开启元件库，从中将位图"p001"拖曳到舞台中，然后调整好其位置、大小，如图20-4所示。

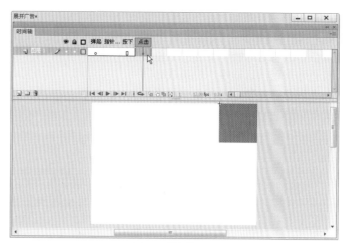

图20-2　修改文档尺寸

图20-3　编辑按钮

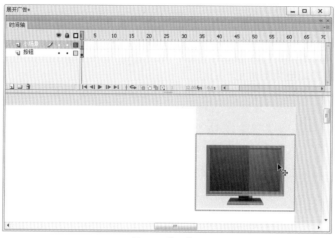

图20-4　放置位图

07　将位图"p001"转换为一个影片剪辑，名称为"小广告"，然后双击鼠标进入该元件的编辑窗口，延长图层的显示帧到第4帧并插入一个新的图层。

08　在新图层中，对照显示器的屏幕创建一个红色的静态文本"降"，调整好其大小、字体，再将其转换为一个影片剪辑，名称为"降"，如图20-5所示。

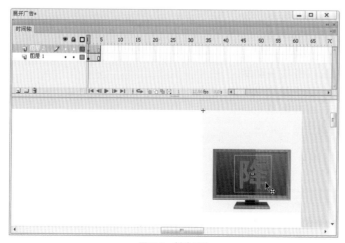

图20-5　创建元件

09 进入影片剪辑"降"的编辑窗口，将第2、3帧转换为关键帧，然后分别将这两帧中文字的颜色修改为黄色和绿色，这样在广告播放时，就会产生闪烁的效果，从而吸引浏览者的关注，如图20-6所示。

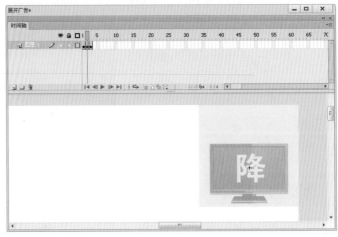

图20-6　修改颜色

10 在影片剪辑"小广告"的编辑窗口中再插入一个新的图层，在该图层中绘制一个箭头的图形，然后调整好其位置、大小并将其转换为影片剪辑，名称为"箭头"，如图20-7所示。

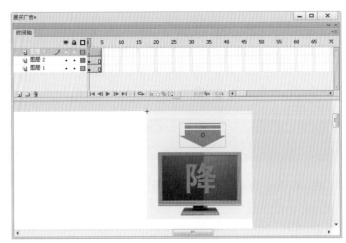

图20-7　编辑箭头

11 进入影片剪辑"箭头"的编辑窗口，将第2帧转换为关键帧，并将其中的箭头向下稍稍移动，这样在广告播放时，箭头就会产生向下指动的效果，也起到了提示浏览者单击的效果。

12 在主场景中插入一个新的图层为"大场景"，然后将其移动到所有图层的顶端，在该图层中绘制一个与舞台大小相同的矩形，修改其填充色为"灰色→浅灰色"的线性渐变填充方式，如图20-8所示。

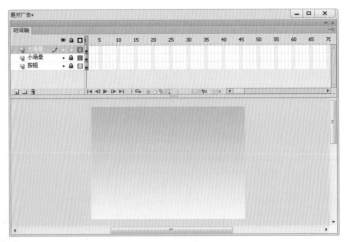

图20-8　绘制背景

13 将矩形转换为一个影片剪辑"动画"，用于制作大广告的宣传内容。

14 进入该元件的编辑窗口，从元件库中将位图"p001"拖曳到一个新图层中，然后调整好其大小、位置，如图20-9所示。

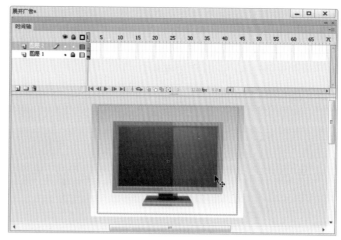

图20-9　放置位图

15 在所有图层上方插入一个新的图层，在该图层中绘制出生动的文字说明，并为其添加滤镜效果，使其更加美观，如图20-10所示。

16 将"降价没商量"转换为影片剪辑，名称为"文字"，然后在该影片剪辑中，参照前面闪烁动画的编辑方法，编辑出"降"字闪烁的动画。

17 使用相同的方法将"！"转换为一个影片剪辑，名称为"感叹号"，并编辑出"！"闪烁的动画效果。

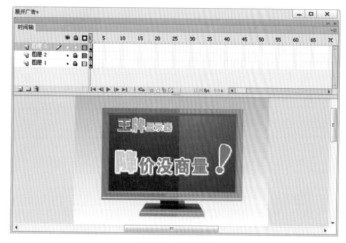

图20-10　绘制文字

18 回到主场景中，将影片剪辑"动画"转换为一个新的影片剪辑，名称为"大广告"。

19 进入影片剪辑"大广告"的编辑窗口，将图层1改名为"展示动画"，然后延长图层的显示帧到第68帧。

20 在"展示动画"图层的上方插入一个新的图层"遮罩"，然后将其转换为遮罩图层，并将"展示动画"图层拖曳到其遮罩层级内。

21 在"遮罩"图层中绘制一个大矩形，调整好其角度、位置，如图20-11所示。

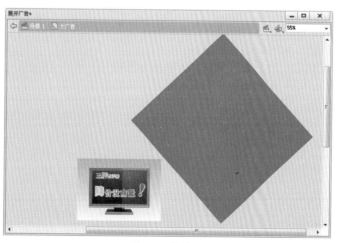

图20-11　编辑矩形

22 将第5、10帧转换为关键帧，然后移动其中矩形的位置并创建形状补间动画，从而得到矩形逐渐遮挡住下方图形的动画，如图20-12所示。

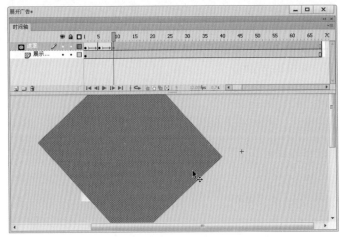

图20-12 创建动画

23 参照上面动画创建的方法，在第60至68帧间编辑出矩形退回原位置的动画。

24 在"遮罩"图层的上方插入一个新的图层为"卷页"，然后在该图层中对照下方矩形的边缘，绘制出书角处的卷页图形，如图20-13所示。

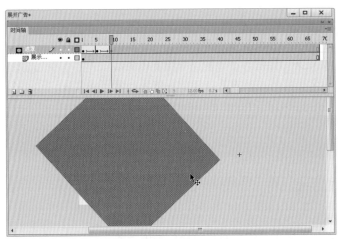

图20-13 绘制图形

25 按下"F8"键将其转换为一个图形元件，名称为"卷页"，进入该元件的编辑窗口中，延长显示帧到第4帧，并将第3帧转换为关键帧。然后使用"选择工具"修改"卷页"元件中各图形线条的幅度，使其播放时产生飘动的动画效果。

26 回到影片剪辑"大场景"的编辑窗口中，对照大矩形移动的动画，设置出图形元件"卷页"移动的传统补间动画，注意保持它们边缘的一致，如图20-14所示。

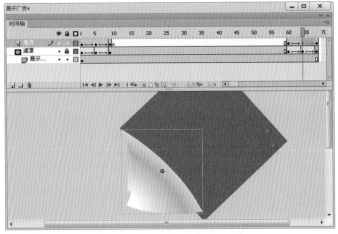

图20-14 编辑动画

27 在"卷页"图层的上方插入一个新图层并命名为"关闭按钮"，将该图层的第10、60帧转换为空白关键帧。

28 在第10帧中舞台的左下角处，绘制出一个下卷页的图形并创建静态文本"关闭"，再将它们转换为一个按钮元件，名称为"关闭按钮"，如图20-15所示。

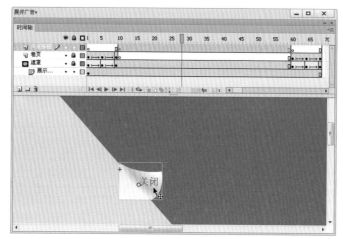

图20-15 创建按钮

29 为该按钮元件添加如下动作脚本。

```
on (press) {
    gotoAndPlay(60);
}
```

// 按下该按钮后，影片剪辑"大场景"转到第150帧处并播放。这样，按下该按钮后，大场景就会直接跳转到第60帧，播放关闭的动画，实现了网页展开广告的随时收缩功能。

30 将"卷页"图层的第69帧转换为空白关键帧，并为其添加如下动作脚本：

```
stop();
```

// 影片停止播放。这样当影片剪辑"大场景"播放一次后就会停止在这里，使网页展开广告只显示出"小场景"。

31 在该帧中舞台的右上角创建一个名为"展开"的按钮元件，如图20-16所示。

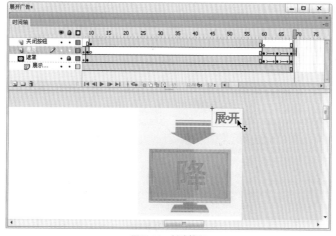

图20-16 创建按钮

32 为"展开"按钮元件添加如下动作脚本。

```
on (press) {
    gotoAndPlay(1);
}
```
// 按下该按钮后，影片剪辑"大场景"转到第 1 帧处并播放。这样当按下该按钮时，大场景就会直接跳转到第 1 帧，播放展开动画，实现了网页展开广告在小场景时的展开功能。

33 在所有图层的下方插入一个新图层为"隐形按钮"，在其第9帧、第60帧插入空白关键帧。从元件库中，将按钮元件"隐形按钮"拖曳到第9帧中，调整其位置及大小使其覆盖舞台，如图20-17所示。

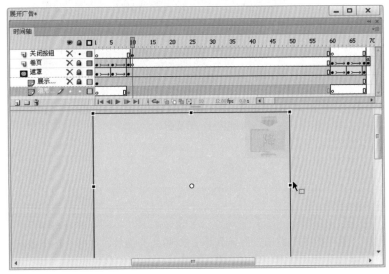

图20-17　放置按钮

34 为按钮添加如下动作脚本。

```
on (press) {
getURL("http://www.ktzj.com", "_blank");
}
```
// 按下按钮，在新窗口中打开相应的网页

35 按下"Ctrl+S"键保存文件，按下"Ctrl+Enter"键测试影片，如图20-18所示。

图20-18　测试影片

36 在影片测试无误后，执行"文件→发布设置"命令，打开"发布设置"对话框，勾选"HTML包装器"选项，将窗口模式改为"透明无窗口"，HTML对齐为"右"，如图20-19所示。

37 按下"发布"按钮发布网页，然后可以通过专业的网页制作工具对生成的网页添加其他内容，从而得到需要的网页。

请打开本书配套光盘 \ 实践案例 \ 第 20 章 \ 展开广告 \ 目录下的"展开广告 .fla"文件，查看本案例的具体设置。

图20-19　HTML设置

20.2 实战案例11：大山文化片头

片头是指放在电影片头字幕前的一场戏，旨在引导观众对以后故事的兴趣。通过一定的叙述或剪接精彩片段，以故事大致情节为主，穿插自身特色所在的手法来吸引观众。随着电影、电视、网络的发展，片头的种类越来越多，所涉及的方面越发的广泛。除了最初的电影片头外，现今还有广告片头、电视栏目包装片头、电视节目宣传片头、网站动画片头等。

可以制作片头动画的软件很多，Flash 就是其中一种。由于 Flash 生成的影片小巧的特点，因此使用 Flash 制作的片头大多应用于网络，在一些中、小型专题网站中，为了快速突现其主题，引人入胜，往往都会制作一段精彩的网站片头动画，在让观众快速了解其主题内容的同时，使其产生较深刻的印象，从而达到宣传、推广的目的。

请打开本书配套光盘 \ 实践案例 \ 第 20 章 \ 大山文化片头 \ 目录下的"大山文化片头 .swf"文件，观看本案例的完成效果，如图 20-20 所示。

在该片头中营造出了一个纸片 3D 的动画效果，随着镜头的后移，山峰、河流、森林都从平面的纸张上竖立起来，在表现恢宏大气的同时，也让人耳目一新。

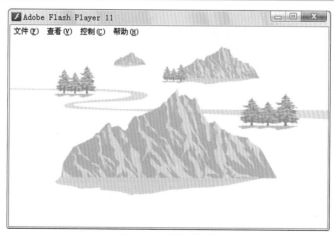

图20-20　实例完成效果

01 开启Flash CS6进入到开始界面，在开始界面中单击"ActionScript 3.0"文档类型，创建一个新的文档，然后将其保存到本地的文件夹中。

02 在"属性"面板中修改文档的尺寸为宽520像素、高300像素，如图20-21所示。

图20-21　修改文档尺寸

03 执行"文件→导入→导入到库"命令，将本书配套光盘\实践案例\第20章\大山文化片头\目录下的所有声音文件导入到影片的元件库中，便于后面制作时调用。

04 执行"插入→新建元件"命令，创建一个名为"山"的影片剪辑，然后在该元件中配合使用各种绘图、编辑工具绘制出一座山峰的图形，如图20-22所示。

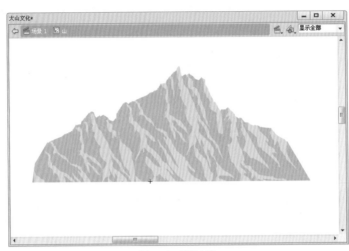

图20-22　绘制山峰

05 按下"Ctrl+F8"键创建一个新的影片剪辑，名称为"山动画"，然后将影片剪辑"山"拖曳到该影片剪辑中并调整好位置，使影片剪辑"山"的底端与中心点对齐，再将图层的第8、9、25帧转换为关键帧，如图20-23所示。

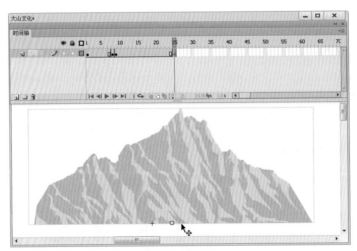

图20-23　绘制山峰

06 使用"任意变形工具"对第1帧中的影片剪辑"山"进行变形，使其效果如图20-24所示。

07 在"属性"面板中将影片剪辑"山"的色调修改为白色，如图20-25所示。

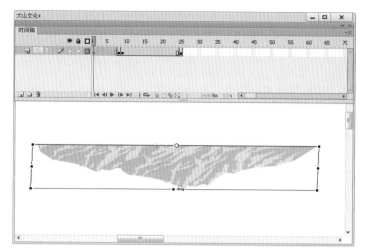

图20-24　变形山峰　　　　　　　　　　　　图20-25　调整色调

08 将第8帧中的影片剪辑"山"的形状修改为向下且很薄的山，然后修改其色调为灰色，如图20-26所示。

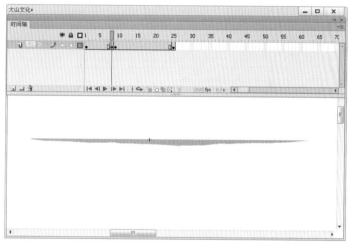

图20-26　第8帧中的图形

09 对第9帧中的影片剪辑"山"的形状进行修改，得到一个向上且很薄的山，然后修改其色调为灰色，如图20-27所示。

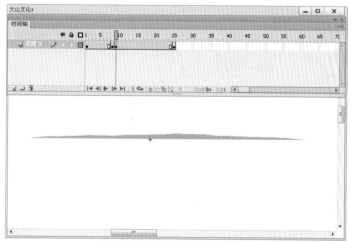

图20-27　第9帧中的图形

10 框选中第1帧至第25帧，为它们创建传统补间动画，这样就得到山峰翻转、竖立起来的效果，如图20-28所示。

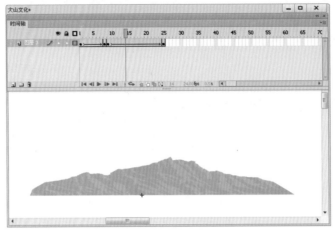

图20-28　正在竖立的山峰

11 插入一个新的图层，并将其拖曳到图层1的下方，然后在该图层的第9帧中，使用半透明的黑色绘制出山峰的阴影，如图20-29所示。

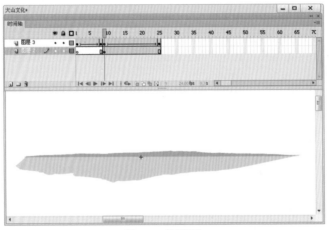

图20-29　编辑阴影

12 将第25帧转换为关键帧，再对照第9帧山峰的形状调整该帧中阴影的形状，然后创建形状补间动画，这样就得到了随着山峰的竖立，阴影也随之产生的动画效果，如图20-30所示。

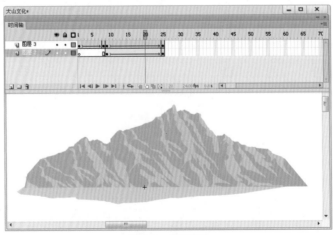

图20-30　编辑动画

13 执行"插入→新建元件"命令，创建一个名为"树动画"的影片剪辑，然后在该元件中配合使用各种绘图、编辑工具绘制出一棵松树的图形，如图20-31所示。

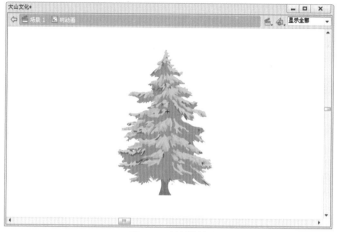

图20-31 绘制松树

14 将松树组合起来，然后通过对其进行复制、调整，得到一排松树，并将其转换为一个影片剪辑，名称为"树"，如图20-32所示。

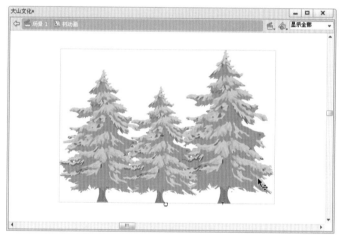

图20-32 编辑松树

15 参照山峰竖立动画的编辑方式，编辑出影片剪辑"树"竖立起来的动画效果，如图20-33所示。

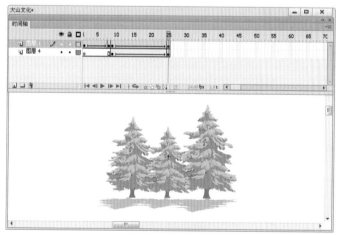

图20-33 创建动画

16 执行"插入→新建元件"命令，创建一个名为"全景"的影片剪辑，然后将一个影片剪辑"山动画"和一个影片剪辑"树动画"拖曳到该元件中。

17 在"属性"面板中将影片剪辑修改为图形元件，并在"循环"卷展栏中修改选项为"单帧"，第一帧为25，如图20-34所示。

图20-34 调整元件

18 通过上面的操作，就可以在场景中清楚地观看到图形了，通过对元件进行复制，然后调整它们的大小、位置、层次，得到如图20-35所示效果。

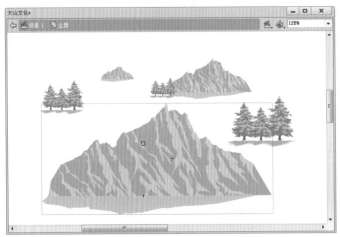

图20-35 复制元件

19 选中所有的图形元件，然后单击鼠标右键，在弹出的菜单命令中执行"分散到图层"命令，使这些元件都位于一个单独的图层中。

20 插入一个新的图层，在该图层中绘制出一条河流的图形，然后调整好该图层的位置，如图20-36所示。

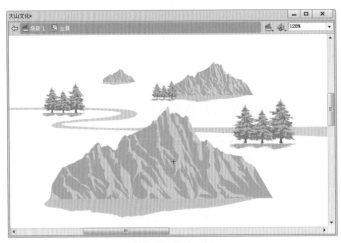

图20-36 编辑河流

21 回到主场景中，将图层1改名为"黑框"，并在舞台中绘制一个只显示舞台的黑框，然后延长图层的显示帧到第270帧。

22 在"黑框"图层的下方插入一个新的图层为"动画"，然后从元件库中将影片剪辑"全景"拖曳到该图层中，在"属性"面板中透视角度为100，消失点坐标为为x213，y119，如图20-37所示。

23 调整好影片剪辑"全景"大小和位置，使舞台中只显示最远处的山峰，如图20-38所示。

图20-37 设置3D环境

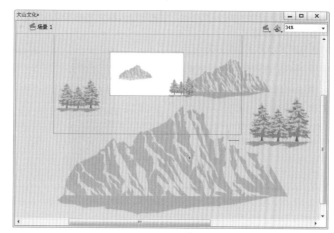

图20-38 调整元件

24 选中"动画"图层的第1帧，为其创建补间动画，然后修改好第220帧中影片剪辑"全景"的大小、位置，如图20-39所示。

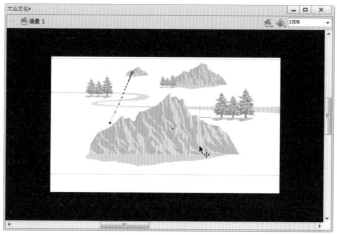

图20-39 编辑动画

25 在第225帧处插入关键帧，然后将其中影片剪辑"全景"的亮度修改为100%，这样影片就会变白，从舞台中淡出，如图20-40所示。

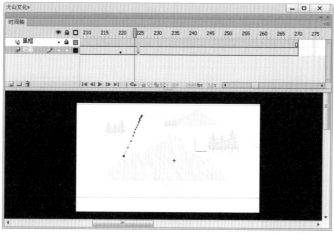

图20-40 编辑动画

26 选中第220帧中的影片剪辑"全景"，修改其亮度为0，这样可以使影片剪辑只在第220帧至第225帧间才开始变亮。

27 在"动画"图层的上方插入一个新的图层，并命名为"标准"，然后在该图层的第225帧中绘制出企业的标志图案，如图20-41所示。

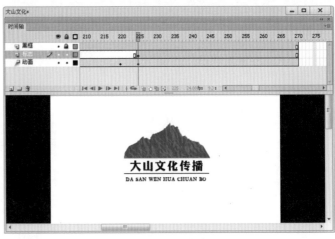

图20-41 绘制标志

28 将标志图案转换为一个新的影片剪辑，名称为"标志"，并在"属性"面板中修改其亮度为100%。

29 为第225帧创建补间动画，并在第235帧处插入一帧关键帧，然后修改该帧中影片剪辑的亮度为0%，这样就得到了标志淡入的动画效果。

30 插入一个名为"按钮"的新图层，将其拖曳到"黑框"图层的下方，然后在该图层的第250帧中创建一个黑色的静态文本"进入"，然后将其转换为一个按钮元件"进入按钮"，并修改其实例名为"btn"，如图20-42所示。

图20-42 创建按钮

31 进入"按钮"元件的编辑窗口，将"指针经过"帧转换为关键帧，然后将该帧中文字的颜色修改为白色并添加一个黑色的"发光"滤镜，再为该帧添加一个声音"sound02"，设置同步为"事件、重复1次"，如图20-43所示。

图20-43 编辑按钮

32 将"单击"帧转换为关键帧，然后在该帧中绘制一个覆盖文字的矩形作为按钮的响应区域。

33 参照前面的动画编辑方法，在第250帧至第260帧间编辑出按钮元件"进入按钮"向上淡入的补间动画，如图20-44所示。

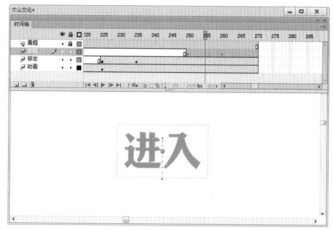

图20-44　编辑动画

34 插入一个新的图层，在该图层的第270帧中添加如下动作代码。

```
stop();
// 影片停止播放。
btn.addEventListener(MouseEvent.CLICK, fl_ClickToGoToWebPage);
// 定义按钮事件。
function fl_ClickToGoToWebPage(event:MouseEvent):void
{
    navigateToURL(new URLRequest("http://www.ktzj.com"), " _self ");
}
// 执行按钮事件，在当前窗口打开指定的网页。
```

35 进入影片剪辑"全景"的编辑窗口，延长所有图层的显示帧到第250帧，然后选中第2座山峰所在图层的第1帧，将其拖曳到第57帧，这样就可以使该元件相对晚些出现，如图20-45所示。

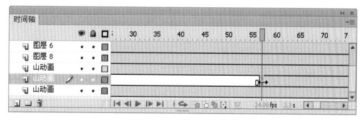

图20-45　移动关键帧

36 将最远处树所在图层的第1帧拖曳到第72帧，将河流所在图层的第1帧拖曳到第96帧，将中间树所在图层的第1帧拖曳到第120帧，将近处树所在图层的第1帧拖曳到第150帧，将近处山所在图层的第1帧拖曳到第170帧，如图20-46所示。

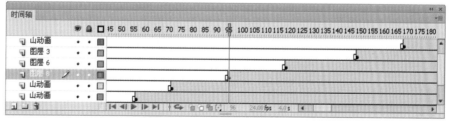

图20-46　移动关键帧

37 将河流所在图层的第121帧转换为关键帧，然后将第96帧中图形填充色的透明度修改为0，再创建形状补间动画，就得到河流慢慢出现的效果。

38 选中最远处的图形元件"山"，在"属性"面板中的"循环"卷展栏中修改选项为"播放一次"，第一帧为1，如图20-47所示。

图20-47　修改第一帧

39 参照上面的方法，依次将其他图形元件的选项修改为"播放一次"，第一帧为1。

40 回到主场景中，为第1帧添加一个声音"sound01"，设置同步为"事件、重复1次"。

41 按下"Ctrl+S"键保存文件，按下"Ctrl+Enter"键测试影片，如图20-48所示。

请打开本书配套光盘\实践案例\第20章\大山文化片头\目录下的"大山文化片头.fla"文件，查看本案例的具体设置。

图20-48　测试影片

20.3 实战案例12：苗苗幼儿英语网站

与传统的网站比较，使用Flash制作的网站具有灵活多变、美观大方、界面友好等特点，并且随着技术的发展，Flash在网站后台等方面的应用也有所加强，因此一些追求个性表现、视觉感官、内容相对单一的网站，都选择使用Flash来制作自己的网站。比较常见的有艺术类网站、个人网站、活动类网站、专题网站、商品宣传网站、小型企业网站等。但不管何种类似的Flash网站，其构成都是类似的，通常由下载部分、片头部分、内容展示三大部分组成。

下载部分：通常Flash网站相对其他网站大，因此为了加快浏览速度，通常会采用分段加载影片的方法，先只加载影片的必要部分，然后选择性加载浏览者单击的部分，从而加快影片出现的速度。

片头部分：以简单的动画对网站的内容、表现的主题进行宣传、表述。

内容展示：是网站的主体部分，通常包含项目菜单，通过用户单击影片跳转到子界面并展示相应的内容。

请打开本书配套光盘\实践案例\第20章\苗苗幼儿英语网站\目录下的"苗苗幼儿英语网站.swf"文件，观看本案例的完成效果，如图20-49所示。

这是一个幼儿英语培训企业的宣传网站，网站整体颜色鲜艳、元素活泼、人物可爱，十分迎合小朋友的喜好。在片头中，孩子们洒下希望的种子，慢慢长出苗苗，也切合了"苗苗幼儿英语"教书育人这个主题。

图20-49　实例完成效果

01 开启Flash CS6进入到开始界面，在开始界面中单击"ActionScript 2.0"文档类型，创建一个新的文档，然后将其保存到本地的文件夹中。

02 在"属性"面板中修改文档的尺寸为宽760像素、高760像素，帧频为36，如图20-50所示。

图20-50 修改文档尺寸

03 执行"文件→导入→导入到库"命令，将本书配套光盘\实践案例\第20章\苗苗幼儿英语网站\目录下的所有声音文件导入到影片的元件库中，便于后面制作时调用。

04 将图层1改名为"黑框"，并延长显示帧到第34帧，然后绘制一个只显示舞台的黑框。

05 在舞台的右下角绘制一个紫色的喇叭和声波图形，然后将其转换为一个影片剪辑"声音控制器"，如图20-51所示。

图20-51 创建元件

06 双击鼠标进入影片剪辑"声音控制器"的编辑窗口，将第2帧转换为关键帧，然后将该帧中的喇叭修改为红色，并删除掉声波的图形，如图20-52所示。

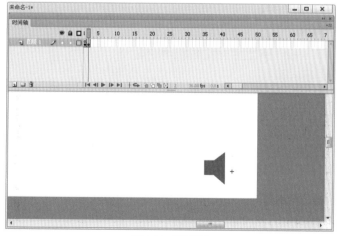

图20-52 编辑图形

07 将第1帧中的图形转换为一个按钮元件，名称为"有声按钮"，然后将该按钮的"指针经过"帧转换为关键帧，修改其中图形的颜色为红色，再将"单击"帧转换为关键帧，并在该帧中绘制一个覆盖喇叭的矩形作为按钮的响应区域。

08 回到影片剪辑"声音控制器"的编辑窗口，将第2帧中的喇叭转换为一个新的按钮元件，名称为"无声按钮"，然后参照"有声按钮"的编辑方法编辑该按钮元件。

09 为影片剪辑"声音控制器"的第1帧添加如下动作代码。

```
stop();
// 该影片剪辑停止播放。
sound=new Sound();
// 创建声音事件。
sound.setVolume(100);
// 设置音量为100。
```

10 为按钮元件"有声按钮"添加如下动作代码。

```
on (press) {
// 按下按钮。
    sound = new Sound();
    sound.setVolume(0);
// 设置音量为0。
    nextFrame();
// 影片剪辑"声音控制器"转到下一帧。
}
```

11 为按钮元件"无声按钮"添加如下动作代码。

```
on (press) {
prevFrame();
}
// 按下按钮影片剪辑"声音控制器"转到上一帧。
```

12 插入一个新的图层为"背景"并将其移动到"黑框"图层的下方,然后在该图层中绘制一块绿色的渐变半圆,将其中转换为影片剪辑,名称为"进度条",如图20-53所示。

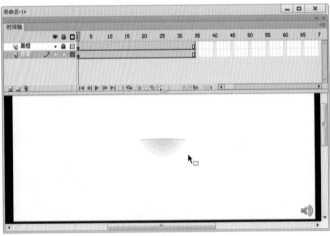

图20-53　创建元件

13 进入该元件的编辑窗口,延长图层的显示帧到第100帧。

14 插入一个新的图层,在该图层中对照下方半圆的图形创建一个深绿色的动态文本,然后设置其变量为"a"。

15 在所有图层的下方创建一个图层，在该图层中绘制出一棵苗苗的图形，然后将其转换为一个影片剪辑，名称为"苗"，并调整好其大小位置，如图20-54所示。

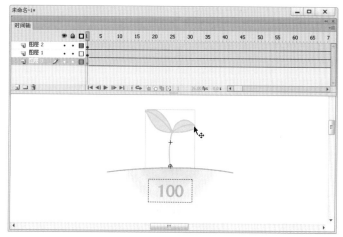

图20-54　创建苗苗图形

16 将第100帧转换为关键帧，然后将第1帧中的影片剪辑"苗"缩小，并为第1帧创建传统补间动画，这样就得到苗苗渐渐长大的动画，如图20-55所示。

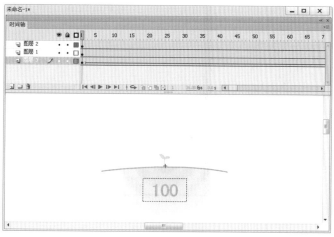

图20-55　编辑动画

17 回到主场景中，为影片剪辑"进度条"添加如下动作代码。

```
onClipEvent (load) {
    a = 1;
}
// 定义变量 a 的初始值为 1。
onClipEvent (enterFrame) {
    loaded = _root.getBytesLoaded();
// 获取已经加载的字节数。
    total = _root.getBytesTotal();
// 获取总字节数。
    a = int((loaded / total) * 100);
// 定义变量 a 等于加载百分比。
    this.gotoAndStop(a);
```

```
    // 影片剪辑转到第 a 帧，即根据加载完成度，苗苗慢慢变大。
    if (a == 100)
    {
// 当 a 的值等于 100，即加载完毕。
        _root.play();
// 主场景开始播放。
    }
    Else
// 否则，即还没加载完毕。
    {
        _root.stop();
// 主场景停止在当前帧。
    }
}
```

18 将"背景"图层的第2帧转换为空白关键帧，并为该帧添加如下动作代码。

```
stop();
// 影片停止播放。
```

19 在该帧中绘制一个天空的图形，然后将其转换为影片剪辑，名称为"片头动画"，如图20-56所示。

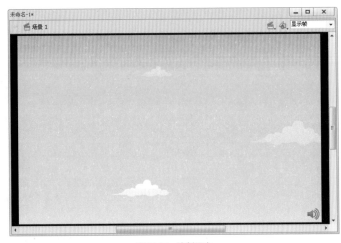

图20-56　绘制天空

20 进入该元件的编辑窗口，将图层1改名为"天空"，然后延长图层的显示帧到第336帧。

21 插入一个新的图层，将其命名为"太阳"，然后在该元件中配合使用各种绘图、编辑工具绘制出一个可爱的太阳图形，并将其转换为一个影片剪辑，名称为"太阳"，如图20-57所示。

图20-57　绘制太阳

22 在"太阳"图层的第20、40帧处插入关键帧，并将第40帧中的影片剪辑"太阳"缩小移动到舞台的左上角，再为第20帧创建传统补间动画，如图20-58所示。

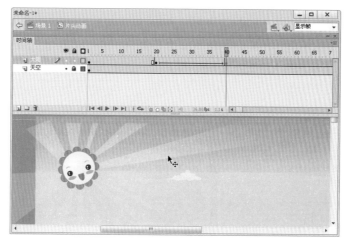

图20-58　创建动画

23 插入一个新的图层"热气球"，然后在该图层的第37帧中，配合使用各种绘图、编辑工具绘制出两个小朋友乘坐热气球的图形，如图20-59所示。

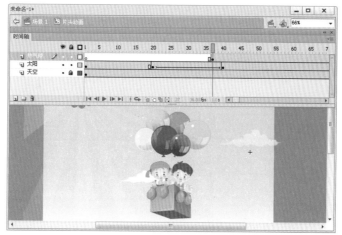

图20-59　绘制热气球

24 将热气球的图形转换为一个影片剪辑，名称为"热气球"，并通过"属性"面板为其添加一个蓝色"发光"的滤镜效果，设置模糊XY为20，强度为60，如图20-60所示。

图20-60　添加滤镜

25 将"热气球"图层的第120帧转换为关键帧，然后将第37帧中的影片剪辑"热气球"移动到舞台的右边，并创建传统补间动画，这样就得到热气球从舞台外飘入舞台的动画效果，如图20-61所示。

26 将"太阳"图层的131、150帧转换为关键帧，然后将第150帧中的影片剪辑"太阳"向左上方移动到舞台外，然后为第131帧创建传统补间动画。

27 对照影片剪辑"太阳"的动画，在"热气球"图层的131帧至第150帧间编辑出影片剪辑"热气球"放大的传统补间动画，如图20-62所示。

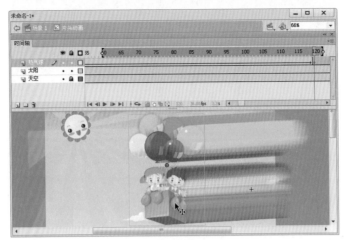

图20-61　编辑动画

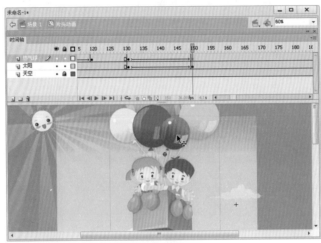

图20-62　编辑动画

28 将151帧转换为关键帧，然后右键单击影片剪辑"热气球"，在弹出的菜单中执行"直接复制元件"命令，得到一个新的影片剪辑"热气球洒"。

29 进入影片剪辑"热气球洒"的编辑窗口中，用逐帧动画的方式编辑出两个小孩洒种子的动画效果，如图20-63所示。

图20-63　编辑动画

30 回到影片剪辑"片头动画"的编辑窗口，依次为"热气球"图层的第121帧、第151帧中的影片剪辑添加如下动作代码。

```
onClipEvent (load) {
    sy = _y;
    ang = 1.5;
}
// 定义初始值。
onClipEvent (enterFrame) {
    _y = sy + 6 * Math.cos(ang += 0.08);
}
```
// 定义该元件 y 轴值，即通过运算，使该元件产生上下浮动的动画效果。

31 在"热气球"图层的上方插入一个新的图层为"种子"，然后在该图层的第151帧中绘制出一颗米字型的星形图案，将其转换为一个图形元件，名称为"星光"，如图20-64所示。

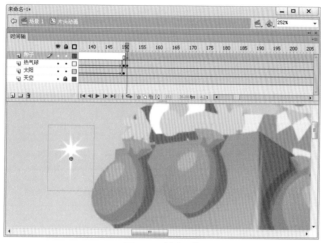

图20-64 创建元件

32 再按下"F8"键将图形元件转换为一个新的图形元件，名称为"闪烁的星星"，进入新图形元件的编辑窗口，将第5、10帧转换为关键帧。

33 将第5帧中图形元件"星光"的透明度修改为30%。然后为图层创建传统补间动画，这样就得到了星星闪烁的动画效果，如图20-65所示。

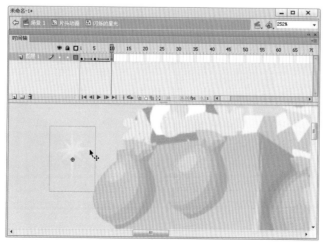

图20-65 调整透明度

34 回到影片剪辑"片头动画"的编辑窗口，对图形元件"闪烁的星星"进行复制，并调整好它们的大小、位置，如图20-66所示。

图20-66　复制元件

35 在"属性"面板的"循环"卷展栏中，依次修改舞台中图形元件"闪烁的星星"的选项为"循环"，第一帧为1-10间的任意数。这样就得到了星星亮度不一的效果，如图20-67所示。

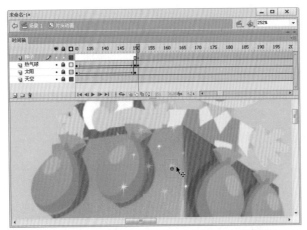

图20-67　调整元件

36 将这些图形元件转换为一个新的影片剪辑，名称为"种子"，然后将第165帧转换为关键帧，将其中的影片剪辑"种子"放大并移动到舞台的下方，再为第151帧创建传统补间动画，这样就得到种子落下的动画效果，如图20-68所示。

图20-68　编辑动画

37 框选中"种子"图层的第151帧至第165帧，单击鼠标右键，执行"复制帧"命令，然后框选中第166帧至第180帧，单击鼠标右键并执行"粘贴帧"命令，这样就得到了种子第2次落下的传统补间动画，如图20-69所示。

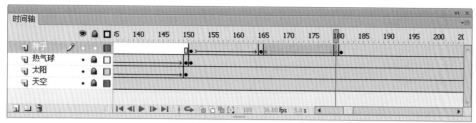

图20-69 粘贴帧

38 使用上面介绍的方法，在第181帧至第207帧间粘贴得到"种子"第3次、第4次落下的传统补间动画。

39 将所有图层的第208帧都转换为空白关键帧，然后在"天空"图层的第208帧中绘制出蓝天、草坪的图形，如图20-70所示。

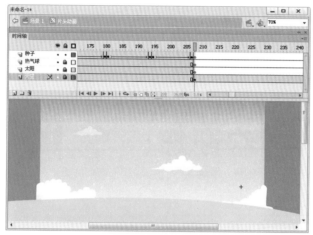

图20-70 编辑背景

40 将"种子"图层的第207帧复制，并粘贴到该图层的第219帧上，然后在第219帧至第252帧间编辑出影片剪辑"种子"从上至下，经过舞台的传统补间动画，如图20-71所示。

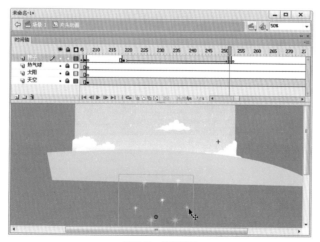

图20-71 编辑动画

41 从元件库中将影片剪辑"苗"拖曳到第253帧的舞台中，调整好其大小、位置，然后在在第253帧至第305帧间编辑出影片剪辑"苗"慢慢长大的传统补间动画，如图20-72所示。

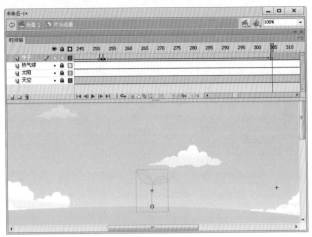

图20-72　编辑动画

42 将"天空"图层和"种子"图层的第327帧转换为空白关键帧，然后通过绘制新图形和使用前面制作的图形、元件的方法，在"天空"图层的第327帧中绘制出网站的首页画面，如图20-73所示。

图20-73　网站首页

43 在所有图层的上方插入一个新图层为"过渡"，在第一帧中绘制一个覆盖舞台的白色矩形，然后将第10帧转换为关键帧，并将其中矩形的透明度修改为0%。

44 第11帧转换为空白关键帧，为第1帧创建形状补间动画，这样就得到了片头淡入的动画效果，如图20-74所示。

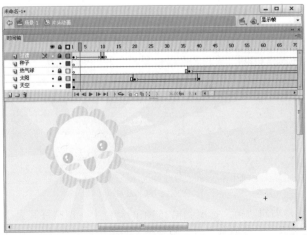

图20-74　淡入效果

45 将"过渡"图层的第1帧复制粘贴到该图层的第197、218帧上,将第10帧复制并粘贴到第208帧上,为它们创建形状补间动画,然后将第219帧转换为空白关键帧,这样就完成了一个场景间的过渡动画效果。

46 参照上面的方法在"过渡"的第315帧至第336帧间编辑出场景过渡动画,如图20-75所示。、

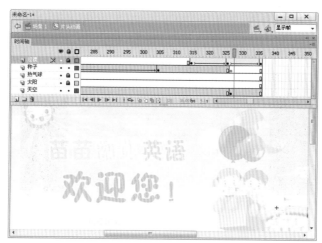

图20-75　编辑动画

47 为第336帧添加如下动作代码。

```
_root.gotoAndStop("jm1");
// 主场景转到帧标签为"jm1"的帧。
```

48 在"过渡"图层的上方插入一个名为"按钮"的新图层,然后在舞台的右上角编辑出一个按钮元件为"跳过",如图20-76所示。

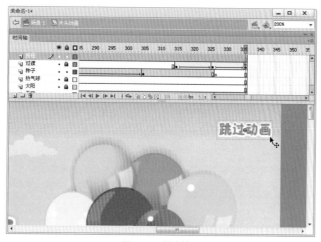

图20-76　创建按钮

49 通过"动作"面板为该元件添加如下动作代码。

```
on (press) {
    _root.gotoAndStop("jm1");
}
// 按下该按钮,主场景转到帧标签为"jm1"的帧。
```

50 回到主场景中，将"背景"图层的第5帧转换为关键帧，然后将该帧中的影片剪辑"片头动画"转换为图形元件，并设置其第一帧为336帧，再按下"Ctrl+B"键将其分离，这样可以保持各图形、元件相对舞台的位置不会改变，如图20-77所示。

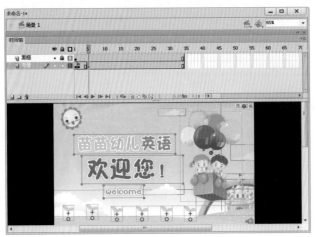

图20-77　分离元件

51 删除掉右上角的按钮元件"跳过"，然后选中影片剪辑"热气球"，为其添加如下动作代码。

```
onClipEvent (load) {
    sy = _y;
    ang = 1.5;
}
onClipEvent (enterFrame) {
    _y = sy + 6 * Math.cos(ang += 0.08);
// 该元件上下浮动。
    if (_root._currentframe == 5)
    {
// 主场景的当前帧等于5时，即画面为主菜单。
        if (sy < 185)
        {
            sy += 6;
        }
        if (_x > 598)
        {
            _x -= 5;
        }
        if (_xscale < 160)
        {
            _xscale += 5;
        }
// 当画面在主菜单时，"热气球"不在画面正中时，"热气球"移动到中间并逐渐变大。
    }
    else
    {
// 否则，即在其他菜单时。
```

```
            if (sy > 100)
            {
                 sy -= 6;
            }
            if (_x < 680)
            {
                 _x += 5;
            }
            if (_xscale > 100)
            {
                 _xscale -= 5;
            }
// "热气球"不在画面右上角时，"热气球"移动到右上角并逐渐缩小。
    }
    _yscale = _xscale;
// 定义元件 xy 轴比例一致。
}
```

52 选中最左边的影片剪辑"苗"，然后按下"F8"键将其转换为一个按钮元件，名称为"苗苗按钮1"。

53 进入该按钮元件的编辑窗口，将"指针经过"帧转换为关键帧，然后在该帧中创建静态文本"首页"，调整好其位置、大小，并为其添加一个白色"发光"的滤镜效果，如图20-78所示。

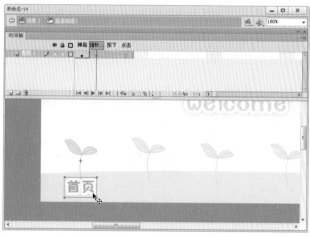

图20-78　编辑按钮

54 将"单击"帧转换为关键帧，然后在该帧中绘制一个可以覆盖文字和图形的矩形作为按钮的响应区域。

55 为第"指针经过"帧添加一个声音"sound02"，设置同步为"事件、重复1次"。

56 回到主场景中，参照上面的编辑方法依次将其他的影片剪辑"苗"转换为按钮元件"苗苗按钮2、苗苗按钮3……苗苗按钮6"。其中"指针经过"帧中的文字分别为"教育理念、课程安排、课程试听、在线注册、联系我们"，如图20-79所示。

57 在主场景中为按钮元件"苗苗按钮1"添加如下动作代码。

```
on (press) {
    gotoAndStop ("jm1");
```

}

// 按下该按钮，主场景转到帧标签为
"jm1"的帧。

58 为按钮元件"苗苗按钮2"添加如下
动作代码。

```
on (press) {
    gotoAndStop("jm2");
}
```

// 按下该按钮，主场景转到帧标签为
"jm2"的帧。

59 参照上面按钮元件上的动作代码，
依次为其他的按钮元件添加相应的
动作代码。

图20-79　编辑按钮

60 在"背景"图层的上方插入一个新的图层"信息框"，然后将该图层的第5、10、15、20、25、
30帧转换为空白关键帧，并依次修改其帧标签为"jm1、jm2……jm6"，如图20-80所示。

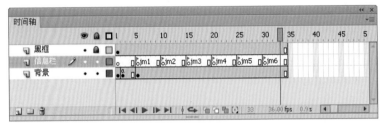

图20-80　此时的时间轴

61 将"背景"图层第5帧中的文本剪切，然后粘贴到"信息框"图层的第5帧中，如图20-81所示。

图20-81　粘贴文本

62 插入一个新的图层"按钮"，然后将其移动到"信息框"图层的上方，并将其第5帧转换为空白
关键帧。

63 选中"背景"图层第5帧中的所有按钮元件，对它们进行剪切，然后复制到"按钮"的第5帧
中。

64 在"信息框"图层的第10帧中，配合使用各种绘图、编辑工具绘制出一个信息框的图形，如图
20-82所示。

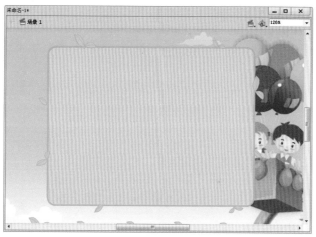

图20-82　编辑信息框

65 在信息框中创建用于介绍内容的说明文字，调整好其大小、位置、颜色、字体，然后为其添加一个白色的"发光"滤镜，如图20-83所示。

图20-83　编辑文本

在这里只使用了简单的文字说明，而在实际的制作中，用户可以根据制作要求，在这里添加更丰富的内容，如图片、声音，甚至是视频等。

66 将第10帧中的所有内容转换为一个影片剪辑，名称为"框"，设置对齐点在左上角，然后通过"属性"面板为其添加两个不同的"发光"滤镜，使"信息框"更加美观、明显，如图20-84所示。

67 通过"动作"面板为影片剪辑"框"添加如下动作代码。

```
onClipEvent (load) {
    this._y = 150;
    _alpha = 0;
}
// 定义该元件的初始位置和透明度。
onClipEvent (enterFrame) {
```

```
    this._y += (50 - this._y) / 10;
// 该影片剪辑到达 y 坐标 50 以前，向上做减速运动。
    if (_alpha < 100)
    {
         _alpha += 5;
    }
// 透明度递加。
}
// 这样就通过动作代码实现了该影片剪辑向上淡入的动画效果。
```

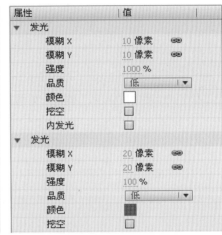

图20-84 添加滤镜

68 将影片剪辑"框"复制，然后通过"粘贴到当前位置"命令，将其粘贴到"信息框"图层的第15帧中。

69 单击鼠标右键，执行"直接复制元件"命令，得到一个新的影片剪辑"框2"。双击鼠标左键进入该元件中，对信息框的背景颜色、文字的颜色、内容进行修改，如图20-85所示。

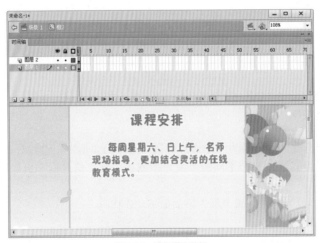

图20-85 编辑影片剪辑

70 参照上面的编辑方法，在"信息框"图层的第25、30帧中分别编辑出相应的影片剪辑"框3、框4"，如图20-86所示。

71 进入第25帧中影片剪辑"框3"的编辑窗口，将其中的文字"单击进入"转换为一个按钮元件"进入"，如图20-87所示。

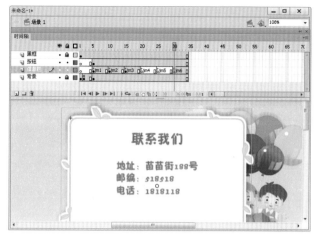

图20-86　编辑影片剪辑

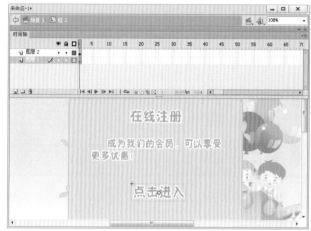

图20-87　编辑影片剪辑

72 为该按钮添加如下动作代码。

```
on (press) {
getURL ("http://www.mmjy.com/zc.html" , "_blank");
}
// 按下按钮，在一个新窗口中打开注册页面。
```

73 在"信息框"图层的第20帧中，参照前面介绍的方法，编辑出影片剪辑"框5"，然后将其中的文字"第一课、第二课"分别转换为两个按钮元件，如图20-88所示。

74 为按钮元件"第1课"添加如下动作代码。

```
on (press) {
// 按下按钮。
    gotoAndStop(2);
// 影片剪辑转到第2帧。
    loadMovie("看图写单词.swf", _root.screen);
// 影片剪辑"screen"加载"看图写单词.swf"。
    _root.screen._xscale = _root.screen._yscale = 62.5;
// 定义加载影片的比例。
}
```

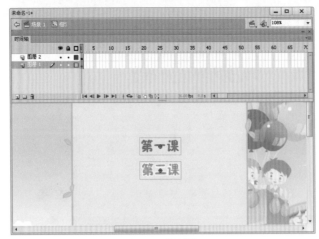

图20-88　创建按钮

75 为按钮元件"第2课"添加如下动作代码。

```
on (press) {
// 按下按钮。
    gotoAndStop(2);
// 影片剪辑转到第 2 帧。
    loadMovie(" 看图写单词 2.swf", _root.screen);
// 影片剪辑"screen"加载"看图写单词 2.swf"。
    _root.screen._xscale = _root.screen._yscale = 75;
// 定义加载影片的比例。
}
```

F L A S H　知识与技巧

　　这里的 swf 文件是放置在于制作文件相同文件夹中的，因此只需要编写文件名即可。如果是加载其他文件夹中的文件，写法就应该是。

　　loadMovie("file:///F:/flash/ 看图写单词 .swf", _root.screen);

　　如果是加载网上的文件，写法就是。

　　loadMovie("http://www.mmjy.com/flash/ 看图写单词 .swf", _root.screen);

76 将第2帧转换为关键帧，然后删除掉其中的按钮元件，然后从元件库中将一个影片剪辑"进度条"拖曳到舞台中，调整好其位置、大小，如图20-89所示。

77 通过"动作"面板为其添加如下动作代码。

```
onClipEvent (enterFrame) {
        loaded = _root.screen.getBytesLoaded();
        total = _root.screen.getBytesTotal();
        a = int((loaded / total) * 100);
// 计算影片加载的进度。
        gotoAndStop(a);
// 根据进度播放该元件。
        if (a >= 100)
        {
```

```
                _root.screen._alpha = 100;
// 加载完成时，影片剪辑"screen"可见。
              }
         else
         {
                _root.screen._alpha = 0;
// 否则，不可见。
         }
    }
// 这样就能看见外部影片的加载情况了。
```

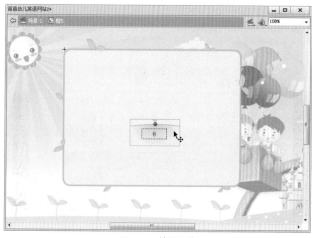

图20-89 放置元件

78 插入一个新的图层，然后在该图层中信息框的右上角创建一个按钮元件"关闭按钮"，用于卸载加载的外部文件，从而回到选择课程的画面，如图20-90所示。

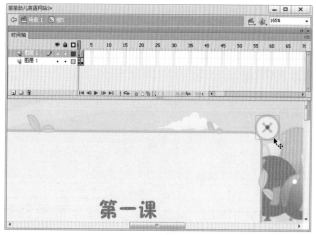

图20-90 创建按钮

79 为按钮元件"关闭按钮"添加如下动作代码。

```
on (press) {
// 按下按钮。
gotoAndStop(1);
// 该影片剪辑转到第 1 帧。
```

```
unloadMovie(_root.screen);
// 卸载影片剪辑"screen"中加载的影片。
}
```

80 为影片剪辑"框5"的第1帧添加如下动作代码。

```
stop();
// 影片剪辑停止播放。
```

81 回到主场景中，在"信息框"图层的上方插入一个新的图层为"加载框"，然后在该图层的第20帧中对照下方"信息框"的大小、位置绘制一个矩形，如图20-91所示。

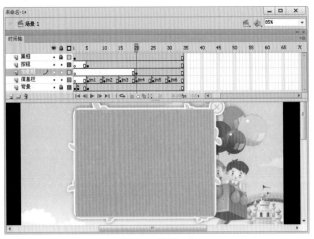

图20-91 绘制矩形

82 将矩形转换为一个影片剪辑"加载框"，修改其实例名为"screen"，然后在该图层的第25帧处插入一帧空白关键帧。

83 为影片剪辑"加载框"添加如下动作代码。

```
onClipEvent(load){
this._alpha = 0;
// 定义该元件初始状态下不可见。
    this._lockroot=true;
// 统一加载影片与当前影片的路径。
}
```

84 在"加载框"图层的上方创建一个遮罩图层"遮罩"，然后将"加载框"图层拖曳到其遮罩层级内。

85 对"信息框"图层第20帧中的影片剪辑"框5"进行复制，然后将其粘贴到"遮罩"图层的第20帧中，并将其分离，然后删除掉多余的元素，只保留圆角矩形，这样可以使遮罩图形与"信息框"的大小、位置完全一致，如图20-92所示。

86 将"遮罩"图层的第25帧转换为空白关键帧。

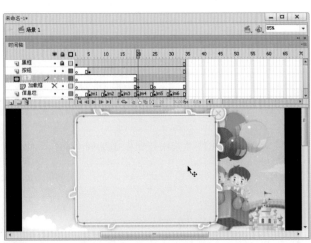

图20-92 编辑遮罩层

87 将"加载框"图层的第2帧转换为空白关键帧,然后为其添加一个声音"sound02", 设置同步为"开始、循环"。

88 按下"Ctrl+S"键保存文件,按下"Ctrl+Enter"键测试影片,如图20-93所示。

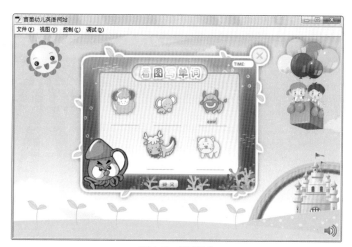

图20-93　测试影片

请打开本书配套光盘\实践案例\第 20 章\苗苗幼儿英语网站\目录下的"苗苗幼儿英语网站.fla"文件,查看本案例的具体设置。

通常一个网站中的内容会比上面这个案例中更复制,各级菜单下的还会包含更多的元素或二级子菜单,需要外部加载的影片也更对……但相信读者通过本案例的制作,再结合前面各章所介绍的知识,一定能制作出更精彩的网站。

由于本书的篇幅有限,本书只能针对一些常见的动画、游戏等案例进行讲解,而在日后的实际制作中,客户的制作要求可能是千变万化的,因此希望读者通过对本书的学习,更多掌握的是制作的方法、技巧,而不是死记硬背某个例子,这样才能举一反三,制作出更多不同的动画、游戏。此外,还希望读者能提升自身在美术、数学、常识等方面的知识水平,这样才能激发灵感,制作出创意十足、真正优秀的各种作品。